F. Rengier

BASICS Anatomie – Leitungsbahnen

Fabian Rengier

Fachliche Unterstützung: Prof. Dr. Alfred Völkl

BASICS

Anatomie –
Leitungsbahnen

ELSEVIER

Zuschriften und Kritik an:
Elsevier GmbH, Urban & Fischer Verlag, Lektorat Medizinstudium, Hackerbrücke 6, 80335 München,
E-Mail: medizinstudium@elsevier.de

Wichtiger Hinweis für den Benutzer
Die Erkenntnisse in der Medizin unterliegen laufendem Wandel durch Forschung und klinische Erfahrungen. Die Autoren dieses Werkes haben große Sorgfalt darauf verwendet, dass die in diesem Werk gemachten therapeutischen Angaben (insbesondere hinsichtlich Indikation, Dosierung und unerwünschter Wirkung) dem derzeitigen Wissensstand entsprechen. Das entbindet den Nutzer dieses Werkes aber nicht von der Verpflichtung, anhand der Beipackzettel zu verschreibender Präparate zu überprüfen, ob die dort gemachten Angaben von denen in diesem Buch abweichen, und seine Verordnung in eigener Verantwortung zu treffen.

Bibliografische Information der Deutschen Nationalbibliothek
Die Deutsche Nationalbibliothek verzeichnet diese Publikation in der Deutschen Nationalbibliografie; detaillierte bibliografische Daten sind im Internet unter http://www.d-nb.de abrufbar.

Programmleitung: Dr. Dorothea Hennessen
Planung: Helmar Weiß
Lektorat: Karolin Dospil
Redaktion: Dr. Andreas Bender
Herstellung: Elisabeth Märtz, Rainald Schwarz
Zeichnungen: Alexander Dospil, Irina Kart
Satz: Kösel Media GmbH, Krugzell
Druck und Bindung: Drukarnia Dimograf, Bielsko-Biała, Polen
Covergestaltung: Spieszdesign, Büro für Gestaltung, Neu-Ulm
Bildquelle: © DigitalVision/GettyImages

ISBN 978-3-437-42506-6

Liebe Leserinnen und Leser!

Es gibt eine unübersichtliche Vielzahl an Anatomie-Büchern. Was kann das vorliegende „Basics Anatomie – Leitungsbahnen" noch Neues bieten? Zunächst einmal sind die Leitungsbahnen ein enorm wichtiger Bestandteil der Anatomie. Dies zeigt sich zum einen darin, dass sie im klinischen Alltag in den verschiedensten Disziplinen größte Bedeutung haben. Zum anderen werden in mündlichen und schriftlichen Anatomie-Prüfungen entsprechend viele Fragen zu den Leitungsbahnen gestellt. So befassten sich in den schriftlichen Physikumsprüfungen der letzten Jahre mehr als 60 % der Fragen zur makroskopischen Anatomie mit Leitungsbahnen.

Als alleiniger Verfasser konnte ich ein klares didaktisches Konzept entwickeln und es im gesamten Buch beibehalten. Dabei waren für mich fünf Punkte von besonderer Bedeutung: Prägnanz, Übersichtlichkeit, Flexibilität, Bezug zur Klinik und Studentenfreundlichkeit.

▶ **Prägnanz:** Kompakte, auf den Punkt gebrachte, leicht verständliche Darstellung der Leitungsbahnen, die alle wichtigen, häufig geprüften und zum Verständnis notwendigen Fakten umfasst.
▶ **Übersichtlichkeit:** Klare systematische Gliederung, einheitlich strukturierte Tabellen, verständliche Schemata und Abbildungen, die die wichtigen Inhalte veranschaulichen.
▶ **Flexibilität:** Ob als Begleitung zum Präparierkurs, als Vorbereitung auf Anatomie-Testate oder auf den Ersten Abschnitt der Ärztlichen Prüfung, ob für Studenten, Famulanten, PJler oder Ärzte in der Klinik – das Lehrbuch „Basics Anatomie – Leitungsbahnen" ist mit seinen Texten, Tabellen, Schemata und Abbildungen so konzipiert, dass es sich für unterschiedlichste Zwecke einsetzen lässt, vom ausführlichen erstmaligen Lernen der Leitungsbahnen bis hin zur schnellen Wiederholung vor Prüfungen oder Operationen.
▶ **Bezug zur Klinik:** Durch die Verknüpfung von Anatomie und Klinik wird die Anatomie lebendig. So macht Anatomie noch mehr Spaß.
▶ **Studentenfreundlichkeit:** Das „Basics Anatomie – Leitungsbahnen" basiert auf meinen Erfahrungen als Medizinstudent, es berücksichtigt die studentischen Bedürfnisse und soll ein langer und hilfreicher Begleiter in der Vorklinik, der Klinik und darüber hinaus sein.

Um diese Punkte umzusetzen, bin ich innovative Wege gegangen. Zum Beispiel führt ein intuitives, einheitliches tabellarisches Leitsystem durch die Systematik und die Innervationsgebiete der Nerven. Anatomisch und klinisch relevante Landmarken stehen einfach auffindbar direkt daneben. Das Lernen erleichtern sollen auch die Kapitel „Synopse der Leitungsbahnen" am Ende jedes Themas. Dort sind anatomisch und klinisch bedeutende Regionen und Lagebeziehungen übersichtlich zusammengefasst. Schließlich sollen zusammenfassende Schemata und Tabellen unter anderem in den Kapiteln zu den Lymphabflusswegen ein schnelles Nachschlagen ermöglichen. Damit eignen sich diese Kapitel zum Beispiel auch für im Bereich der Tumordiagnostik und -therapie tätige Ärzte.

Was gibt es sonst noch zu sagen? Anatomie macht Spaß! Dieser Gedanke geht zu Beginn des Präparierkurses meist im intensiven Lernen und in den Prüfungen unter. Doch Anatomie ist weit mehr als das Auswendiglernen von Fakten. Je mehr man sich auf die Anatomie einlässt, desto faszinierender, spannender und logischer wird sie. Dies habe ich seit Beginn meines Medizinstudiums am eigenen Leib erfahren. Und daher war und ist es mir ein Anliegen, als Präparationsassistent, als Dozent in Anatomie-Repetitorien, als Mitorganisator von radiologisch-orientierten Anatomie-Kursen und als Autor des vorliegenden Buches jene Begeisterung für die Anatomie zu vermitteln und weiterzugeben. Denn sie erleichtert nicht nur das Lernen, sondern führt gleichzeitig zu einem tieferen, bleibenden Verständnis der Anatomie.

Mein besonderer Dank gilt Herrn Prof. Dr. Völkl, Institut für Anatomie und Zellbiologie der Universität Heidelberg, der das gesamte Manuskript durchgesehen und mir mit seiner langjährigen Erfahrung und seinem fundierten anatomischen Wissen wertvolle Anregungen gegeben hat. Weiter möchte ich Herrn Helmar Weiß und Frau Karolin Dospil vom Verlag Elsevier, Urban & Fischer, für die fruchtbare Zusammenarbeit und die Unterstützung in allen Phasen der Entstehung dieses Buches danken. Nicht zuletzt danke ich Herrn Priv.-Doz. Dr. Dr. Fuchs, Klinikum München-Ost, Herrn Dr. von Tengg-Kobligk und Herrn Dr. Giesel, Deutsches Krebsforschungszentrum Heidelberg, sowie Herrn Dr. Farhadi, Universitätsklinikum Heidelberg, für die sorgfältige Durchsicht der klinischen Fallbeispiele.

Ich möchte betonen, dass ich mich über jede Rückmeldung, Kritik und Anregung aus dem Leserkreis freue (E-Mail: fabian-rengier@web.de).

Schließlich wünsche ich viel Erfolg und Freude bei der Arbeit mit diesem Buch!

Heidelberg, im Sommer 2009
Fabian Rengier

Inhalt

A., Aa.	Arteria, Arteriae
ant.	anterior, anterius
BWK	Brustwirbelkörper
bzw.	beziehungsweise
C	zervikales Rückenmarksegment
ca.	circa
Co	kokzygeales Rückenmarksegment
ext.	externus, a, um
Gl., Gll.	Glandula, Glandulae
HWK	Halswirbelkörper
i. H.	in Höhe
inf.	inferior, inferius
int.	internus, a, um
L	lumbales Rückenmarksegment
lat.	lateralis, e
Lig., Ligg.	Ligamentum, Ligamenta
LWK	Lendenwirbelkörper
M	somatomotorisch
M., Mm.	Musculus, Musculi
med.	medialis, e
N., Nn.	Nervus, Nervi
Ncl., Ncll.	Nucleus, Nuclei
Nl., Nll.	Nodus lymphaticus, Nodi lymphatici

post.	posterior, posterius
prof.	profundus, a, um
R., Rr.	Ramus, Rami
S	sakrales Rückenmarksegment; allgemein-somatosensibel (je nach Zusammenhang)
S-S	speziell-somatosensibel
S-VM	speziell-viszeromotorisch
S-VS	speziell-viszerosensibel
s. a.	siehe auch
s. o.	siehe oben
s. u.	siehe unten
sog.	sogenannte
superf.	superficialis, e
Th	thorakales Rückenmarksegment
u. a.	unter anderem
V., Vv.	Vena, Venae
v. a.	vor allem
VM	allgemein-viszeromotorisch
VS	allgemein-viszerosensibel
z. B.	zum Beispiel
ZNS	zentrales Nervensystem
z. T.	zum Teil
zw.	zwischen

Systematik	Topographie und wichtigste Versorgungsgebiete
{Systematik auf einen Blick}	{In dieser Spalte finden sich anatomisch und klinisch wichtige Landmarken.}
A. ulnaris	{Größere Arterie}
▶ A. interossea communis	{Ast der größeren Arterie}
→ A. interossea ant. → A. comitans n. mediani	{Unteräste}

▮ Tab. 1: Tabellen zu Arterien. Erläuterungen in geschweiften Klammern.

Systematik	Topographie	Innervationsgebiete
{Systematik auf einen Blick}	{In dieser Spalte finden sich anatomisch und klinisch wichtige Landmarken.}	{Innervationsgebiete auf einen Blick}
Rr. musculares (Th 12 – L4)	{Kleinere, direkte Äste aus einem Plexus}	
N. femoralis (L2 – L4)	{Größerer Nerv mit Angabe der zugehörigen Rückenmarksegmente}	**M:** {motorisches Innervationsgebiet}
▶ N. saphenus	{Ast des größeren Nervs}	**S:** {sensibles Innervationsgebiet}
→ R. infrapatellaris	{Unteräste}	

▮ Tab. 2: Tabellen zu peripheren Nerven. Erläuterungen in geschweiften Klammern.

Arbeitshinweise zu diesem Buch

Die Darstellung der Arterien und Nerven folgt in diesem Buch einem einheitlichen Konzept. Um die Arbeit mit diesem Buch von Beginn an effektiv gestalten zu können, sind an dieser Stelle Erläuterungen zum Aufbau der Tabellen zu Arterien (▮ Tab. 1) und Nerven (▮ Tab. 2) sowie zu der darin verwendeten Symbolik aufgeführt. Dabei gilt folgendes Prinzip: **Fett** markierte Arterien/Nerven entlassen die mit dem Spiegelpunkt (▶) markierten Arterien/Nerven, aus denen wiederum die mit einem Pfeil (→) markierten Arterien/Nerven hervorgehen. Bei der tabellarischen Darstellung der Nerven finden sich in einer separaten Spalte die Innervationsgebiete mit der als Buchstabenkürzel aufgeführten Faserqualität des entsprechenden Nervenasts (zu den verwendeten Kürzeln s. S. 6). Anastomosen von Arterien, Venen und Nerven sind sowohl in Tabellen als auch im Text mit einem Doppelpfeil (↔) gekennzeichnet.

Allgemeine Anatomie

A Allgemeiner Teil

Herz-Kreislauf-System

Das Herz-Kreislauf-System stellt ein geschlossenes Transportsystem dar, das aus dem Röhrensystem der Blutgefäße und dem Herz als Kreislaufpumpe besteht. Das Herz gewährleistet eine kontinuierliche Blutzirkulation durch die Blutgefäße und sorgt für den Blutdruck. Transportiert werden u. a. die Atemgase Sauerstoff (O_2) und Kohlenstoffdioxid (CO_2), Nährstoffe, Abfallprodukte, Blutzellen, Wärme, Hormone, Gerinnungsfaktoren und andere Plasmaproteine.

Gliederung des Herz-Kreislauf-Systems

Dem Blutgefäßsystem liegt folgendes **Bauprinzip** zugrunde (■ Abb. 1): Die vom Herzen wegführenden Arterien verzweigen sich immer weiter, wobei ihr Durchmesser abnimmt. Die kleinsten Abschnitte der Arterien nennt man Arteriolen. Von dort fließt das Blut weiter in die Kapillaren, in denen der Gas- und Stoffaustausch stattfindet. Über Venolen gelangt das Blut in Venen, die zu immer größer werdenden Venen zusammenfließen und schließlich über die beiden Hohlvenen in das Herz münden.

> Blutgefäße unterteilt man in Arterien und Venen: Arterien transportieren das Blut vom Herzen weg, Venen führen das Blut zum Herzen zurück.

Als **Endstrombahn** oder terminale Strombahn bezeichnet man Kapillaren zusammen mit den vorgeschalteten Arteriolen und den nachgeschalteten Venolen.

Ein Sonderfall des geschilderten Prinzips ist ein **Pfortadersystem.** Hier fließt das Blut, nachdem es ein erstes Kapillargebiet passiert hat, durch ein zweites Kapillargebiet, bevor es zum Herz zurück transportiert wird. Die V. portae hepatis (■ Abb. 1) stellt das größte Pfortadersystem des Menschen dar. Sie führt das nährstoffreiche Blut aus dem Kapillarsystem der unpaaren Bauchorgane (Magen, Darm, Bauchspeicheldrüse, Milz) dem Kapillarsystem der Leber zur Verstoffwechselung zu. Ein zweites funktionell wichtiges Pfortadersystem befindet sich im Bereich der Hypophyse (Hirnanhangsdrüse).

Dem venösen System angeschlossen ist das **Lymphgefäßsystem** (s. S. 4), das Flüssigkeit aus dem Interzellularraum zurück in den Blutkreislauf transportiert.

Funktionell gliedert man den Blutkreislauf in den Lungenkreislauf (kleiner Kreislauf) und den Körperkreislauf (großer Kreislauf) (■ Abb. 1). Im **Lungenkreislauf** wird O_2-armes und CO_2-reiches Blut aus der rechten Herzkammer über den Truncus pulmonalis und die Aa. pulmonales in die Lungenstrombahn zum Gasaustausch geleitet. Das oxygenierte, also O_2-reiche und CO_2-arme Blut wird dann über die Vv. pulmonales zum Vorhof des linken Herzens transportiert. Das linke Herz gehört funktionell zum **Körperkreislauf,** der das oxygenierte Blut über die Aorta (Haupt-schlagader) im Körper verteilt und nach Passage der Kapillargebiete das nun O_2-arme Blut über die Vv. cavae (Hohlvenen) zum Herzen zurückführt.

> In den Arterien des Körperkreislaufs und in den Venen des Lungenkreislaufs fließt also sauerstoffreiches Blut, in den Venen des Körperkreislaufs und in den Arterien des Lungenkreislaufs sauerstoffarmes Blut.

Der arterielle Schenkel des Körperkreislaufs stellt das **Hochdrucksystem** dar. Hier herrscht ein mittlerer Blutdruck von ca. 60 – 100 mmHg. Dagegen beträgt der mittlere Blutdruck im **Niederdrucksystem,** das den venösen Schenkel des Körperkreislaufs und den Lungenkreislauf umfasst, in der Regel weniger als 20 mmHg. Man spricht beim Niederdrucksystem auch vom Sammelsystem, weil es ca. 85 % des gesamten Blutvolumens enthält. Venen nennt man daher auch Kapazitätsgefäße.

Nach der funktionellen Ausrichtung eines Gefäßes unterscheidet man zwischen **Vasa publica,** die Allgemeinaufgaben für den Organismus haben, und **Vasa privata,** die lediglich für die Versorgung eines einzelnen Organs zuständig sind. Beispielsweise sind die Gefäße des Lungenkreislaufs Vasa publica der Lunge, weil sie im Prinzip nur dem Gasaustausch dienen. Die Vasa privata der Lunge werden Rr. bronchiales genannt. Sie entspringen aus der Aorta thoracica und dienen der Versorgung der Lunge mit Sauerstoff und Nährstoffen.

Besondere Strukturen

Die Verbindung von zwei Gefäßen nennt man Anastomose. Verbindungen zwischen zwei Arterien bezeichnet man als **arterioarterielle Anastomosen.** Häufig existieren zwischen zwei Arterien, die dasselbe Gebiet versorgen, Anastomosen. Man spricht dann von **Kollateralen.** Kollateralen vor allem zwischen kleineren Arterien können ganze Blutgefäßnetze ausbilden, insbesondere im Bereich von Gelenken. Bei Verschluss eines Hauptgefäßes können sich Kollateralen erweitern und die Ver-

Lymphstämme in Venenwinkel einmündend

Lungenkreislauf („kleiner Kreislauf")

Kopf, obere Extremitäten

Ductus thoracicus

Vv. cavae

Truncus pulmonalis

Aorta

Vv. hepaticae

Leber

V. portae

Gefäße von Magen, Darm, Pankreas, Milz

Lymphsystem des Darms (Chylusgefäße)

Nierengefäße

Beckengefäße

Lymphknoten

Lymphgefäße

Untere Extremitäten

Körperkreislauf („großer Kreislauf")

■ Abb. 1: Schematische Darstellung des Herz-Kreislauf-Systems. [2]

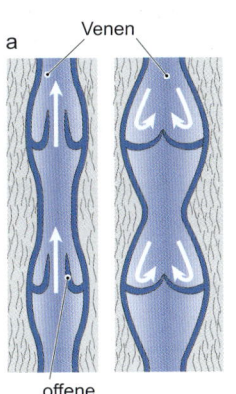 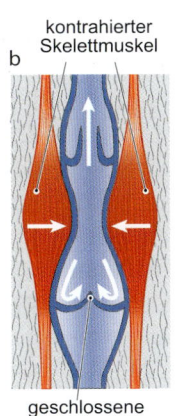 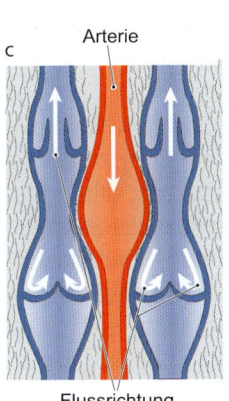

a   Venen

kontrahierter
Skelettmuskel   b

Arterie   c

■ Abb. 2: Venöser Rückstrom.

offene
Venenklappe

geschlossene
Venenklappe

Flussrichtung
des Blutes

sorgung des betroffenen Gebiets durch Ausbildung eines Umgehungs- oder Kollateralkreislaufs gewährleisten. Die Kenntnis der Kollateralkreisläufe ist von großer Bedeutung für den Arzt. Eine Unterbindung oder Durchtrennung einer Arterie darf nur erfolgen, wenn das Versorgungsgebiet dieser Arterie über einen Kollateralkreislauf ausreichend versorgt werden kann.

Im Gegensatz dazu gibt es bei **Endarterien** keine Kollateralkreisläufe. Ein Verschluss einer Endarterie führt daher zum Absterben des nachgeschalteten Versorgungsgebietes. Man unterscheidet funktionelle Endarterien und anatomische Endarterien. **Funktionelle Endarterien** besitzen anatomisch zwar Kollateralen zu benachbarten Arterien, die allerdings zu schwach ausgeprägt sind, um die Versorgung bei Verschluss der funktionellen Endarterie zu sichern (z. B. Herzkranzgefäße). **Anatomische Endarterien** weisen dagegen keinerlei Kollateralen auf (z. B. A. centralis retinae, A. renalis (Nierenarterie)).

Neben arterioarteriellen Anastomosen gibt es **venovenöse** und **arteriovenöse Anastomosen** (AV-Anastomosen). Letztere dienen der lokalen Durchblutungsregulation. Durch mehr oder weniger starke Öffnung der AV-Anastomosen wird das nachgeschaltete Kapillargebiet zum Teil umgangen. **Sperrarterien** und **Drosselvenen** sind kleine Gefäße, deren Gefäßlumen sich vollständig verschließen kann. Im Falle von Sperrarterien führt das zur Drosselung der Durchblutung des nachgeschalteten Kapillargebiets, im Falle von Drosselvenen zur Anstauung von Blut im vorgeschalteten Kapillargebiet.

Venöser Rückstrom

Der venöse Rückstrom zum Herzen wird durch folgende Mechanismen bewirkt:

▶ Durch Öffnung und Schluss der taschenartigen **Venenklappen** (■ Abb. 2a) in kleinen und mittelgroßen Venen kann das Blut nur in Richtung Herz fließen.
▶ Bei der sog. **Muskelpumpe** (■ Abb. 2b) drücken die sich kontrahierenden Muskeln auf die angrenzenden Venen, in denen das Blut wegen der Venenklappen somit in Richtung Herz gepresst wird.

▶ Die **arteriovenöse Kopplung** (■ Abb. 2c) funktioniert ähnlich. Hier drückt die pulsierende Arterie auf die mit der Arterie verlaufenden Venen.
▶ In den herznahen Venen kommt die **Sogwirkung des Herzens** (sog. Ventilebenenmechanismus) hinzu.
▶ Unterstützt wird der venöse Rückstrom durch **Druckunterschiede zwischen Bauch- und Brustraum**, die durch die Atmung entstehen.

Varizen (Krampfadern) sind unregelmäßig erweiterte und geschlängelte Hautvenen vorwiegend in den Beinen. Ursache kann eine angeborene Venenwandschwäche oder eine Venenklappeninsuffizienz sein, die oft erst bei einer überwiegend stehenden oder sitzenden Tätigkeit und der damit fehlenden Unterstützung des venösen Rückstroms durch die Muskelpumpe zum Tragen kommt.

Zusammenfassung

✖ Blutgefäße unterteilt man in Arterien, Kapillaren und Venen.
✖ Beim Pfortadersystem sind zwei Kapillargebiete hintereinander geschaltet.
✖ Nach funktionellen Gesichtspunkten kann man das Herz-Kreislauf-System unterschiedlich gliedern: in einen Lungen- und einen Körperkreislauf, in ein Hoch- und ein Niederdrucksystem und in Vasa publica und Vasa privata.
✖ Kollateralkreisläufe können die Versorgung bei Verschluss eines Gefäßes gewährleisten.
✖ Der venöse Rückstrom wird durch Venenklappen, die Muskelpumpe, die arteriovenöse Kopplung, die Sogwirkung des Herzens und die Atmung bewirkt.

Lymphatisches System

Das lymphatische System dient in erster Linie der Immunabwehr. Es besteht aus dem Lymphgefäßsystem und den lymphatischen Organen. Die lymphatischen Organe gliedert man in primäre und sekundäre lymphatische Organe. In den **primären lymphatischen Organen** (Thymus und Knochenmark) findet die Bildung, Reifung und Prägung von Immunzellen statt. Die Immunzellen besiedeln anschließend die **sekundären lymphatischen Organe** (Milz, Lymphknoten und MALT (mucosa associated lymphatic tissue)). Hier laufen beim Eintritt von Krankheitserregern die entscheidenden Vorgänge der spezifischen Immunabwehr ab.

Lymphgefäßsystem und Lymphknoten

Das Lymphgefäßsystem (▮ Abb. 1, ▮ Abb. 1 auf S. 2) ist dem venösen System parallel geschaltet. Es beginnt blind mit Lymphkapillaren, in die Flüssigkeit aus dem Interzellularraum (Interstitium) fließt. Die Flüssigkeit in den Lymphkapillaren nennt man Lymphe. Die Lymphe gelangt über sogenannte Präkollektoren in größere Lymphgefäße, die Kollektoren. Kollektoren führen die Lymphe einem **regionären Lymphknoten** zu. Von dort fließt die Lymphe oft über weitere Lymphknoten und **Sammellymphknoten** in die großen

Lymphstämme, die die Lymphe wieder in den Körperkreislauf leiten (s. u.). Der Rückfluss wird wie bei den Venen durch Klappen verhindert. Der Lymphtransport erfolgt durch rhythmische Kontraktionen der Segmente zwischen den Klappen.

Funktion

Das Lymphgefäßsystem hat mehrere Aufgaben:

▶ **Transport von Flüssigkeit:** Täglich gelangen durch Filtration etwa 20 Liter Flüssigkeit aus dem arteriellen Schenkel der Kapillaren in das Interstitium. Da-

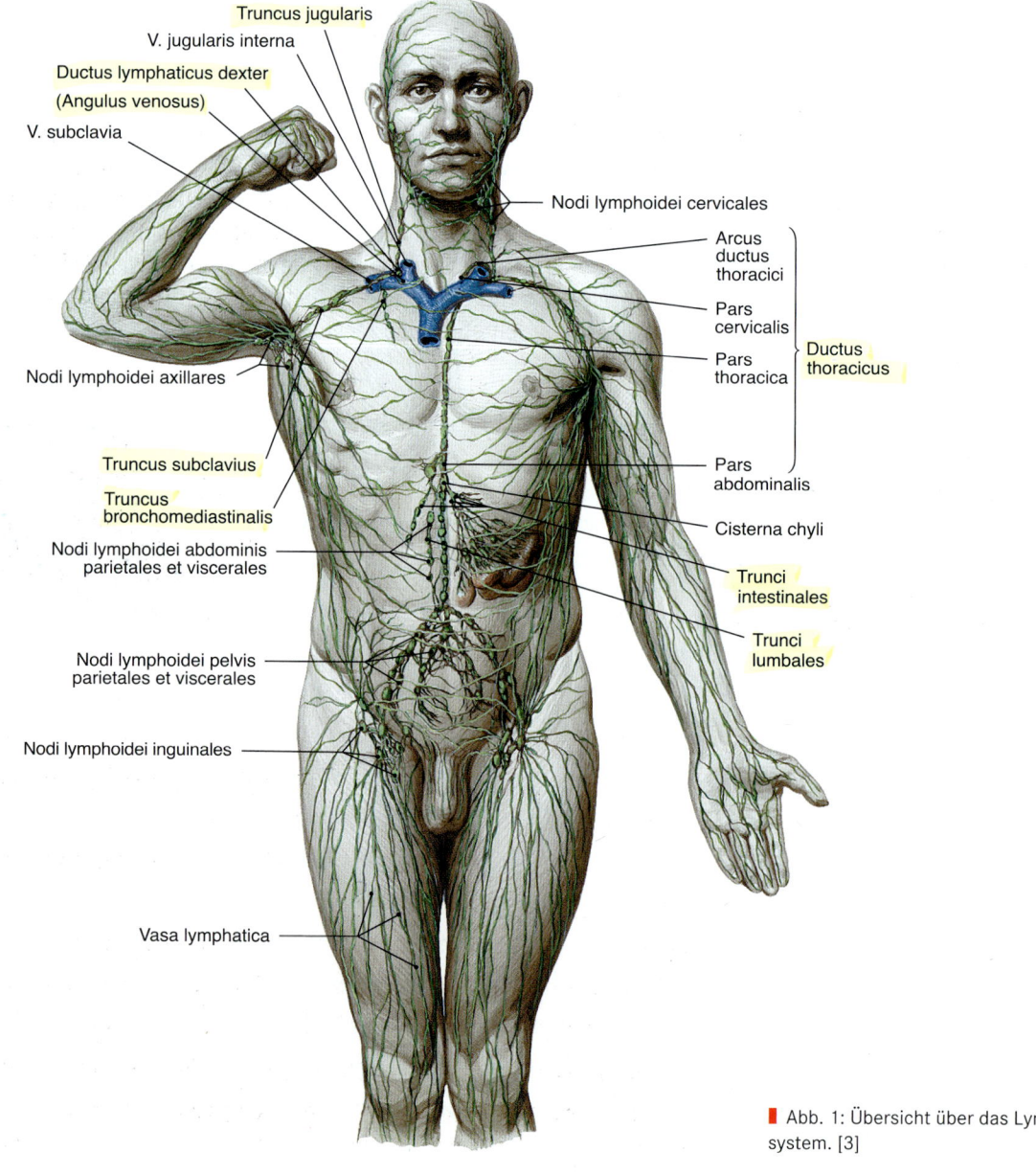

Truncus jugularis
V. jugularis interna
Ductus lymphaticus dexter (Angulus venosus)
V. subclavia
Nodi lymphoidei cervicales
Arcus ductus thoracici
Pars cervicalis
Pars thoracica
Ductus thoracicus
Nodi lymphoidei axillares
Truncus subclavius
Truncus bronchomediastinalis
Nodi lymphoidei abdominis parietales et viscerales
Pars abdominalis
Cisterna chyli
Trunci intestinales
Trunci lumbales
Nodi lymphoidei pelvis parietales et viscerales
Nodi lymphoidei inguinales
Vasa lymphatica

▮ Abb. 1: Übersicht über das Lymphgefäßsystem. [3]

von werden etwa 18 Liter im venösen Schenkel der Kapillaren in den Blutkreislauf rückresorbiert. Die Drainage der im Interstitium verbleibenden 2 Liter Flüssigkeit ist Aufgabe des Lymphgefäßsystems. Eine Störung im Lymphabfluss kann daher zu einer Vermehrung interstitieller Flüssigkeit (Ödem) führen.

▶ **Transport von Nahrungsfetten:**
Die Lymphgefäße aus dem Darm transportieren resorbierte Nahrungsfette in Form von sog. Chylomikronen und führen sie dem Blutkreislauf zu.

▶ **Transport von Immunzellen:**
Immunzellen gelangen aus den Lymphknoten über die Lymphgefäße wieder in den Blutkreislauf und von dort gegebenenfalls in andere Lymphknoten oder andere sekundäre lymphatische Organe.

> Störungen im Lymphabfluss können zu einem Ödem führen.

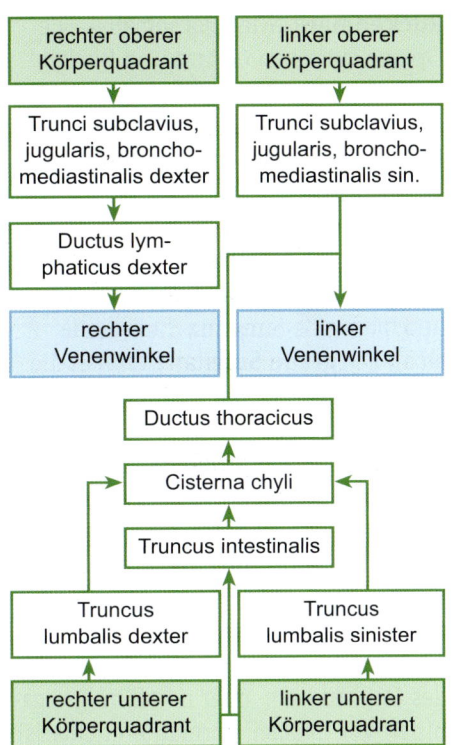

Abb. 2: Schema des Lymphabflusses der vier Körperquadranten.

Lymphstämme

Man unterscheidet beim Lymphabfluss vier **Körperquadranten** (█ Abb. 2): jeweils einen linken und einen rechten oberen bzw. unteren Körperquadranten. Die Grenze zwischen den oberen und unteren Körperquadranten ("Wasserscheide") befindet sich ungefähr in Höhe des Bauchnabels.
Die Lymphe der beiden unteren Körperquadranten (untere Extremität, Becken und Abdomen) sammelt sich in drei Lymphstämmen, den paarigen **Trunci lumbales** (dexter und sinister) und dem unpaaren **Truncus intestinalis.**

Diese drei Lymphstämme vereinigen sich in einer häufig erweiterten Stelle, der Cisterna chyli, zum Ductus thoracicus. Der **Ductus thoracicus** (s. S. 44) zieht durch das Zwerchfell, verläuft vor der Wirbelsäule durch den Thorax und gelangt dann am Hals in einem Bogen zum linken Venenwinkel (Zusammenfluss der V. jugularis interna und der V. subclavia zur V. brachiocephalica). Im Mündungsbereich verhindert eine Klappe den Übertritt von venösem Blut in den Ductus thoracicus. Kurz vor der Mündungsstelle nimmt er noch die Trunci bronchomediastinalis, subclavius und jugularis sinister auf. Diese drei

Trunci sammeln die Lymphe des linken oberen Körperquadranten.
Die Lymphe des rechten oberen Körperquadranten fließt über die Trunci bronchomediastinalis, subclavius und jugularis dexter in den Ductus lymphaticus dexter, der in den rechten Venenwinkel mündet.

> Die Lymphe des rechten oberen Körperquadraten mündet über den Ductus lymphaticus dexter in den rechten Venenwinkel. Die Lymphe der anderen drei Körperquadranten mündet über den Ductus thoracicus in den linken Venenwinkel.

Zusammenfassung

✖ Das lymphatische System besteht aus dem Lymphgefäßsystem sowie den primären und sekundären lymphatischen Organen.

✖ Das Lymphgefäßsystem beginnt blind im Interstitium und mündet in den Venenwinkeln in den Blutkreislauf.

✖ Etwa drei Viertel der Lymphe fließen über den Ductus thoracicus in den linken Venenwinkel, ein Viertel über den Ductus lymphaticus dexter in den rechten Venenwinkel.

✖ In das Lymphgefäßsystem sind regionäre Lymphknoten und Sammellymphknoten (sekundär lymphatische Organe) eingeschaltet.

Das **Nervensystem** ist dem Gesamtorganismus übergeordnet. Es übernimmt unterschiedlichste Funktionen: **Steuerung** der Tätigkeit von Muskulatur und Organen, **Kommunikation** mit der Umwelt und innerhalb des Organismus sowie **höhere Funktionen** wie Gedächtnis, Denkvermögen, Persönlichkeit und Emotionalität.
Topographisch gliedert sich das Nervensystem in das **zentrale Nervensystem** (ZNS) mit Gehirn und Rückenmark sowie das **periphere Nervensystem** (PNS) mit den verschiedenen Nerven. Funktionell unterscheidet man das **somatische** (animalische) **Nervensystem** zur willkürlichen Steuerung der Skelettmuskulatur und zur bewussten Wahrnehmung von Sinnesreizen, teils mit unbewusster Komponente, sowie das **vegetative** (autonome, viszerale) **Nervensystem** zur meist unbewussten und nicht vom Willen beeinflussbaren Steuerung der Organtätigkeit. Die verschiedenen Systeme sind eng miteinander verbunden und beeinflussen sich gegenseitig.
Das Nervensystem ist aus **Nervengewebe** aufgebaut, das überwiegend aus Nervenzellen und Gliazellen besteht. Die **Nervenzellen (Neurone)** sind über Fortsätze (Dendriten und Axone) untereinander, mit den Organen und den Skelettmuskeln verbunden und dienen der Erregungsbildung und -leitung sowie der Informationsverarbeitung und -speicherung. Eine Nervenzelle besteht in der Regel aus einem **Nervenzellkörper** (Perikaryon), vielen **Dendriten** („Empfangsantennen" für Erregungen) und einem (!) **Axon** (Weiterleitung der Erregung). Neben diesen sog. multipolaren Nervenzellen gibt es weitere Neuronentypen, die sich vor allem in der Dendritenzahl unterscheiden. **Gliazellen** sind essenziell für die Funktion des Nervensystems. Sie haben in erster Linie Stütz-, Schutz-, Ernährungs- und Isolationsfunktion.

Zentrales Nervensystem (ZNS)

Aufbau des ZNS

Das zentrale Nervensystem (ZNS) besteht aus **Gehirn** (Enzephalon) und **Rückenmark** (Medulla spinalis). Die Grenze zwischen Gehirn und Rückenmark liegt am kaudalen Ende des Hirnstamms an der Pyramidenbahnkreuzung in Höhe des Foramen magnum der Schädelbasis.

▶ Makroskopisch gliedert sich das ZNS in die graue Substanz (Substantia grisea) und die weiße Substanz (Substantia alba). Die **graue Substanz** enthält die Nervenzellkörper, die **weiße Substanz** die Fortsätze der Nervenzellen. Im Rückenmark liegt die graue Substanz innen und die weiße Substanz außen. Im Gehirn hingegen befindet sich die weiße Substanz innen, die graue Substanz überwiegend an der Oberfläche als Hirnrinde (Cortex cerebri). Daneben kommt graue Substanz auch im Inneren des Gehirns kern- oder netzförmig organisiert vor (Nuclei, Formatio reticularis).
▶ Gehirn und Rückenmark werden durch Hirn- bzw. Rückenmarkshäute (Meningen) sowie durch Knochen geschützt (❚ Abb. 1). Die dem Gehirn und Rückenmark direkt aufliegende Haut nennt man **Pia mater,** die zusammen mit der **Arachnoidea mater** zur weichen Hirn- bzw. Rückenmarkshaut (Leptomeninx) zusammengefasst wird. Der Raum zwischen diesen beiden Schichten **(Subarachnoidalraum)** ist mit Liquor cerebrospinalis gefüllt (s. S. 96). Die **Dura mater** (harte Hirn- bzw. Rückenmarkshaut, Pachymeninx) ist die äußerste Hülle. Sie besteht aus straffem Bindegewebe. Im Schädel ist sie mit dem Periost der Kalotte verwachsen, im Wirbelkanal durch den sog. Epidural-

raum vom Knochen getrennt. Im Schädel bestehen zwischen Periost, Dura und Arachnoidea normalerweise keine Zwischenräume, diese können sich aber unter pathologischen Umständen ausbilden (epi- und subdurale Blutungen!).

Aufbau des Rückenmarks

Die schmetterlingsförmig angeordnete graue Substanz des Rückenmarks (❚ Abb. 1) gliedert sich in zwei spiegelbildlich aufgebaute Hälften mit **Vorderhorn, Hinterhorn** und der dazwischen gelegenen Pars intermedia. Das Vorderhorn enthält die motorischen Wurzelzellen **(Motoneurone).** Die Pars intermedia enthält vegetative Nervenzellen. Die Axone aus Vorderhorn und Pars intermedia verlassen das Rückenmark seitlich vorne und bilden die **Vorderwurzel** (Radix anterior). Seitlich hinten in das Rückenmark und Hinterhorn eintretende Nervenfasern formen die **Hinterwurzel** (Radix posterior). Insgesamt unterteilt sich das Rückenmark in 31 – 33 Rückenmarksegmente mit jeweils paarig austretenden Vorder- und Hinterwurzeln: 8 Zervikalsegmente (C1–C8), 12 Thorakalsegmente (Th1–Th12), 5 Lumbalsegmente (L1–L5), 5 Sakralsegmente (S1–S5) und 1 – 3 Kokzygealsegmente (Co1–Co3).

Peripheres Nervensystem (PNS)

Aufbau des PNS

Das **periphere Nervensystem** (PNS) stellt die Verbindung zwischen dem

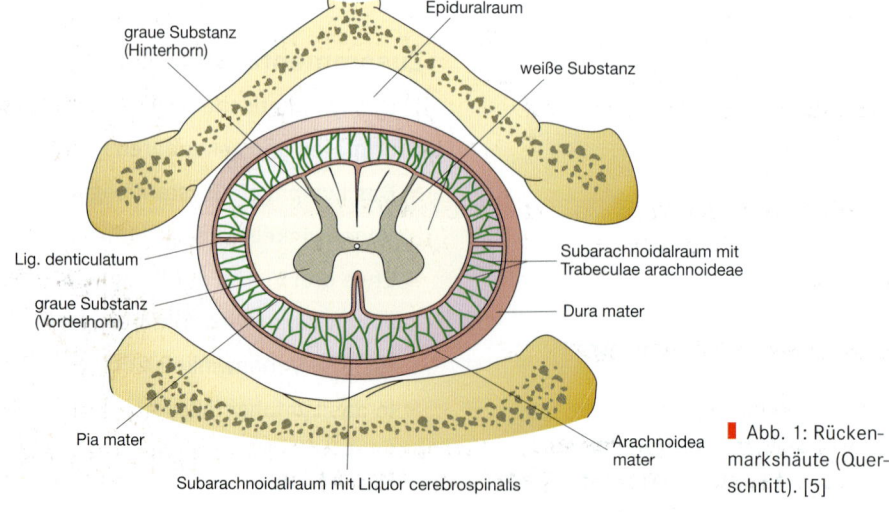

graue Substanz
(Hinterhorn)

Epiduralraum

weiße Substanz

Lig. denticulatum

graue Substanz
(Vorderhorn)

Subarachnoidalraum mit
Trabeculae arachnoideae

Dura mater

Pia mater

Arachnoidea
mater

Subarachnoidalraum mit Liquor cerebrospinalis

❚ Abb. 1: Rückenmarkshäute (Querschnitt). [5]

ZNS und der Peripherie (Organe, Skelettmuskeln und andere Gewebe) her. Das PNS umfasst:

▶ **12 paarige Hirnnerven**, die ihren Ursprungs- bzw. Projektionsort im Gehirn haben (s. S. 78–89),
▶ **31–33 paarige Spinalnerven**, die aus der Vereinigung der Vorder- und Hinterwurzel eines Rückenmarksegments entstehen (Aufbau s. u.),
▶ **Plexus und periphere Nerven**, die von den Spinalnerven gebildet werden,
▶ **vegetative Nerven und Nervengeflechte,** sowie
▶ **vegetative und sensible Ganglien** (= Ansammlung von Nervenzellkörpern).

Nerven bestehen aus vielen und meist verschiedenen Nervenfasern. Nach der Richtung der Erregungsleitung unterscheidet man afferente und efferente Nervenfasern. **Afferente Nervenfasern** leiten Erregungen aus der Peripherie in das ZNS, **efferente Nervenfasern** aus dem ZNS in die Peripherie bzw. zu Erfolgsorganen. Als **Erfolgsorgan** bezeichnet man das Ziel einer efferenten Nervenfaser.
Nach ihrer Funktion gliedert man die Nervenfasern weiter in folgende **sieben Faserqualitäten,** von denen drei nur bei Hirnnerven vorkommen (das fettgedruckte Kürzel in den Klammern wird bei der Darstellung der Nerven in diesem Buch verwendet):

▶ **Somatoefferent** (somatomotorisch, motorisch, **M**): willkürliche, motorische Innervation der Skelettmuskulatur,
▶ **Allgemein-viszeroefferent** (-viszeromotorisch, **VM**): meist unwillkürliche, vegetative Innervation von Organen, Gefäßen und Drüsen,
▶ **Speziell-viszeroefferent** (-viszeromotorisch, branchiomotorisch, **S-VM,** nur bei Hirnnerven): eine Faserqualität der Hirnnerven, die die Abkömmlinge der entwicklungsgeschichtlichen Kiemenbogenmuskulatur (synonym Branchialbogen) innervieren,
▶ **Allgemein-somatoafferent** (-somatosensibel, **S**): Leitung von Reizen aus Hautrezeptoren oder anderen Rezeptoren zum ZNS (bewusste und unbewusste Komponente),
▶ **Speziell-somatoafferent** (-somatosensibel, **S-S,** nur bei Hirnnerven): Fasern im N. opticus (II. Hirnnerv) aus dem Auge und im N. vestibulocochlearis (VIII. Hirnnerv) aus dem Gleichgewichts- und Hörorgan im Innenohr,
▶ **Allgemein-viszeroafferent** (-viszerosensibel, **VS**): Leitung meist unbewusst bleibender Reize aus den Organen und Blutgefäßen zum ZNS,
▶ **Speziell-viszeroafferent** (-viszerosensibel, **S-VS,** nur bei Hirnnerven): Geruchs- und Geschmacks-Nervenfasern der Hirnnerven.

Aufbau eines Spinalnerven

Die 31–33 Spinalnervenpaare (▌ Abb. 2, Truncus n. spinalis) entstehen aus der Vereinigung der efferent leitenden Vorderwurzel und der afferent leitenden Hinterwurzel eines Rücken-

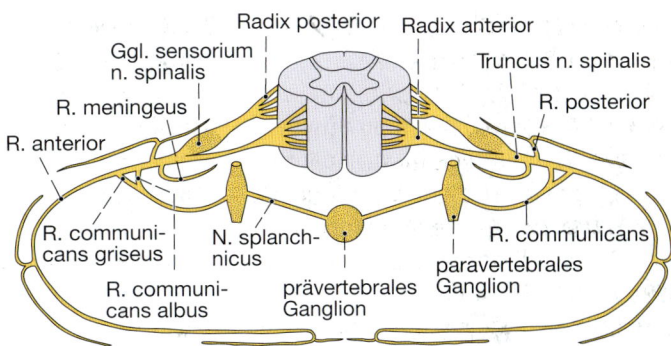

▌ Abb. 2: Aufbau eines Spinalnervenpaares. [2]

marksegments (s. o.) im Bereich der Foramina intervertebralia. Vor der Vereinigung liegt in der Hinterwurzel das sensible **Spinalganglion** (Ganglion sensorium n. spinalis) mit den Zellkörpern der sensiblen Nervenzellen. Der eigentliche **Spinalnerv** (Truncus n. spinalis) ist nur etwa 1 cm lang und teilt sich in vier Äste:

▶ **R. anterior:** Stärkster Ast. Die Rr. anteriores aus Th1–Th12 innervieren als Nn. intercostales segmental die vordere und seitliche Rumpfwand (s. S. 12), die anderen Rr. anteriores bilden Plexus (Nervengeflechte), Plexus cervicalis (C1–C4, s. S. 76), Plexus brachialis (C5–Th1, s. S. 20–25), Plexus lumbosacralis (Th12–S4, s. S. 32–37).
▶ **R. posterior:** Die Rr. posteriores innervieren den Rücken und Hinterkopf segmental sensibel und motorisch (autochthone Rückenmuskulatur).
▶ **R. meningeus:** Sensibler Ast zu den Rückenmarkshäuten.
▶ **R. communicans albus:** In den Rr. communicantes albi ziehen präganglionäre, markscheidenreiche sympathische Nervenfasern zu den paravertebralen Ganglien, ein Teil davon nach Umschaltung als postganglionäre, markscheidenarme sympathische Nervenfasern in den Rr. communicantes grisei zurück zu den Spinalnerven. Die paravertebralen Ganglien sind untereinander verbunden und bilden so den Grenzstrang (Truncus sympathicus, s. S. 8).

Zusammenfassung

✖ Das Nervensystem gliedert sich topographisch in zentrales und peripheres Nervensystem (ZNS bzw. PNS), funktionell in somatisches und vegetatives Nervensystem.
✖ Das ZNS umfasst Gehirn und Rückenmark, das PNS u. a. Hirnnerven, Spinalnerven, Plexus sowie periphere und vegetative Nerven.
✖ Spinalnerven entstehen aus der Vereinigung der Vorder- und Hinterwurzel und teilen sich in vier Äste: R. anterior, R. posterior, R. meningeus und R. communicans albus.

Allgemeine Neuroanatomie II

Segmentale und periphere Innervation

Bei der sensiblen und der motorischen Innervation unterscheidet man die segmentale und die periphere Innervation. Die **segmentale Innervation** beschreibt die Innervation über Nervenfasern eines Rückenmarksegments bzw. Spinalnervenpaars. Das segmentale Hautgebiet, das von einem Spinalnervenpaar sensibel innerviert wird, bezeichnet man als **Dermatom** (s. Anhang). Die **periphere Innervation** kennzeichnet die Innervation über die Nervenfasern eines peripheren Nervs. Das periphere Hautgebiet, das von einem peripheren Nerven sensibel innerviert wird, heißt **Maximalgebiet.**

Im Rumpfbereich bleibt die segmentale Anordnung der Rr. anteriores et posteriores erhalten, so dass hier segmentale und periphere Innervation übereinstimmen. Im restlichen Körper sind segmentale und periphere Innervation und damit Dermatom und Maximalgebiet unterschiedlich, weil sich die Spinalnerven untereinander verflechten und so Plexus bilden, von denen die peripheren Nerven ausgehen.

▶ Durch die Plexusbildung enthalten die peripheren Nerven Nervenfasern aus mehreren Rückenmarksegmenten. So ist ein peripherer Nerv an der sensiblen Innervation mehrerer Dermatome beteiligt.

▶ Die Maximalgebiete der peripheren Nerven überlappen sich stark. Nur ein kleiner Teil des Maximalgebietes wird ausschließlich von einem einzigen peripheren Nerven sensibel innerviert. Dieser Teil ist das **Autonomgebiet** des entsprechenden peripheren Nervs.

▶ Durch die Verflechtung der motorischen Nervenfasern werden die meisten Muskeln durch zwei oder mehr Rückenmarksegmente innerviert (multisegmentale Innervation). Muskeln, die nur oder überwiegend von einem Segment versorgt werden, bezeichnet man als **Kennmuskeln** (s. Anhang).

Vegetatives Nervensystem (VNS)

Das **vegetative** (autonome, viszerale) **Nervensystem** (VNS) steuert meist unbewusst und unwillkürlich über vegetative Reflexe die Tätigkeit der inneren Organe. Es reguliert das Herz-Kreislauf-System über die Innervation der Blutgefäßmuskulatur und des Herzens sowie das innere Milieu über die Steuerung vegetativer Parameter wie Atmung und Verdauung. Das VNS besteht aus dem viszeroefferenten System (Sympathikus, Parasympathikus), dem viszeroafferenten System und dem intramuralen Nervensystem.

Viszeroefferentes System

Das viszeroefferente (viszeromotorische) System gliedert sich in zwei, funktionell meist gegensätzlich wirkende Anteile, Sympathikus und Parasympathikus. Der **Sympathikus** wirkt im Allgemeinen aktivierend und leistungssteigernd, im Extremfall bei Kampf- oder Fluchtsituationen (**„fight or flight"**). Der **Parasympathikus** hingegen bewirkt eine Regeneration der körperlichen Reserven über die Aktivierung der Verdauung, insbesondere in Ruhesituationen (**„rest and digest"**). Der Aufbau der efferenten Strecke von Sympathikus und Parasympathikus (■ Abb. 3) unterscheidet sich maßgeblich von dem des somatomotorischen Systems: Während die somatomotorischen Nervenfasern direkt ohne Unterbrechung vom ZNS zum Erfolgsorgan (Skelettmuskulatur) ziehen, bestehen die Viszeroefferenzen aus zwei Neuronen. Perikaryon und Dendritenbaum des 1. (präganglionären) Neurons sind im ZNS lokalisiert. Seine axonale Faser (präganglionäre Faser) verlässt das ZNS und zieht zu peripheren Ansammlungen von Nervenzellkörpern (vegetative Ganglien). Dort wird es auf das 2. (postganglionäre) Neuron umgeschaltet. Das Axon des 2. Neurons (postganglionäre Faser) gelangt dann zum Erfolgsorgan. Der **Neurotransmitter des 1. Neurons** zur Umschaltung auf das 2. Neuron ist sowohl beim Sympathikus als auch beim Parasympathikus **Acetylcholin.** Der **Neurotransmitter des 2. Neurons** zur Innervation des Erfolgsorgans ist beim Sympathikus **Noradrenalin,** beim Parasympathikus wiederum **Acetylcholin.** Bei der Umschaltung wird die Erregung eines präganglionären Neurons meist auf mehrere postganglionäre Neurone übertragen (**Signaldivergenz**). Der Sympathikus zeichnet sich durch eine in der Regel starke Signaldivergenz aus, so dass oft mehrere Erfolgsorgane unselektiv aktiviert werden. Der Parasympathikus hingegen weist eine geringe Signaldivergenz auf, so dass einzelne Organe selektiv angesteuert werden können.

■ Abb. 3: Schema zur Verschaltung beim Sympathikus und Parasympathikus.

Sympathikus

Die Zellkörper der 1. sympathischen Neurone liegen überwiegend in den Seitenhörnern des thorakolumbalen Rückenmarks ([C8]Th1–L2, **thorakolumbaler Teil** des viszeroefferenten Systems). Die axonalen Fasern der 1. Neurone verlassen das Rückenmark über die Vorderwurzel und ziehen nach kurzem Verlauf als Teil des Spinalnervs über den R. communicans albus zum entsprechenden **paravertebralen Grenzstrangganglion** (▌ Abb. 1, S. 6). Hier können sie auf das 2. sympathische Neuron umgeschaltet werden oder im Grenzstrang **(Truncus sympathicus)** zu einem höher oder tiefer gelegenen Grenzstrangganglion ziehen, um dann dort umgeschaltet zu werden. Von den Grenzstrangganglien schließen sich die axonalen Fasern der 2. Neurone **(postganglionäre Fasern)** entweder den Arterien an, um dort die vegetativen Plexus zu bilden, oder sie ziehen über den R. communicans griseus wieder zum Spinalnerv, um dann in segmentaler Anordnung entsprechend der Dermatome Blutgefäße, Schweißdrüsen und die glatte Muskulatur der Hauthaare zu innervieren. Nicht alle sympathischen Efferenzen werden in den Grenzstrangganglien umgeschaltet. Aus den Rückenmarksegmenten Th5–L2 ziehen präganglionäre sympathische Fasern ohne Umschaltung durch die Grenzstrangganglien hindurch, um dann die Nn. splanchnici zu bilden (▌ Abb. 1, S. 6). Die Nn. splanchnici gelangen zu den **im Bauchraum und Becken** gelegenen **prävertebralen Ganglien,** wo sie auf das 2. Neuron umgeschaltet werden.

Parasympathikus

Die Zellkörper der 1. parasympathischen Neurone liegen überwiegend in den allgemein-viszeromotorischen Hirnnervenkernen des Hirnstamms und in den Seitenhörnern des sakralen Rückenmarks (S2–S4, **kraniosakraler Teil** des viszeroefferenten Systems). Die präganglionären Fasern aus dem Hirnstamm (kranialer Parasympathikus) werden hauptsächlich in den vier parasympathischen Kopfganglien der Hirnnerven III, VII und IX sowie in organnahen Ganglien der Brust- und Bauchorgane umgeschaltet. Die präganglionären Fasern aus dem Sakralmark (S2–S4, sakraler Parasympathikus) ziehen nach Austritt über die Vorderwurzel zu den Nervengeflechten des kleinen Beckens (Plexus hypogastrici) und weiter zu Bauch- und Beckenorganen. Die Umschaltung auf das 2. Neuron erfolgt zu einem kleinen Teil in Ganglien der Plexus hypogastrici und zum größeren Teil in organnahen Ganglien der Erfolgsorgane. Die Umschaltung erfolgt beim Parasympathikus also überwiegend in **organnahen Ganglien,** so dass die **postganglionären Fasern** meist eine sehr kurze Verlaufsstrecke haben.
▌ Tabelle 1 fasst die Unterschiede zwischen Sympathikus und Parasympathikus zusammen.

Viszeroafferentes System

Das viszeroafferente (viszerosensible) System ist als eigenständiges System zu betrachten. Es vermittelt vegetative Informationen wie Sauerstoff- und Kohlenstoffdioxidgehalt sowie pH-Wert des Blutes oder Dehnungszustand der glatten Muskulatur von Gefäßen und Organen. Die Zellkörper der viszerosensiblen Neurone befinden sich in den Spinalganglien und in den sensiblen Hirnnervenganglien der Hirnnerven VII, IX und X. Ihre peripherwärts gerichteten Fortsätze ziehen mit sympathischen Nervenfasern und mit den genannten Hirnnerven zu den Organen. Die zentralwärts gerichteten Fortsätze gelangen zu Kerngebieten im Rückenmark und Hirnstamm und weiter zu vegetativen Zentren des Gehirns.

Intramurales Nervensystem

Als intramurales Nervensystem werden die Nervengeflechte (Plexus) zusammengefasst, die in der Wand zahlreicher Organe (Darm, Lunge, Gallenblase, Beckenorgane u. a.) liegen. Die größte Ausdehnung besitzt es im Oesophagus und im Magen-Darm-Trakt und bildet dort das **enterische Nervensystem** (ENS). Das enterische Nervensystem steuert eigenständig die Motilität und Drüsentätigkeit und wird vom viszeroefferenten System (Sympathikus, Parasympathikus) reguliert.

	Sympathikus	Parasympathikus
Lage der 1. Neurone	Thorakolumbalmark → thorakolumbales System	Hirnstamm und Sakralmark → kraniosakrales System
Lage der Ganglien	Paravertebral (Truncus sympathicus) und prävertebral (z. B. Ganglion coeliacum)	Überwiegend organnah
Neurotransmitter	1. Neuron: Acetylcholin 2. Neuron: Noradrenalin	1. Neuron: Acetylcholin 2. Neuron: Acetylcholin
Wirkung	„Fight or flight"	„Rest and digest"
Signaldivergenz	Starke Divergenz	Geringe Divergenz
Innervationsgebiete	Organe, Rumpfwand, Extremitäten	V. a. Organe

▌ Tab. 1: Sympathikus und Parasympathikus im Überblick.

Zusammenfassung

✖ Segmentale Innervation bezeichnet die Innervation ausgehend von einem Spinalnervenpaar (sensible Dermatome, Kennmuskeln).

✖ Periphere Innervation beschreibt die Innervation über einen peripheren Nerv (sensible Maximal- und Autonomgebiete, multisegmentale Innervation der Muskulatur).

✖ Das vegetative Nervensystem besteht aus dem viszeroefferenten System (Sympathikus, Parasympathikus), dem viszeroafferenten System und dem intramuralen Nervensystem.

✖ Der Sympathikus wirkt aktivierend („fight or flight"), der Parasympathikus regenerierend („rest and digest").

B Spezieller Teil

Leitungsbahnen der Rumpfwand

Die Rumpfwand gliedert sich in Brust- und Bauchwand. Insbesondere im Bereich der Brustwand verlaufen die Leitungsbahnen segmental (▮ Abb. 1). Am **Unterrand jeder Rippe** verlaufen im Sulcus costae zwischen dem M. intercostalis internus und dem M. intercostalis intimus (von kranial nach kaudal): V. intercostalis, A. intercostalis, N. intercostalis (Merke: **VAN**). Daher müssen Pleurapunktionsnadeln oder Thoraxdrainagen am Oberrand der Rippe vorgeschoben werden, nicht am Unterrand (Verletzungsgefahr der Leitungsbahnen!).

Arterien

Die **Arterien der Rumpfwand** (▮ Abb. 2, ▮ Tab. 1) entspringen direkt aus der Aorta oder aus ihren größeren Ästen.

Venen

Die **Venen der Rumpfwand** verlaufen parallel zu den Arterien und sind entsprechend benannt. Abbildungen sind auf den genannten Seiten zu finden. Sie drainieren zum Teil über das Azygossystem oder über die Vv. brachiocephalicae in die V. cava superior (s. S. 40), zum anderen Teil in die V. cava inferior

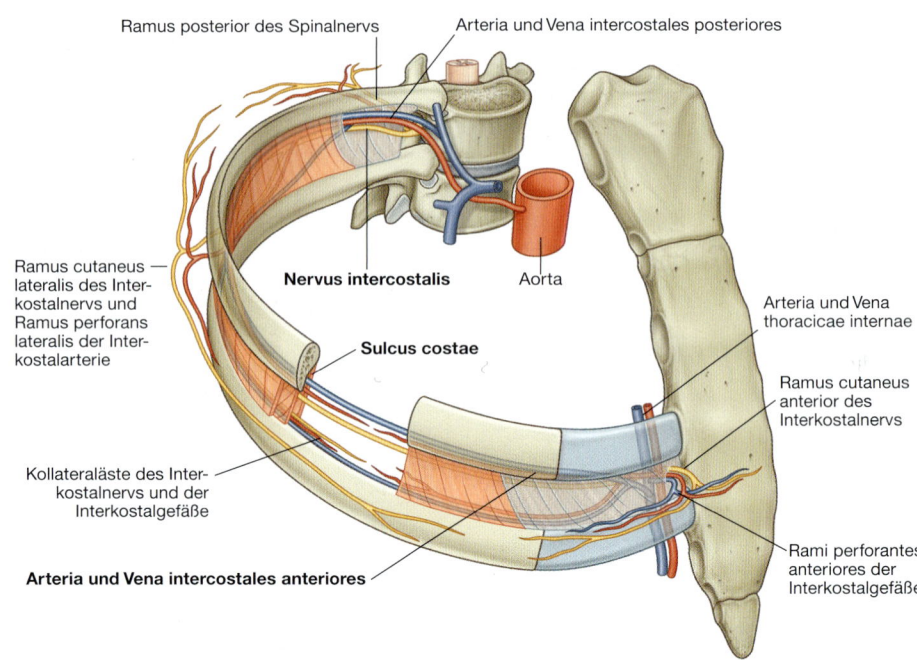

Ramus posterior des Spinalnervs — Arteria und Vena intercostales posteriores — Ramus cutaneus lateralis des Interkostalnervs und Ramus perforans lateralis der Interkostalarterie — **Nervus intercostalis** — Aorta — **Sulcus costae** — Arteria und Vena thoracicae internae — Ramus cutaneus anterior des Interkostalnervs — Kollateraläste des Interkostalnervs und der Interkostalgefäße — **Arteria und Vena intercostales anteriores** — Rami perforantes anteriores der Interkostalgefäße

▮ Abb. 1: Leitungsbahnen der Interkostalräume und Äste der Spinalnerven. [6]

(s. S. 54). Damit bilden die Venen der Rumpfwand einen wichtigen Bestandteil der kavokavalen Anastomosen (s. S. 60).
Rechts fließen die Vv. intercostales posteriores II–IV zur V. intercostalis suprema dextra zusammen, die in die V. azygos drainiert. Die V. intercostalis posterior I mündet in die V. brachiocephalica dextra. Links bilden die Vv. intercostales

posteriores I–II (oder III) die V. intercostalis suprema sinistra, die in die V. brachiocephalica sinistra mündet. Die weiteren Vv. intercostales posteriores fließen rechts in die V. azygos, links in die V. hemiazygos bzw. V. hemiazygos accessoria.
Epifaszial, also oberflächlich auf der Körperfaszie, verlaufen die Vv. paraumbilicales, Vv. thoracoepigastricae (münden in die V. axillaris), V. epigastrica superficialis und V. circumflexa ilium superficialis (münden beide in die V. femoralis). Anastomosen zwischen diesen Gefäßen stellen den oberflächlichen Schenkel der kavokavalen Anastomosen dar (s. S. 60). Die Vv. paraumbilicales haben wiederum Verbindung mit der V. portae. Daher kann es bei Pfortaderhochdruck über diese portokavalen Anastomosen (s. S. 60) zur Erweiterung der epifaszialen Venen (sog. Caput medusae) kommen.

Nerven

Die Innervation der Rumpfwand erfolgt zum größten Teil über die zwölf segmentalen thorakalen Spinalnerven (Nn. thoracici, ▮ Abb. 1). Daneben sind Nerven aus dem Plexus cervicalis (Nn. supraclaviculares, s. S. 76), dem Plexus brachialis (u. a. N. thoracicus longus, N. thora-

---

Systematik der Aa. intercostales
► Aa. intercostales post. I und II (aus der A. intercostalis suprema, Ast des Truncus costocervicalis, s. S. 14), Aa. intercostales post. III–XI (aus der Aorta descendens, Pars thoracica, s. S. 40) und A. subcostalis (= A. intercostalis post. XII), jeweils mit 2 Ästen:
   → R. dorsalis zur hinteren Rumpfwand und über einen R. spinalis zum Rückenmark,
   → R. cutaneus lat. zur seitlichen Rumpfwand;
► Aa. intercostales ant. I–XII (I–VI aus der A. thoracica int.; VII–XII aus der A. musculophrenica), die mit den ↔ Aa. intercostales post. anastomosieren (bei Entnahme der A. thoracica int. für Bypass-Operationen am Herzen werden die Aa. intercostales ant. über die Aa. intercostales post. durchblutet);
► Kollateralgefäße aus den Aa. intercostales post. zum oberen Rand der tiefergelegenen Rippe, dem sie im weiteren Verlauf folgen.

Versorgung der vorderen Rumpfwand
► A. thoracica int. (aus der A. subclavia): verläuft ca. 1 cm parasternal abwärts; mit Aa. intercostales ant. und Rr. perforantes (u. a. als Rr. mammarii med. zur Mamma);
   → A. musculophrenica: verläuft unterhalb des Rippenbogens zum Zwerchfell
   → A. epigastrica sup.: tritt im Trigonum sternocostale durch das Zwerchfell
► A. epigastrica inf. (aus der A. iliaca ext.): anastomosiert mit der ↔ A. epigastrica sup.
► A. epigastrica superf. und A. circumflexa ilium superf. (beide aus der A. femoralis)

Versorgung der seitlichen und hinteren Rumpfwand
► Äste der A. axillaris (s. S. 14): A. thoracica sup., A. thoracoacromialis, A. thoracica lat.
► Aa. intercostales post.
► Aa. lumbales I–IV (aus der Aorta abdominalis)
   → R. dorsalis und R. cutaneus lat. entsprechend der Aa. intercostales post.

▮ Tab. 1: Arterien der Rumpfwand.

codorsalis, s. S. 20–25) und dem Plexus lumbalis (N. iliohypogastricus,
N. ilioinguinalis, s. S. 32) an der sensiblen und motorischen Innervation der
Rumpfwand beteiligt.

Wie alle Spinalnerven (s. S. 6) geben die
Nn. thoracici einen R. meningeus und
eine R. communicans albus ab und teilen sich in einen R. anterior und einen
R. posterior. Die Rr. posteriores innervieren die autochthone Rückenmuskulatur
und die Haut der hinteren Rumpfwand.
Die Rr. anteriores der Nn. thoracici verlaufen als **Nn. intercostales** bzw. als
N. subcostalis (R. anterior XII) am Unterrand der Rippen. Sie versorgen sensibel die Pleura parietalis und das Peritoneum und geben zwei sensible Hautäste
(Rr. cutanei laterales und anterior pectorales bzw. abdominales) zur seitlichen
und vorderen Rumpfwand ab. Außerdem innervieren die Nn. intercostales
die Interkostalmuskulatur, die Nn. intercostales VII–XI und der N. subcostalis
die Bauchwandmuskulatur motorisch.
Die Nn. intercostales II und III sind
über Nn. intercostobrachiales, die mit
dem N. cutaneus brachii medialis anastomosieren, an der sensiblen Innervation der Innenseite des Oberarms beteiligt.

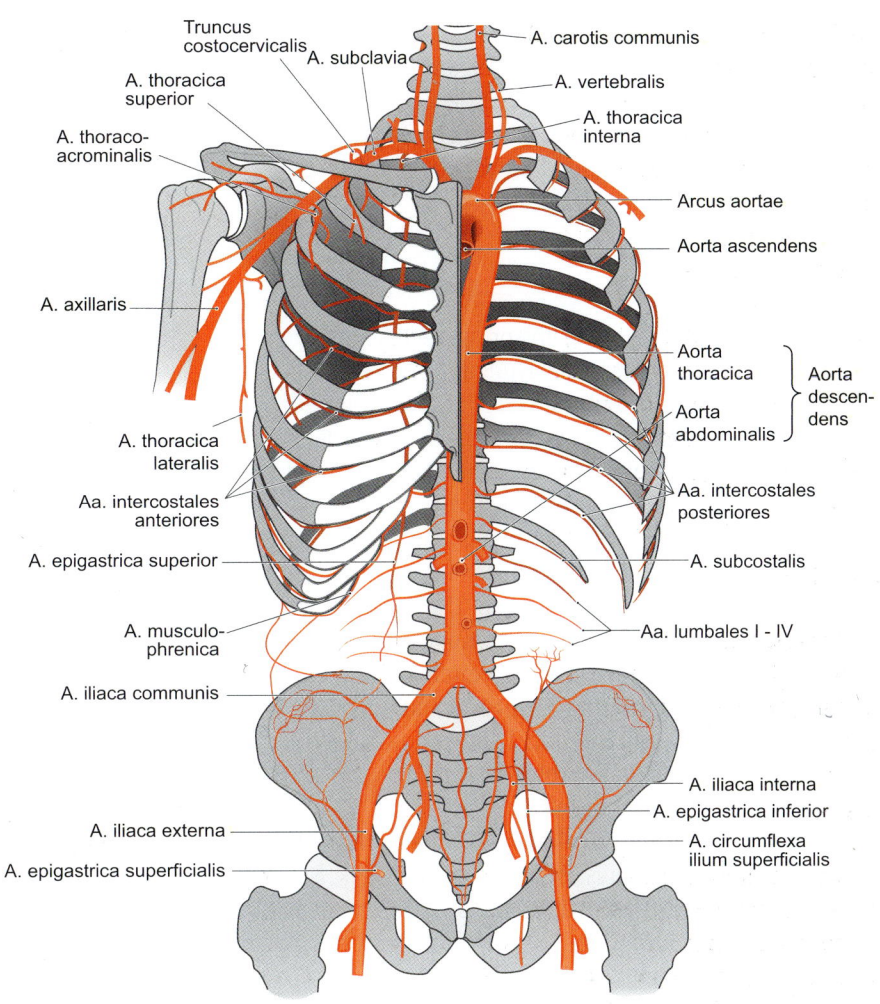

Abb. 2: Arterien der Rumpfwand.

Lymphgefäße und Lymphknoten

Die Lymphgefäße der Rumpfwand drainieren kranial der sog. „Wasserscheide"
(oberhalb des Bauchnabels) in die
Nll. axillares (s. S. 18; auch für Lymphabfluss der Mamma), kaudal in die
Nll. inguinales superficiales (von dort
letztlich in die Trunci lumbales). Daneben fließt ein Teil der Lymphe der
vorderen Rumpfwand in die Nll. parasternales entlang der Aa. thoracicae internae (von dort in die Trunci bronchomediastinales), der hinteren Brustwand
in die Nll. intercostales im Kopf-Hals-
Bereich der Rippen (im kaudalen Teil
weiter in den Ductus thoracicus, im
kranialen Teil in die Trunci bronchomediastinales) sowie der oberen Brustwand
in Nll. cervicales laterales (von dort in
die Trunci jugulares).

Zusammenfassung

✖ Die Leitungsbahnen der Rumpfwand verlaufen zum großen Teil segmental
als Aa., Vv. und Nn. intercostales.

✖ Über die Leitungsbahnen der Rumpfwand können sich arterielle und
venöse Umgehungskreisläufe zwischen Brust- und Bauchraum ausbilden.

✖ Wichtigste regionäre Lymphknoten für die Lymphdrainage der Rumpfwand
sind die Nll. axillares und die Nll. inguinales superficiales.

Arterien

Die **Arterien der oberen Extremität** unterliegen hinsichtlich ihres Ursprungs und ihrer Verzweigungen einer großen Variabilität. Hier ist der Regelfall beschrieben. Sofern nicht explizit angegeben, entsprechen die bei der Beschreibung des Verlaufs genannten Strukturen dem Versorgungsgebiet der Arterie.

A. subclavia

▶ Die **A. subclavia** (█ Abb. 1) entspringt rechts hinter dem Sternoklavikulargelenk aus dem Truncus brachiocephalicus, links direkt aus dem Aortenbogen. Sie verläuft über die Pleurakuppel durch die Skalenuslücke (zwischen Mm. scaleni anterior und medius, s. S. 26), dann zwischen Klavikula und 1. Rippe hindurch in die Achselhöhle, wo sie sich in die A. axillaris fortsetzt. Zwischen Klavikula und 1. Rippe kann sie zur ersten Hilfe bei Blutungen durch kräftigen Zug am Arm nach hinten komprimiert werden. Die A. subclavia entlässt Äste zur Versorgung von Gehirn, Kopf, Hals, Brustwand und oberer Extremität. **Astfolge:** A. vertebralis (zum Gehirn, s. S. 92), A. thoracica interna (zur Brustwand, s. S. 12), Truncus thyrocervicalis (s. u.) und Truncus costocervicalis (teilt sich in die A. cervicalis profunda zum Hals, s. S. 70, und die A. intercostalis suprema, s. S. 12).

▶ Der **Truncus thyrocervicalis** entlässt die A. thyroidea inferior und die A. cervicalis ascendens zum Hals (s. S. 70), die A. suprascapularis sowie die A. transversa cervicis. Die **A. suprascapularis** zieht über das Lig. transversum scapulae superius in die Fossa supraspinata, dann weiter in die Fossa infraspinata, wo sie mit der A. circumflexa scapulae anastomosiert (s. S. 26). Die **A. transversa cervicis** verläuft in variabler Weise durch das seitliche Halsdreieck nach laterodor-

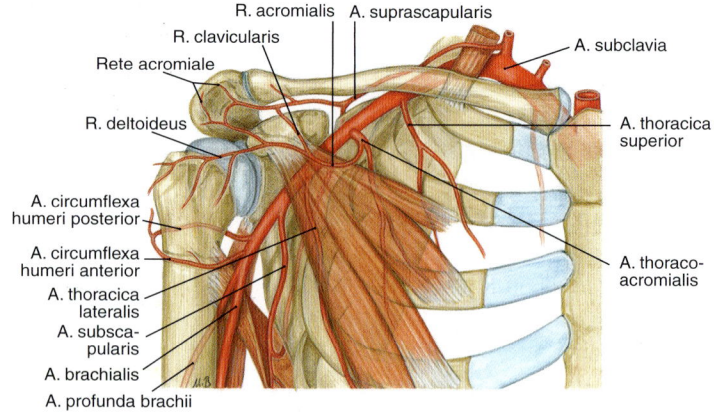

█ Abb. 1: Arterien der Schulterregion. [3]

sal und teilt sich in einen R. superficialis zum M. trapezius und einen R. profundus (= A. dorsalis scapulae). Die **A. dorsalis scapulae** zieht längs des Margo medialis scapulae nach kaudal, versorgt die Mm. rhomboidei und den M. latissimus dorsi und anastomosiert mit der A. circumflexa scapulae (s. S. 26).

Arterien des Arms

▶ Die **A. axillaris** (█ Abb. 1, █ Tab. 1) reicht vom Unterrand der 1. Rippe bis zur Sehne des M. latissimus dorsi, bedeckt durch die Mm. pectorales. Ihr Puls ist tief in der Achselhöhle tastbar. Die **A. brachialis** (█ Abb. 2, █ Tab. 1) ist die Fortsetzung der A. axillaris und beginnt am Unterrand des M. pectoralis major. Sie verläuft auf dem M. brachialis im Sulcus bicipitalis medialis mit dem N. medianus (Puls tastbar, kann distal

Systematik	Topographie und wichtigste Versorgungsgebiete
A. axillaris	Siehe Text
▶ A. thoracica sup.	Zu den Mm. pectorales.
▶ A. thoracoacromialis	Verzweigt sich im Trigonum clavi(deltoideo)pectorale (Mohrenheim-Grube): → R. clavicularis (Klavikula, M. subclavius), → R. acromialis (↔ Rete acromiale), → R. deltoideus (M. deltoideus), → Rr. pectorales (Mm. pectorales).
▶ A. thoracica lat.	Entspringt hinter dem M. pectoralis minor und verläuft an dessen Seitenrand zum M. serratus ant. Gibt → Rr. mammarii lat. zur Mamma ab.
▶ A. subscapularis	Entspringt als kurzer starker Ast distal der Mediangabel. Kleinere Äste zum M. subscapularis.
→ A. circumflexa scapulae ↔ A. suprascapularis ↔ A. dorsalis scapulae	Gelangt durch die med. Achsellücke (s. S. 26) in die Fossa infraspinata, wo sie sich verzweigt und Anastomosen (s. links) ausbildet (Kollateralkreislauf bei Unterbindung/Verschluss der A. axillaris). Versorgt die dorsale Schulterblattmuskulatur.
→ A. thoracodorsalis	Verläuft zw. M. latissimus dorsi und M. serratus ant. nach kaudal.
▶ A. circumflexa humeri ant.[1] ▶ A. circumflexa humeri post.[2]	[1] Vorne um das Collum chirurgicum (Gefährdung bei Bruch). [2]Stärkere der beiden. Mit dem N. axillaris durch die laterale Achsellücke unter dem M. deltoideus (s. S. 26). [1,2] ↔ Anastomosieren miteinander. Versorgen das Schultergelenk und den M. deltoideus.
A. brachialis	Siehe Text
▶ A. profunda brachii	Gelangt mit dem N. radialis durch den Trizepsschlitz (s. S. 26) in den Sulcus n. radialis (Gefährdung bei Bruch). Versorgt die Streckseite des Oberarms.
→ A. collateralis media	Zum Olekranon und ↔ Rete articulare cubiti.
→ A. collateralis radialis	Endast der A. profunda brachii zum ↔ Rete articulare cubiti. Anastomosiert mit der ↔ A. recurrens radialis.
▶ Aa. collateralis ulnaris sup. und inf.	Zum ↔ Rete articulare cubiti. Anastomosiert mit der ↔ A. recurrens ulnaris.

█ Tab. 1: Äste der A. axillaris und A. brachialis.

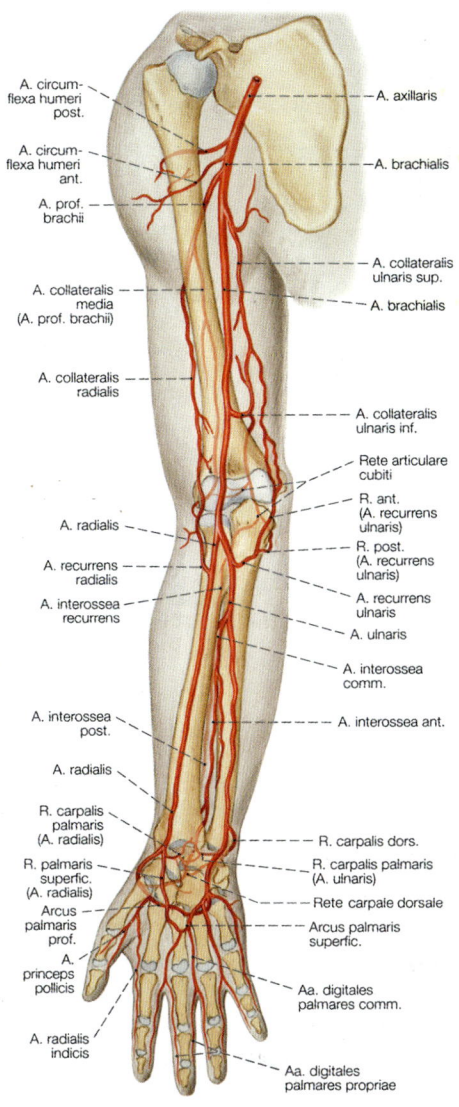

A. circum-
flexa humeri
post.

A. circum-
flexa humeri
ant.

A. prof.
brachii

A. collateralis
media
(A. prof. brachii)

A. collateralis
radialis

A. radialis

A. recurrens
radialis

A. interossea
recurrens

A. interossea
post.

A. radialis

R. carpalis
palmaris
(A. radialis)

R. palmaris
superfic.
(A. radialis)

Arcus
palmaris
prof.

A.
princeps
pollicis

A. radialis
indicis

A. axillaris

A. brachialis

A. collateralis
ulnaris sup.

A. brachialis

A. collateralis
ulnaris inf.

Rete articulare
cubiti

R. ant.
(A. recurrens
ulnaris)

R. post.
(A. recurrens
ulnaris)

A. recurrens
ulnaris

A. ulnaris

A. interossea
comm.

A. interossea ant.

R. carpalis dors.

R. carpalis palmaris
(A. ulnaris)

Rete carpale dorsale

Arcus palmaris
superfic.

Aa. digitales
palmares comm.

Aa. digitales
palmares propriae

■ Abb. 2: Arterien des Arms. [7]

Systematik	Topographie und wichtigste Versorgungsgebiete
A. radialis	Siehe Text
▶ A. recurrens radialis	Zum ↔ Rete articulare cubiti. Anastomosiert mit der ↔ A. collateralis radialis.
▶ Rr. carpales palmaris und dorsalis	Zum ↔ Rete carpale palmare bzw. dorsale
↔ Rete carpale dorsale	Liegt unter den Extensorsehnen. Entlässt → 4 Aa. metacarpales dorsales, die sich in jeweils 2 Aa. digitales dorsales zum 2.–5. Finger teilen.
▶ R. palmaris superf.	Zum ↔ Arcus palmaris superf. Versorgt den Daumenballen.
▶ A. princeps pollicis	Teilt sich in 2 Aa. digitales palmares propriae zum Daumen.
→ A. radialis indicis	Zum radialen Rand des Zeigefingers
▶ Arcus palmaris prof.	Fortsetzung der A. radialis. Auf den Basen der Ossa metacarpalia. Auch gespeist aus dem ↔ R. palmaris prof. der A. ulnaris. Über → Rr. perforantes verbunden mit den ↔ Aa. metacarpales dorsales.
→ 3–4 Aa. metacarpales palmares	Zu den Mm. interossei palmares. Endäste zu den ↔ Aa. digitales palmares communes.
A. ulnaris	Siehe Text
▶ A. recurrens ulnaris	Entspringt in der Ellenbeuge. Teilt sich in → R. anterior und → R. posterior (↔ Rete articulare cubiti), die mit den ↔ Aa. collaterales ulnares anastomosieren.
▶ A. interossea communis	
→ A. interossea ant. → A. comitans n. mediani	Verläuft auf der Membrana interossea antebrachii (s. S. 26). Durchbohrt diese distal und mündet ins ↔ Rete carpale dorsale. Versorgt Radius und Ulna.
→ A. interossea post.	Gelangt proximal durch die Membrana interossea in die dorsale Gefäß-Nerven-Straße (s. S. 26). Zieht bis zum ↔ Rete carpale dorsale.
▶ Rr. carpales palmaris und dorsalis	Zum ↔ Rete carpale palmare bzw. dorsale.
▶ R. palmaris prof.	Entspringt distal des Os pisiforme. Durchdringt die Hypothenarmuskulatur. Speist den ↔ Arcus palmaris prof.
▶ Arcus palmaris superf.	Fortsetzung der A. ulnaris. Befindet sich zw. Palmaraponeurose und Beugersehnen. Liegt distaler als der Arcus palmaris prof.
→ A. digitalis palmaris propria	Zur Ulnarseite von Handkante und Kleinfinger.
→ 3 Aa. digitales palmares communes	Verlaufen auf den Mm. lumbricales und spalten sich i. H. der Grundgelenke in je 2 Aa. digitales palmares propriae zu den einander zugekehrten Fingerrändern.

■ Tab. 2: Äste der A. radialis und A. ulnaris.

des Abgangs der A. profunda brachii unterbunden werden). Ihr Ende liegt in der Ellenbeuge, bedeckt von der Aponeurosis m. bicipitis brachii, wo sie sich in A. radialis und A. ulnaris teilt. **Versorgungsgebiet:** Beugeseite des Oberarms.

▶ Die **A. radialis** (■ Abb. 2, ■ Tab. 2) verläuft in der radialen Gefäß-Nerven-Straße (s. S. 26). Sie liegt dem distalen Radiusende auf (Puls!). An der Handwurzel gelangt die A. radialis unter den Endsehnen der Mm. abductor pollicis longus und extensor pollicis brevis nach dorsal in die Tabatière (Puls!), dann durch den M. interosseus dorsalis I in die Hohlhand, wo sie sich in den Arcus palmaris profundus fortsetzt. **Versorgungsgebiet:** radiale Muskelgruppe, radial gelegene Flexoren, Radius.

▶ Die **A. ulnaris** (■ Abb. 2, ■ Tab. 2) gelangt zwischen oberflächlichen und tiefen Beugern in die ulnare Gefäß-Nerven-Straße (s. S. 26, Leitmuskel: M. flexor carpi ulnaris). Ihr Puls ist proximal des Handgelenks tastbar. Sie verläuft weiter in der Guyon-Loge radial des Os pisiforme (Puls!) (s. S. 26) über das Retinaculum mm. flexorum und setzt sich in den Arcus palmaris superficialis fort. **Versorgungsgebiet:** ulnar gelegene Flexoren, Ulna.

Zusammenfassung

Die Kenntnis der Pulstastpunkte und Kollateralkreisläufe ist von großer Bedeutung:

✖ Voraussetzung für eine längere Unterbindung größerer Arterien an bestimmten Stellen ist eine ausreichende Versorgung über Kollateralkreisläufe.

✖ Bei blutenden Verletzungen oder Operationen insbesondere im Schulterbereich müssen beide Enden von Arterien unterbunden werden.

Venen

Die Venen der oberen Extremität (▮ Tab. 1, ▮ Abb. 1) gliedern sich in zwei unterschiedliche Systeme. Die **tiefen, subfaszial gelegenen Venen** verlaufen in Begleitung zu den gleichnamigen Arterien (Begleitvenen, Vv. comitantes). Bis auf die V. axillaris und die V. subclavia sind die tiefen Venen paarig angelegt. Die **oberflächlichen, epifaszial gelegenen Venen** (Vv. subcutaneae) haben keine arterielle Entsprechung. Die Venen beider Systeme haben zahlreiche Klappen und anastomosieren untereinander in vielfältiger Weise über Rr. perforantes. Die oberflächlichen Venen unterliegen insbesondere in der Ellenbeuge und am Unterarm einer großen Variabilität. Die wichtigsten oberflächlichen Venen am Arm sind die V. cephalica, die V. basilica sowie die V. mediana cubiti, welche die V. cephalica und die V. basilica in der Ellenbeuge verbindet. Die an der Brustwand oberflächlich gelegenen Vv. thoracoepigastricae sind an kavokavalen und portokavalen Anastomosen beteiligt (s. S. 60).

> Die Venen der oberen Extremität unterteilt man in tiefe, die Arterien begleitende Venen und oberflächliche Venen ohne arterielle Entsprechung.

Tiefe Venen

▶ Die **V. subclavia** ist die Fortsetzung der V. axillaris. Sie verläuft hinter der Klavikula über die 1. Rippe und vor dem M. scalenus anterior („vordere Skalenuslücke", s. S. 26; A. subclavia hinter dem M. scalenus anterior). Mit der Klavikula ist sie bindegewebig verbunden, so dass die Lumenweite durch Bewegungen der Klavikula beeinflusst wird. Die V. subclavia fließt mit der V. jugularis interna (s. S. 72) im **Venenwinkel** hinter dem Sternoklavikulargelenk zur V. brachiocephalica zusammen.

▶ Die **V. axillaris** (▮ Abb. 1) liegt in der Achselhöhle medial und ventral der A. axillaris. Sie drainiert die mit den Ästen der A. axillaris verlaufenden Begleitvenen und sammelt die oberflächlichen Venen des Arms. In Höhe der 1. Rippe setzt sie sich in die V. subclavia fort. Die V. axillaris ist an der Fascia clavipectoralis angeheftet und wird dadurch offengehalten.

▶ Die **Vv. brachiales** begleiten die A. brachialis. Sie entstehen in der Ellenbeuge aus der Vereinigung der Vv. radiales und Vv. ulnares. In der Achselhöhle vereinigen sich die beiden Vv. brachiales zur V. axillaris.

▶ Die **Vv. radiales** und **Vv. ulnares** verlaufen als paarige Begleitvenen gemeinsam mit der A. radialis bzw. der A. ulnaris.

▶ Entsprechend der zwei arteriellen Anastomosenkränze in der Hohland gibt es zwei begleitende venöse Hohlhandbögen,

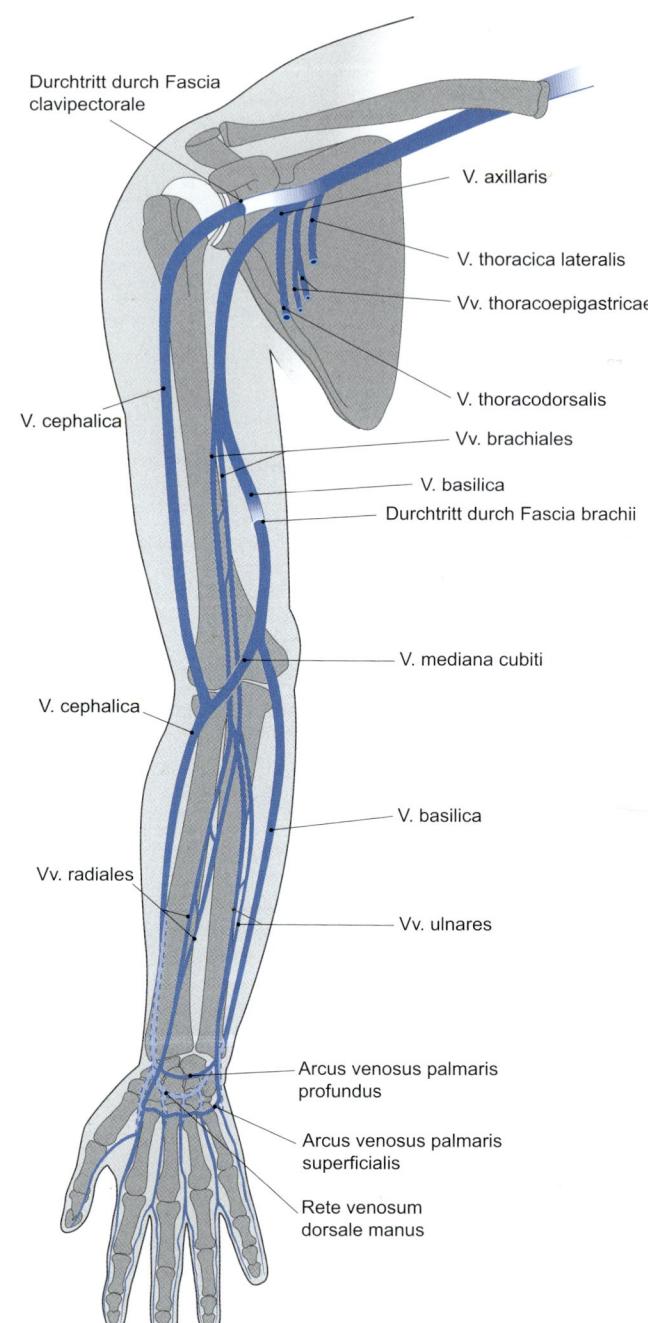

Durchtritt durch Fascia clavipectorale
V. axillaris
V. thoracica lateralis
Vv. thoracoepigastricae
V. thoracodorsalis
V. cephalica
Vv. brachiales
V. basilica
Durchtritt durch Fascia brachii
V. mediana cubiti
V. cephalica
V. basilica
Vv. radiales
Vv. ulnares
Arcus venosus palmaris profundus
Arcus venosus palmaris superficialis
Rete venosum dorsale manus

▮ Abb. 1: Venen der oberen Extremität.

Arcus venosus palmaris profundus und superficialis. Im Unterschied zu der arteriellen Versorgung fließt ein Großteil des Blutes aus den venösen Hohlhandbögen zum Rete venosum dorsale manus (s. u.) ab.

Oberflächliche Venen

▶ Die **Vv. thoracoepigastricae** verlaufen an der seitlichen Rumpfwand ohne arterielle Entsprechung. Über die ↔ V. epigastrica superficialis besteht eine Verbindung zur V. femoralis (kavokavale Anastomose, s. S. 60). Über ↔ Vv. paraumbilicales sind die Vv. thoracoepigastricae mit der V. portae verbunden (portokavale Anastomose, s. S. 60).

▶ Die **V. cephalica** geht aus dem Rete venosum dorsale manus (Venennetz des Handrückens) hervor. Sie verläuft am Unterarm epifaszial längs der radialen Beugeseite und ist in der Ellenbeuge über die ↔ V. mediana cubiti mit der V. basilica verbunden. Am Oberarm liegt sie in der lateralen Bizepsfurche. Die V. cephalica tritt im Trigonum clavi(deltoideo)pectorale (Mohrenheim-Grube) in die Tiefe, durchbricht die tiefe Fascia clavipectoralis und mündet im Bereich der Achselhöhle in die V. axillaris.

▶ Die **V. basilica** verläuft vom Handrücken epifaszial auf der ulnaren Seite des Unterarms zur Ellenbeuge, wo sie über die ↔ V. mediana cubiti mit der V. cephalica verbunden ist. Die V. basilica zieht am Oberarm zunächst weiterhin epifaszial in der medialen Bizepsfurche aufwärts, tritt in der Oberarmmitte am Hiatus basilicus durch die Faszie und mündet als stärkste Hautvene des Armes in eine der Vv. brachiales.

▶ Das **Rete venosum dorsale manus** ist ein subkutanes Venennetz am Handrücken. Es drainiert den Großteil der Hand, auch der palmaren Seite. Daher führen Entzündungsprozesse

auch der palmaren Handseite zu Anschwellungen des Handrückens. Das Rete venosum dorsale manus bildet radial die V. cephalica und ulnar die V. basilica.

> Im Unterschied zu der arteriellen Versorgung fließt ein Großteil des venösen Blutes sowohl des Handrückens als auch der Hohlhand über das Rete venosum dorsale manus zur V. cephalica und zur V. basilica ab.

Für **intravenöse Injektionen und venöse Blutabnahmen** werden die oberflächlichen Venen der Ellenbeuge, vor allem die V. mediana cubiti, aufgrund ihrer meist guten Zugänglichkeit und Größe bevorzugt genutzt (Abb. 2, Abb. 3). Zu beachten ist die Möglichkeit einer oberflächlich in der Ellenbeuge gelegenen A. ulnaris superficialis (3 %) oder weiterer atypischer Lagevarianten der Arterien. Eine versehentliche Punktion einer Arterie kann gravierende Folgen haben (Unterscheidung zu Venen durch die Pulsation und die hellere Blutfarbe). Leicht verschiebliche oberflächliche Venen (sog. Rollvenen) können die Punktion erschweren. Neben den Venen der Ellenbeuge eignen sich auch die oberflächlichen Venen des Unterarms und des Handrückens zur Punktion.

> Die oberflächlichen Venen der Ellenbeuge (v. a. V. mediana cubiti), des Unterarms und der Hand eignen sich aufgrund ihrer guten Zugänglichkeit und ihrer Größe zur Punktion.

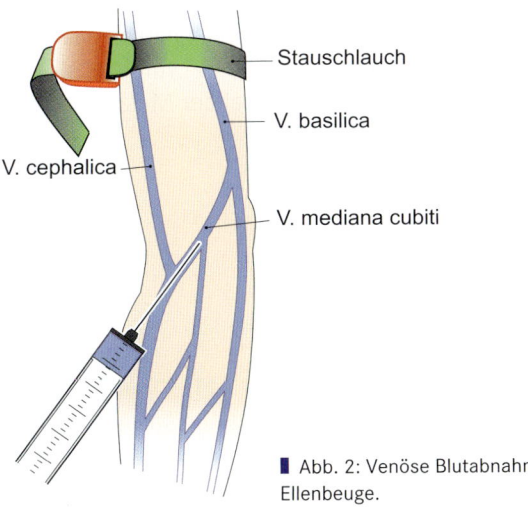

Abb. 2: Venöse Blutabnahme in der Ellenbeuge.

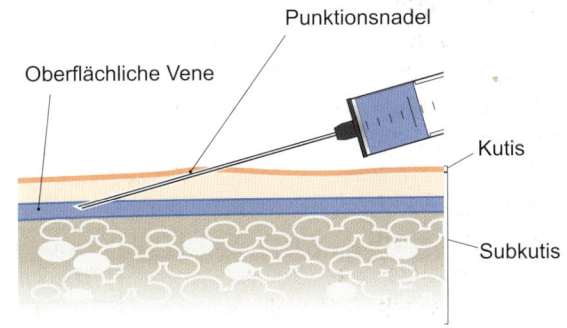

Abb. 3: Punktion einer oberflächlichen Vene.

Zusammenfassung

Der Blutabfluss aus der oberen Extremität erfolgt über:

✘ **tiefe Venen,** die überwiegend paarig angelegt sind und in Begleitung der gleichnamigen Arterien verlaufen, sowie

✘ **oberflächliche Venen,** insbesondere V. cephalica und V. basilica, die aus dem Rete venosum dorsale manus hervorgehen. Die V. cephalica mündet in die V. axillaris, die V. basilica in die Vv. brachiales.

Lymphgefäße und Lymphknoten

Lymphabfluss und regionäre Lymphknoten der oberen Extremität

Die Lymphgefäße der oberen Extremität gliedern sich wie die Venen in ein **oberflächliches, epifasziales und** ein **tiefes, subfasziales System,** die über zahlreiche Anastomosen miteinander verbunden sind. Die tiefen Lymphgefäße verlaufen zusammen mit den Arterien und den tiefen Venen, die oberflächlichen Lymphgefäße überwiegend in der Nähe der oberflächlichen Venen.

Eine Übersicht über die Lymphknotenstationen der oberen Extremität einschließlich der Mamma gibt ■ Abbildung 1. Erste Lymphknotenstation für die Lymphgefäße des Unterarms und der Hand sind die Nll. cubitales in der Ellenbeuge. Am Oberarm existieren ein **mediales Bündel** entlang der V. basilica zu den axillären Lymphknoten und ein **dorso-laterales Bündel** entlang der V. cephalica zu den Nll. supraclaviculares (nicht gezeigt in den Abbildungen). Der Großteil der Lymphe des Oberarms und aus den Nll. cubitales drainiert über das mediale Oberarmbündel in die axillären Lymphknoten.

> An der oberen Extremität unterscheidet man
> ▶ ein oberflächliches Lymphgefäßsystem und
> ▶ ein tiefes Lymphgefäßsystem.

Lymphknoten der Axilla

Die **20–50 axillären Lymphknoten** drainieren den Großteil der Lymphe der oberen Extremität, ca. 75 % der Lymphe der Mamma, den überwiegenden Teil der Lymphe der Rumpfwand oberhalb der „Wasserscheide" (s. a. S. 12) sowie einen Teil der Lymphe aus dem unteren Halsabschnitt. Physiologisch können sie Erbsengröße erreichen. Vergrößerte axilläre Lymphknoten sind in der Achselhöhle tastbar. Die axillären Lymphknoten lassen sich aus onkochirurgischer Sicht anhand des M. pectoralis minor in **drei Gruppen** gliedern (■ Abb. 1 und ■ Abb. 2):

▶ **Level I:** alle Lymphknoten lateral des M. pectoralis minor;
▶ **Level II:** alle Lymphknoten im Bereich des M. pectoralis minor;
▶ **Level III:** alle Lymphknoten medial des M. pectoralis minor.

Die Nll. axillares apicales (Level III) stellen damit die letzte Lymphknotenstation der oberen Extremität dar. Die efferenten Lymphgefäße dieser Lymphknoten verbinden sich zum **Truncus subclavius,** der rechts in den Ductus lymphaticus dexter, links in den Ductus thoracicus mündet.

> Der Truncus subclavius sammelt die Lymphe der axillären Lymphknoten und damit den Großteil der Lymphe der oberen Extremität, der Mamma und der oberen Rumpfwand.

Lymphabfluss und regionäre Lymphknoten der Mamma

Der Lymphabfluss der Mamma (■ Abb. 2) ist aufgrund der häufigen lymphogenen Metastasierung von **Mammakarzinomen** von großer klinischer Bedeutung. Auch bei der Mamma lassen sich ein oberflächliches und ein tiefes Lymphgefäßsystem unterscheiden. Letzteres spielt bei der Metastasierung

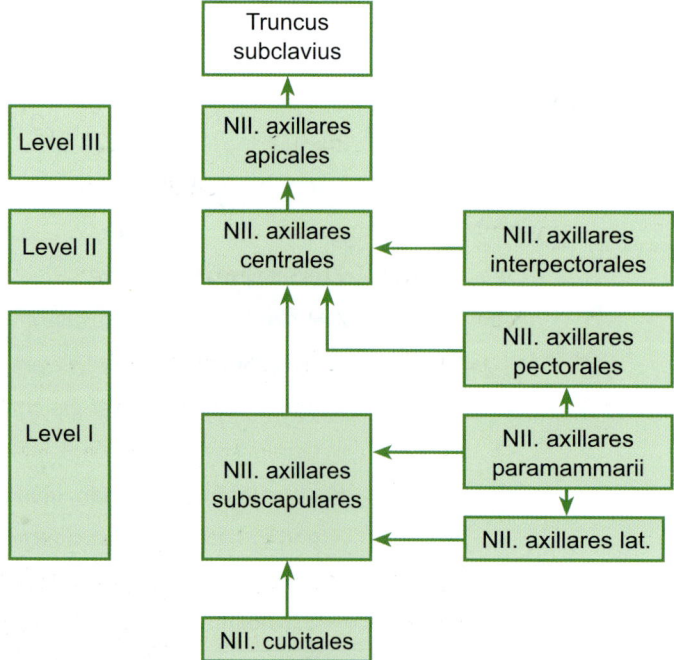

■ Abb. 1: Schema zu den Lymphknotenstationen der oberen Extremität.

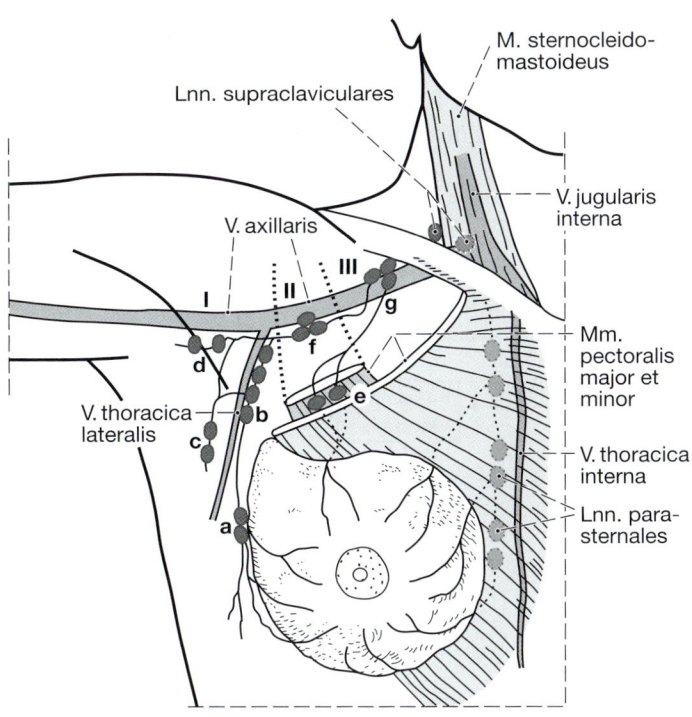

Abb. 2: Lymphknotenstationen der Mamma.
Lnn. = Lymphonodi (= Nll., Nodi lymphatici). [2]

I–III Stockwerke (engl.: levels) der Axilla

I a Lnn. paramammarii	**II e** Lnn. interpectorales	
b Lnn. axillares pectorales	**f** Lnn. axillares centrales	
c Lnn. axillares subscapulares		
d Lnn. axillares laterales	**III g** Lnn. axillares apicales	

die größere Rolle. Die regionären Lymphknoten der Mamma gliedern sich in vier Gruppen:

▶ 75 % der Lymphe der Mamma fließen in die **axillären Lymphknoten,** wobei insbesondere die Lymphknoten von Level I die primäre Lymphknotenstation darstellen.
▶ Der überwiegende Anteil der restlichen Lymphe, vor allem des medialen Abschnitts der Mamma, fließt über die **Nll. parasternales** entlang der Vasa thoracica interna in die Trunci

bronchomediastinales ab. Über die Nll. parasternales kann es auch zur Metastasierung über die Medianlinie zur gegenüberliegenden Thoraxseite kommen!
▶ **Nll. infraclaviculares,**
▶ **Nll. supraclaviculares.**

Beim Mammakarzinom hängt die Anzahl der befallenen Lymphknoten in den drei Leveln axillärer Lymphknoten direkt mit der Überlebensrate zusammen.

Zusammenfassung

✖ Die axillären Lymphknoten stellen die wichtigste regionäre Lymphknotenstation der oberen Extremität dar. Sie sammeln nicht nur die Lymphe nahezu der kompletten oberen Extremität, sondern auch drei Viertel der Lymphe aus der Mamma sowie den überwiegenden Teil der Lymphe aus Thoraxwand und oberer Bauchwand.

✖ Beim Mammakarzinom sind sie meist die primär von Metastasen befallenen Lymphknoten.

✖ Aus onkochirurgischer Sicht lassen sich die axillären Lymphknoten in drei Level gliedern.

✖ Der Truncus subclavius sammelt die Lymphe der axillären Lymphknoten und führt sie rechts dem Ductus lymphaticus dexter, links dem Ductus thoracicus zu.

Plexus brachialis I

Aufbau des Plexus brachialis

Die **Rr. anteriores** der Spinalnerven der Segmente **C5 – Th1** bilden den Plexus brachialis (■ Abb. 1, ■ Abb. 2), der die Innervation der oberen Extremität einschließlich der Schultermuskulatur (mit Ausnahme der Mm. trapezius, sternocleidomastoideus und omohyoideus) übernimmt. Aus den Rr. anteriores gehen im Bereich der Skalenuslücke (zwischen den Mm. scaleni anterior

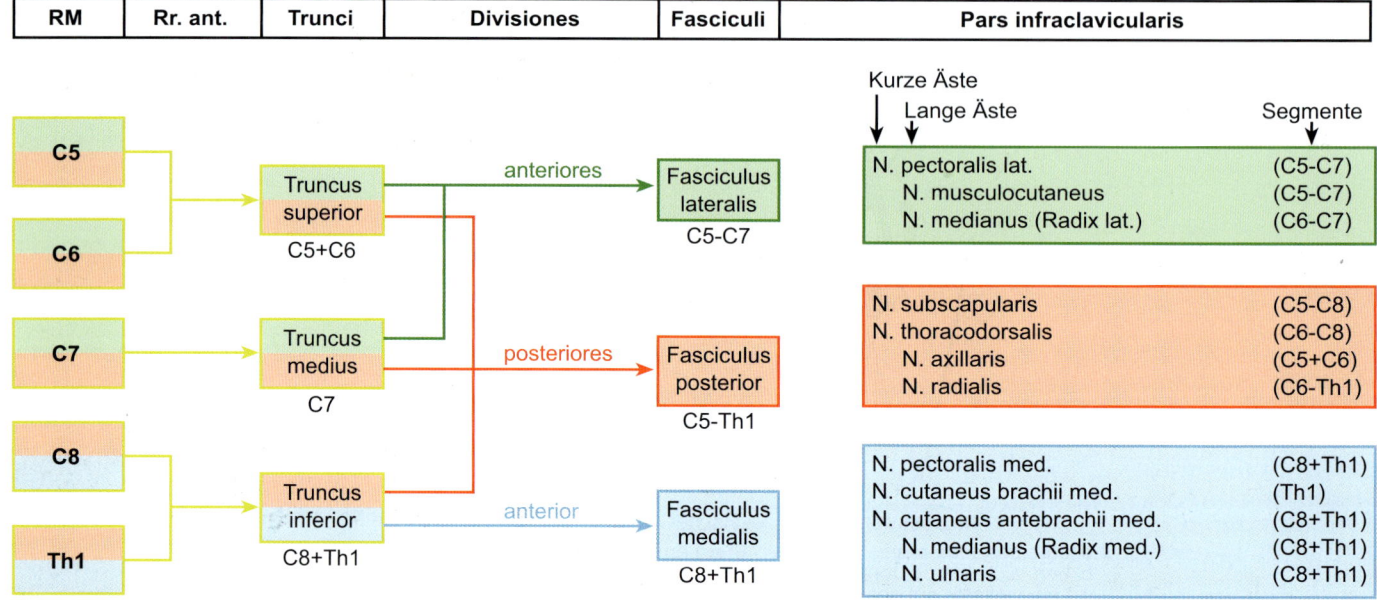

RM	Rr. ant.	Trunci	Divisiones	Fasciculi	Pars infraclavicularis

■ Abb. 1: Schematische Übersicht über den Aufbau und die infraklavikulären Äste des Plexus brachialis. Jedem der drei Fasciculi ist eine Farbe zugeordnet: grün = Fasciculus lateralis; rot = Fasciculus posterior; blau = Fasciculus medialis. RM = Rückenmark.

Systematik	Topographie	Innervationsgebiete
Rr. musculares (C5 + C6)	Kurze Äste zu den Mm. scaleni.	**M:** Mm. scaleni ant., med. und post.
N. dorsalis scapulae (C3 – C5)	Entsteht aus den Rr. anteriores. Durchbohrt den M. scalenus med. Verläuft am Unterrand des M. levator scapulae, dann medial der Skapula nach kaudal.	**M:** M. levator scapulae, Mm. rhomboidei major und minor
N. suprascapularis (C4 – C6)	Zweigt vom Truncus sup. nach dorsal ab. Verläuft durch die Incisura scapulae in die Fossa supraspinata, dann lateral der Spina scapulae in die Fossa infraspinata.	**M:** M. supraspinatus, M. infraspinatus
N. thoracicus longus (C5 – C7)	Entsteht aus den Rr. anteriores. Durchbohrt den M. scalenus med. Läuft hinter dem Plexus brachialis und dann auf dem M. serratus ant. nach kaudal.	**M:** M. serratus ant.
N. subclavius (C5 + C6)	Entspringt in der Regel aus dem Truncus sup. Zieht direkt zum M. subclavius.	**M:** M. subclavius

■ Tab. 1: Pars supraclavicularis des Plexus brachialis.

Systematik	Topographie	Innervationsgebiete
Fasciculus lat.		
N. pectoralis lat. (C5 – C7)	Tritt zusammen mit den Rr. pectorales der A. thoracoacromialis nach ventral durch die Fascia clavipectorale (zwischen dem M. subclavius und dem M. pectoralis minor). Zweigt sich dorsal des M. pectoralis major in kleine Muskeläste auf.	**M:** M. pectoralis major
Fasciculus med.		
N. pectoralis med. (C8 + Th1)	Dringt von dorsal in den M. pectoralis minor ein.	**M:** M. pectoralis minor
N. cutaneus brachii med. (Th1)	Zieht durch die Achselhöhle. Gelangt die Fascia brachialis durchbrechend zur Haut des medialen Oberarms. Über ↔ Nn. intercostobrachiales (s. S. 12) Verbindung zu Th2 (+ Th3).	**S:** Haut des medialen Oberarms
N. cutaneus antebrachii med. (C8 + Th1)	Verläuft an der Medialseite des Oberarms unter der Fascia brachialis, die er oberhalb der Ellenbeuge mit der V. basilica durchbricht. Teilt sich in zwei Äste (R. anterior und R. posterior), die subkutan nach distal verlaufen.	**S:** Haut des medialen Unterarms
Fasciculus post.		
Nn. subscapulares (C5 – C8)	Ziehen auf dem M. subscapularis nach dorsokaudal.	**M:** M. subscapularis, evtl. M. teres major
N. thoracodorsalis (C6 – C8)	Verläuft mit der A. thoracodorsalis zwischen dem M. latissimus dorsi und dem M. serratus ant. nach kaudal.	**M:** M. latissimus dorsi, M. teres major

■ Tab. 2: Kurze Äste des Plexus brachialis, Pars infraclavicularis.

und medius) **drei Trunci** hervor, die sich dorsal der Klavikula zu **drei Fasciculi** umgruppieren. Hierbei teilt sich jeder Truncus in einen ventralen und einen dorsalen Anteil (Divisiones anteriores und posteriores). Die drei dorsalen Anteile bilden den **Fasciculus posterior,** die ventralen Anteile der Trunci superior und medius den **Fasciculus lateralis,** der ventrale Anteil des Truncus inferior den **Fasciculus medialis.** Die Fasciculi sind entsprechend ihrer Lage zur A. axillaris benannt. Die Fasciculi medialis und lateralis übernehmen die Innervation des ventralen Kompartiments der oberen Extremität, während der Fasciculus posterior für die Innervation des dorsalen Kompartiments zuständig ist.

Äste des Plexus brachialis

Die Äste des Plexus brachialis gliedern sich topographisch nach der Höhe ihres Abgangs in eine Pars supraclavicularis und eine Pars infraclavicularis. Die Äste

der **Pars supraclavicularis** (▌Tab. 1, ▌Abb. 2) gehen entweder direkt aus den Rr. anteriores der Spinalnerven oder aus dem Truncus superior hervor, die Äste der **Pars infraclavicularis** aus den Fasciculi. Innerhalb der Pars infraclavicularis lassen sich kurze Äste (▌Tab. 2, ▌Abb. 1, ▌Abb. 2) und lange Äste

(▌Abb. 1, ▌Abb. 2, s. S. 20–23) unterscheiden. In ▌Tabelle 3 ist die Klinik des Plexus brachialis sowie der in diesem Kapitel beschriebenen Äste zusammengefasst.

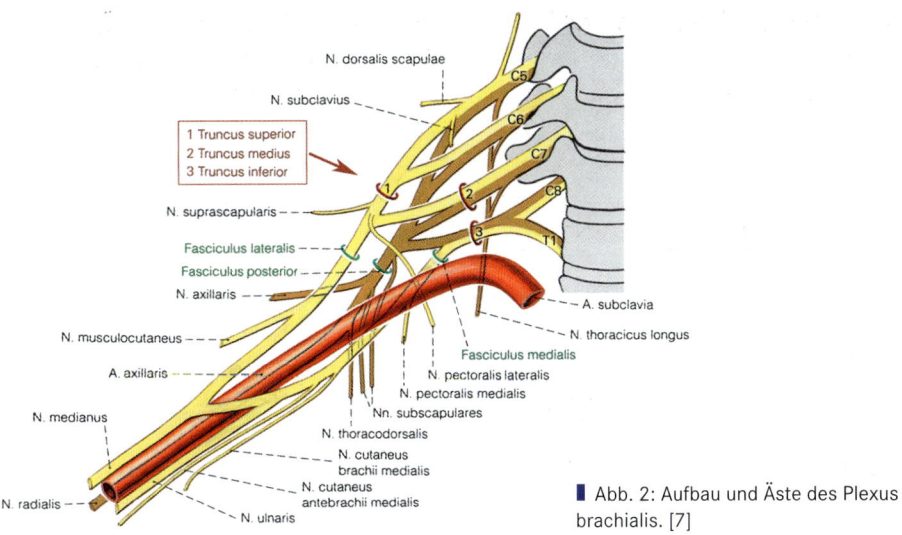

▌Abb. 2: Aufbau und Äste des Plexus brachialis. [7]

Ast	Typische Läsionen	Typisches klinisches Bild
Truncus superior, medius oder inferior	Sog. Plexusläsionen (obere, mittlere bzw. untere Plexuslähmung). Bei Traumata im Hals- und Schulterbereich (z. B. Motorradunfall, Geburtstraumata), bei Halsrippen (Halsrippensyndrom) oder bei einem bösartigen Tumor der Lungenspitze (Pancoast-Tumor).	▶ **Obere Plexuslähmung:** Parese der Abduktoren und Außenrotatoren der Schulter sowie der Flexoren und Supinatoren des Unterarms ▶ **Untere Plexuslähmung:** Parese der kurzen Handmuskeln, der Fingerbeuger und Sensibilitätsausfall am medialen Unterarm
N. suprascapularis	Chronische Kompression im oberen Schulterbereich. Komprimierung in der Incisura scapulae (Incisura-Scapulae-Syndrom).	Abduktions- und Außenrotationsschwäche
N. thoracicus longus	Beim längeren Tragen schwerer Rucksäcke durch Druck der Klavikula und exponierte Lage unter der lateralen Brustwand. Bei Operationen im Bereich der Achselhöhle.	Scapula alata (Margo med. scapulae abstehend), Elevationsschwäche
N. thoracodorsalis	Bei Operationen im Bereich der Achselhöhle (Lymphknotenentfernungen)	Innenrotations- und Adduktionsschwäche

▌Tab. 3: Klinik des Plexus brachialis und ausgewählter Äste.

Zusammenfassung

✖ Der Plexus brachialis (C5–Th1) ist zunächst aus drei Trunci aufgebaut, die sich zu drei Fasciculi umgruppieren. Aus diesen gehen die kurzen und langen Äste der Pars infraclavicularis hervor.

✖ Die Äste der Pars supraclavicularis entspringen zum Teil direkt aus den Rr. anteriores, zum anderen Teil aus dem Truncus superior.

✖ Plexusläsionen beziehen sich auf die Trunci und sind von Läsionen peripherer Nerven zu unterscheiden.

Plexus brachialis II

Systematik	Topographie	Innervationsgebiete
N. axillaris (C5 + C6)	Verläuft nach seiner Abzweigung aus dem Fasciculus post. nach dorsal. Liegt der Schultergelenkkapsel unterhalb des Schultergelenks an (Verletzungsgefahr bei Schultergelenkluxationen!). Läuft zusammen mit der A. und V. circumflexa humeri post. durch die laterale Achsellücke (s. S. 26) um das Collum chirurgicum des Humerus herum (Verletzungsgefahr bei Humerushalsfrakturen!) zum M. deltoideus.	**M:** M. teres minor und M. deltoideus (zahlreiche Rr. musculares im Bereich der lateralen Achsellücke abzweigend) **S:** Schultergelenkkapsel
▶ N. cutaneus brachii lat. sup.	Sensibler Endast. Um den Hinterrand des M. deltoideus zur Haut.	**S:** Haut über dem M. deltoideus

▮ Tab. 4: N. axillaris.

Systematik	Topographie	Innervationsgebiete
N. radialis (C6–Th1)	Tritt begleitet von der A. profunda brachii zw. Caput med. und Caput lat. des M. trizeps brachii (Trizepsschlitz, s. S. 26) in den Sulcus n. radialis, in dem er spiralig um die Rückseite des mittleren Drittels des Humerusschafts verläuft (direkt dem Knochen anliegend, Gefährung bei Frakturen oder durch chronischen Druck!). Zieht durch das Septum intermusculare lat. und durch den Radialistunnel (zw. M. brachioradialis und M. brachialis) in die Ellenbeuge, wo er sich in seine beiden Endäste (R. profundus und R. superficialis) aufzweigt.	
▶ Rr. musculares	Abgang vor Eintritt in den Sulcus n. radialis.	**M:** M. triceps brachii
	Abgang nach Durchtritt durch das Septum intermusculare lat. vor Aufzweigung in die beiden Endäste.	**M:** M. brachioradialis, Mm. extensor carpi radialis longus und brevis, M. anconeus
▶ N. cutaneus brachii post.	Abgang vor dem Trizepsschlitz.	**S:** Haut des dorsalen Oberarms
▶ N. cutaneus brachii lat. inf.	Abgang vor Eintritt in den Sulcus n. radialis.	**S:** Haut des lateralen Oberarms
▶ N. cutaneus antebrachii post.	Abgang im Sulcus n. radialis.	**S:** Haut des dorsalen Unterarms
▶ R. profundus	Durchdringt den M. supinator (Supinatorkanal). Gelangt zw. oberflächliche und tiefe Extensoren, die er alle mit zahlreichen Rr. musculares innerviert.	**M:** M. supinator, M. extensor digitorum, M. extensor digiti minimi, M. extensor carpi ulnaris, M. extensor carpi radialis brevis, Mm. extensor pollicis longus und brevis, M. extensor indicis, M. abductor pollicis longus
→ N. interosseus antebrachii post.	Sensibler Endast des R. profundus. Gelangt dorsal der Membrana interossea antebrachii anliegend zum Handgelenk.	**S:** Periost von Radius und Ulna, Handgelenkkapsel
▶ R. superficialis	Verläuft auf der Beugeseite des Unterarms in der radialen Gefäß-Nerven-Straße entlang des M. brachioradialis (Leitmuskel). Zieht distal, den M. brachioradialis unterkreuzend, zum Handrücken. Autonomgebiet: 1. Interdigital- raum dorsal.	**S:** Haut des radialen Handrückens
→ Nn. digitales dorsales	Meist 5 sensible Äste auf der Dorsalseite des Daumens, des Zeigefingers und der radialen Hälfte des Mittelfingers. Beim Zeige- und Mittelfinger bis zur Mittelphalanx, beim Daumen bis zur Endphalanx.	**S:** Haut der Dorsalseite der radialen 2½ Finger (s. links)

▮ Tab. 5: N. radialis.

Systematik	Topographie	Innervationsgebiete
N. musculocutaneus (C5–C7)	Durchdringt nach Abgang aus dem Fasciculus lat. den M. coracobrachialis und verläuft anschließend zw. M. brachialis und M. biceps brachii zur Ellenbeuge.	**M:** M. coracobrachialis, M. biceps brachii, M. brachialis
▶ N. cutaneus antebrachii lat.	Sensibler Endast des N. musculocutaneus. Tritt auf Höhe der Ellenbeuge lateral der Bizepssehne unter die Haut zur radialen Unterarmseite.	**S:** Haut des radialen Unterarms

▮ Tab. 6: N. musculocutaneus.

Nerv	Typische Läsionen	Typisches klinisches Bild
N. axillaris	Bei Schultergelenksluxationen, bei Humerushalsfrakturen	Abduktionsstörung, Außenrotationsschwäche, Sensibilitätsausfall über M. deltoideus
N. radialis	**Proximale Läsion:** in Axilla durch chronischen Druck (z. B. Krücke)	**Fallhand:** durch Ausfall der langen Hand- und Fingerstrecker. **Sensibilitätsstörungen** häufig nur im Autonomgebiet (1. Interdigitalraum dorsal). Parese des M. trizeps brachii.
	Mittlere Läsion: im Sulcus n. radialis bei Frakturen oder chronischem Druck (z. B. ungünstige Lagerung) oder bei Einengung während des Durchtritts durch das Septum intermusculare lat.	**Fallhand** und **Sensibilitätsstörungen** (N. cutaneus antebrachii post. u. R. superficialis) ohne Parese des M. trizeps brachii (Abgabe der entsprechenden Rr. musculares vor Eintritt in den Sulcus n. radialis). Radialabduktion der Hand beeinträchtigt.
	Distale Läsion: Kompression des R. profundus beim Eintritt in den Supinatorkanal (Supinatorsyndrom); Schädigung des R. profundus bei Radiusfraktur	**Keine typische Fallhand** und **keine Sensibilitätsstörungen** (vorher Abgabe des sensiblen R. superficialis und von motorischen Ästen zur radialen Muskelgruppe)
N. musculocutaneus	Selten im oberen Oberarmdrittel, häufiger i. H. der Ellenbeuge (hier nur der sensible Endast betroffen)	Beugungsschwäche im Ellenbogengelenk, Sensibilitätsstörung am radialen Unterarm

▮ Tab. 7: Klinik der Nn. axillaris, radialis und musculocutaneus.

Der Aufbau des Plexus brachialis, die Entstehung der Fasciculi, die Nerven der Pars supraclavicularis sowie die kurzen Äste der Pars infraclavicularis wurden im vorhergehenden Kapitel (s. S. 20) besprochen. In diesem Kapitel werden der **N. axillaris** (▌ Tab. 4, ▌ Abb. 3) und der **N. radialis**

(▌ Tab. 5, ▌ Abb. 3) als lange Äste des Fasciculus posterior sowie der **N. musculocutaneus** (▌ Tab. 6, ▌ Abb. 4) als langer Ast des Fasciculus lateralis dargestellt. Eine Übersicht über die Klinik dieser Nerven gibt ▌ Tabelle 7.

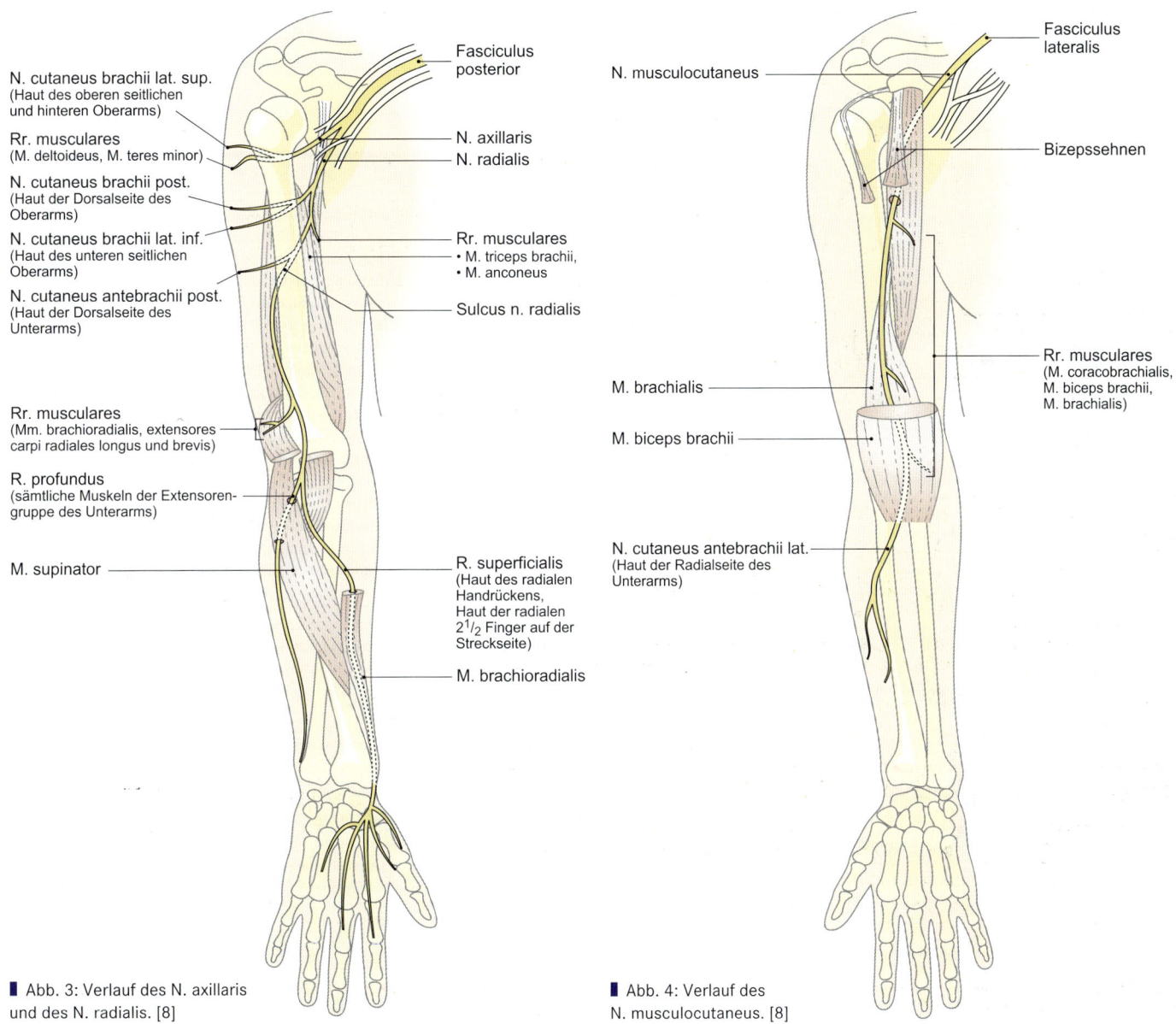

N. cutaneus brachii lat. sup.
(Haut des oberen seitlichen und hinteren Oberarms)

Rr. musculares
(M. deltoideus, M. teres minor)

N. cutaneus brachii post.
(Haut der Dorsalseite des Oberarms)

N. cutaneus brachii lat. inf.
(Haut des unteren seitlichen Oberarms)

N. cutaneus antebrachii post.
(Haut der Dorsalseite des Unterarms)

Rr. musculares
(Mm. brachioradialis, extensores carpi radiales longus und brevis)

R. profundus
(sämtliche Muskeln der Extensorengruppe des Unterarms)

M. supinator

Fasciculus posterior

N. axillaris
N. radialis

Rr. musculares
• M. triceps brachii,
• M. anconeus

Sulcus n. radialis

R. superficialis
(Haut des radialen Handrückens, Haut der radialen 2½ Finger auf der Streckseite)

M. brachioradialis

N. musculocutaneus

Fasciculus lateralis

Bizepssehnen

M. brachialis

M. biceps brachii

N. cutaneus antebrachii lat.
(Haut der Radialseite des Unterarms)

Rr. musculares
(M. coracobrachialis, M. biceps brachii, M. brachialis)

▌ Abb. 3: Verlauf des N. axillaris und des N. radialis. [8]

▌ Abb. 4: Verlauf des N. musculocutaneus. [8]

Zusammenfassung

✖ Der **N. axillaris** innerviert den M. teres minor und den M. deltoideus sowie die Haut über diesem.

✖ Der **N. radialis** innerviert motorisch die Extensoren am Oberarm, die oberflächliche und tiefe Extensorengruppe am Unterarm sowie die radiale Muskelgruppe. Charakteristisch für eine Läsion des N. radialis ist die sog. Fallhand. Sein sensibles Autonomgebiet ist der 1. Interdigitalraum dorsal.

✖ Der **N. musculocutaneus** innerviert motorisch die beiden wichtigsten Flexoren des Elenbogens und den M. coracobrachialis sowie sensibel die radiale Unterarmseite.

Plexus brachialis III

In diesem Kapitel erfolgt die Besprechung des N. ulnaris (▌Abb. 5, ▌Tab. 8, ▌Tab. 9) und des N. medianus (▌Abb. 5, ▌Tab. 10, ▌Tab. 11).

> Merkspruch für die Ausfälle der drei großen Unterarmnerven: Ich schwöre dir beim heiligen Medianus, dass ich dir die Augen mit der Ulna auskratze, wenn du vom Rad fällst. Also: N. medianus → Schwurhand, N. ulnaris → Krallenhand, N. radialis → Fallhand.

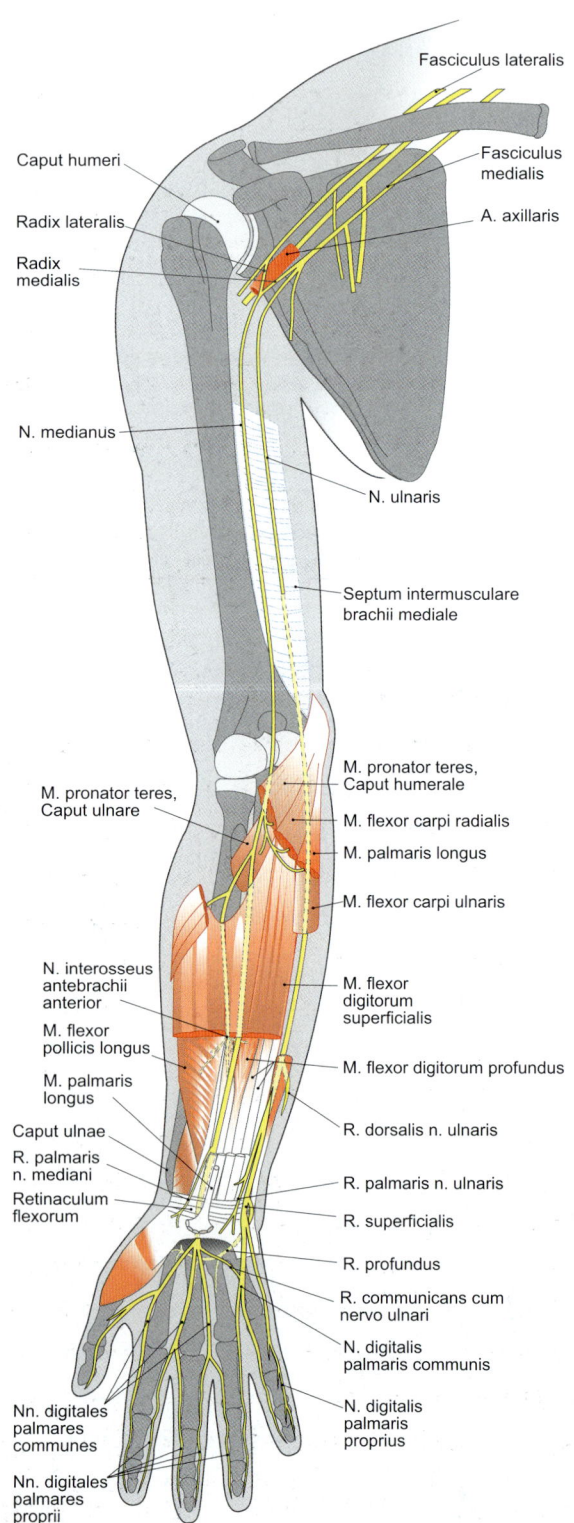

Systematik	Topographie	Innervationsgebiete
N. ulnaris (C8 + Th1)	Verläuft als direkte Fortsetzung des Fasciculus med. im Sulcus bicipitalis med. nach distal. Gelangt durch das Septum intermusculare med. im mittleren Oberarmbereich auf die Streckseite und in den Sulcus n. ulnaris (exponierte Lage dicht unter der Haut am Epicondylus med. humeri!). Tritt zw. Caput humerale und Caput ulnare des M. flexor carpi ulnaris wieder auf die Beugeseite und zieht entlang dieses Muskels (Leitmuskel, s. S. 26) nach distal. Überkreuzt am Handgelenk das Retinaculum flexorum radial des Os pisiforme (Guyon-Loge, s. S. 26), wo er sich in seine beiden Endäste (R. profundus, R. superficialis) teilt.	**M:** mit Rr. musculares, die während des Verlaufs in der ulnaren Gefäß-Nerven-Straße abzweigen, den M. flexor carpi ulnaris und den ulnaren Teil des M. flexor digitorum prof. (4. u. 5. Finger)
▶ R. dorsalis n. ulnaris	Sensibler Ast. Abgang in der Mitte des Unterarms nach dorsal zum Handrücken, wo er sich in → Nn. digitales dorsales aufzweigt.	**S:** Haut des ulnaren Handrückens, Haut der Dorsalseite der ulnaren 2½ Finger (Grund- und Mittelphalangen)
▶ R. palmaris n. ulnaris	Sensibler Hautast. Abgang im distalen Unterarmdrittel.	**S:** Haut des ulnaren Handgelenks und des Hypothenars
▶ R. profundus	Rein motorisch. Tritt durch die Hypothenarmuskulatur in die Tiefe. Verläuft parallel zum tiefen arteriellen Hohlhandbogen zum Daumen.	**M:** Mm. abductor, flexor u. opponens digiti minimi, Mm. interossei palmares und dorsales, Mm. lumbricales III + IV, M. adductor pollicis, M. flexor pollicis brevis (Caput prof.)
▶ R. superficialis	Unter der Palmaraponeurose. Teilt sich in einen → N. digitalis palmaris proprius zur ulnaren Kleinfingerseite und einen → N. digitalis palmaris communis, der sich in 2 → Nn. digitales palmares proprii aufgabelt.	**M:** M. palmaris brevis **S:** Haut der Palmarseite der ulnaren 1½ Finger sowie der Dorsalseite der entsprechenden Endphalangen

▌ Tab. 8: N. ulnaris.

▌ Abb. 5: Verlauf des N. ulnaris und des N. medianus. Die Beschriftungen links der Abb. betreffen den N. medianus, rechts der Abb. den N. ulnaris.

Typische Läsionen	Typisches klinisches Bild
Proximale Läsion: traumatische (z. B. durch Ellenbogenfrakturen) oder chronische Druck-Schädigung (z. B. berufsbedingtes Aufstützen) im Sulcus n. ulnaris	▶ **Krallenhand:** durch Ausfall der Mm. interossei und der Mm. lumbricales III und IV Überstreckung in den Fingergrundgelenken und leichte Beugung in den Mittel- und Endgelenken. ▶ **Negative Daumen-Kleinfinger-Probe:** durch Ausfall der Opposition des kleinen Fingers und der Adduktion des Daumens keine Berührung der beiden Finger möglich. ▶ **Positives Froment-Zeichen:** durch Ausfall der Adduktion des Daumens kompensatorische Beugung des Daumenendgliedes (M. flexor pollicis longus, N. medianus) beim Halten eines Papiers. ▶ **Sensibilitätsstörungen** häufig nur im Autonomgebiet (Endglied des kleinen Fingers).
Mittlere Läsion: z. B. Schnittverletzungen im Bereich des Handgelenks oder chronische Druckeinwirkung in der Guyon-Loge	Wie bei der proximalen Läsion **Krallenhand, negative Daumen-Kleinfinger-Probe, positives Froment-Zeichen** und **Sensibilitätsstörungen** mit Ausnahme der Haut des Hypothenars (intakter R. palmaris n. ulnaris)
Distale Läsion: chronische Druckschädigung des R. profundus in der Hohlhand (z. B. durch Presslufthammer)	**Krallenhand, negative Daumen-Kleinfinger-Probe, positives Froment-Zeichen, keine Sensibilitätsstörungen** (intakter R. superficialis)

■ Tab. 9: Klinik des N. ulnaris.

Systematik	Topographie	Innervationsgebiete
N. medianus (C6–Th1)	Entsteht mit zwei Wurzeln (Radix lat. und med.) aus dem Fasciculus lat. bzw. med. Diese umfassen als sog. Medianusgabel die A. axillaris. Verläuft im Sulcus bicipitalis med. ohne Astabgabe zur Ellenbeuge. Gelangt unter der Aponeurosis m. bicipitis und zw. den beiden Köpfen des M. pronator teres in die mittlere Gefäß-Nerven-Straße (s. S. 26). Liegt im distalen Unterarmdrittel oberflächlich (Gefährdung bei Schnittverletzungen). Zieht unter dem Retinaculum flexorum durch den Canalis carpi (s. S. 26) zur Hohlhand, wo er einen Verbindungsast zum ↔ N. ulnaris abgibt und sich in seine Endäste aufzweigt.	**M:** mit Rr. musculares M. pronator teres, M. flexor carpi radialis, M. palmaris longus, M. flexor digitorum superf. sowie meist über Äste des N. digitalis palmaris communis I Mm. lumbricales I und II, M. abductor pollicis brevis, M. opponens pollicis, M. flexor pollicis brevis (Caput superf.)
▶ N. interosseus antebrachii ant.	Abgang auf Höhe des M. pronator teres. Verläuft auf der Membrana interossea antebrachii (s. S. 26) zum M. pronator quadratus.	**M:** M. flexor pollicis longus, radialer Teil des M. flexor digitorum prof., M. pronator quadratus
▶ R. palmaris n. mediani	Sensibler Hautast. Abgang im distalen Unterarmdrittel.	**S:** Haut von Handwurzel, Thenar und radiale zwei Drittel der Hohlhand
▶ Nn. digitales palmares communes I – III	Drei Endäste des N. medianus. Teilen sich i. H. der Fingergrundgelenke in 7 → Nn. digitales palmares proprii.	**M:** Rr. musculares s. o. **S:** Haut der Palmarseite der radialen 2½ Finger sowie der Dorsalseite der Zeigefinger-Endphalanx

■ Tab. 10: N. medianus.

Typische Läsionen	Typisches klinisches Bild
Proximale Läsion: traumatische Schädigung bei Frakturen oder Luxationen im Ellenbogen, chronische Druckschädigung z. B. beim Pronator-teres-Syndrom (Komprimierung zwischen den Köpfen des Muskels)	▶ **Schwurhand:** Beim Versuch des Faustschlusses ist durch den Ausfall der Daumenbeuger und der Flexoren am Unterarm mit Ausnahme der ulnaren Flexoren lediglich die Beugung des 4. und 5. Fingers möglich. ▶ **Negative Daumen-Kleinfinger-Probe** (s. o.): durch Ausfall des M. opponens pollicis stark eingeschränkte Oppositionsfähigkeit. ▶ **Sensibilitätsstörungen** insbesondere im Autonomgebiet (Fingerkuppen des 2. und 3. Fingers). ▶ **Thenaratrophie.**
Distale Läsion: z. B. Schnittverletzungen am distalen Unterarm oder häufig durch chronische Kompression im Canalis carpi (Karpaltunnelsyndrom)	**Keine Schwurhand; Sensibilitätsstörungen; negative Daumen-Kleinfinger-Probe; Thenaratrophie**

■ Tab. 11: Klinik des N. medianus.

Zusammenfassung

✖ Der **N. ulnaris** innerviert motorisch den M. flexor carpi ulnaris, den ulnaren Teil des M. flexor digitorum profundus, alle Hypothenarmuskeln, alle Mm. interossei, die Mm. lumbricales III und IV sowie den M. adductor pollicis und das Caput profundum des M. flexor pollicis brevis. Charakteristisch für eine Läsion des N. ulnaris ist die sog. Krallenhand. Sein sensibles Autonomgebiet ist das Endglied des kleinen Fingers.

✖ Der **N. medianus** innerviert motorisch alle Flexoren am Unterarm (außer dem M. flexor carpi ulnaris und dem ulnaren Teil des M. flexor digitorum profundus), den M. abductor pollicis brevis, das Caput superficiale des M. flexor pollicis brevis, den M. opponens pollicis sowie die Mm. lumbricales I und II. Eine proximale Läsion des N. medianus führt zur sog. Schwurhand beim Versuch des Faustschlusses. Sein sensibles Autonomgebiet sind die Endglieder des Zeige- und Mittelfingers.

Synopse der Leitungsbahnen

Skalenuslücke

Die (eigentliche) **Skalenuslücke,** auch „hintere Skalenuslücke", wird ventral durch den M. scalenus anterior, dorsal durch den M. scalenus medius und kaudal durch die 1. Rippe begrenzt. Durch sie treten der Plexus brachialis und die A. subclavia hindurch. Eine Kompression in diesem Bereich (sog. **Skalenussyndrom**) führt zu Durchblutungsstörungen und zu ziehenden Schmerzen im Arm. Gelegentlich unterscheidet man noch eine die V. subclavia enthaltende „**vordere Skalenuslücke",** die ventral durch das Caput claviculare des M. sternocleidomastoideus, dorsal durch den M. scalenus anterior und kaudal auch durch die 1. Rippe begrenzt wird.

Achselhöhle (Fossa axillaris) und Regio scapularis

Durch die **Achselhöhle** (Fossa axillaris, ▌ Tab. 1) verlaufen alle wichtigen Gefäße, Nerven und Lymphbahnen der oberen Extremität. Daneben enthält sie die klinisch äußerst bedeutsamen axillären Lymphknoten (s. S. 18). Verbindungen zur Dorsalseite von Skapula und Oberarm bestehen über die **Achsellücken** und den **Trizepsschlitz** (▌ Tab. 2, ▌ Abb. 1). Die geometrische Form der Achselhöhle gleicht einer unregelmäßigen Pyramide mit vier Seiten, einem Eingang und einem Boden (Basis).

Ellenbeuge (Fossa cubitalis)

Die V-förmige **Ellenbeuge** (▌ Tab. 3) wird durch die Fascia antebrachii in ein tiefes und ein oberflächliches Kompartiment unterteilt. Sie ist klinisch für venöse Punktionen (s. S. 16) und bei der Blutdruckmessung von Bedeutung, bei der das Stethoskop über der A. brachialis in der Ellenbeuge positioniert wird.

Unterarm und Hand

Am Unterarm lassen sich fünf **Gefäß-Nerven-Straßen** unterscheiden (▌ Abb. 2).
Karpaltunnel, Guyon-Loge und Tabatière sind anatomisch und klinisch bedeutende Durchgangsstraßen für Leitungsbahnen!

Begrenzungen	Durchtretende Leitungsbahnen
Eingang ► 1. Rippe ► Klavikula ► Oberrand der Skapula	► Trunci sup., medius und inf. des Plexus brachialis ► N. thoracicus longus ► A. und V. axillaris ► Truncus subclavius
Boden ► Haut der Armbeuge ► Fascia axillaris ► Lateral Öffnung zum Arm	► N. medianus ► N. ulnaris ► N. musculocutaneus ► N. cutaneus brachii med. ► N. cutaneus antebrachii med. ► A. und V. brachialis
Vorderwand ► Mm. pectorales major und minor ► Fascia clavipectoralis	► Nn. pectorales ► A. und V. thoracoacromialis ► A. und V. thoracica lat. ► V. cephalica ► Vv. thoracoepigastricae
Hinterwand ► M. subscapularis ► M. teres major ► M. latissimus dorsi	► N. thoracodorsalis ► Weitere Strukturen treten durch die Achsellücken und den Trizepsschlitz (siehe dort)
Mediale Wand ► M. serratus ant. ► Obere Thoraxwand	► N. thoracicus longus ► Nn. intercostobrachiales
Laterale Wand ► M. biceps brachii (Caput breve) ► M. coracobrachialis ► Humerus	

▌ Tab. 1: Wände der Achselhöhle (Fossa axillaris) und durchtretende Strukturen.

▌ Abb. 1: Gefäß-Nerven-Straßen der Skapula und Achsellücken.

Durchtrittsstelle (verbundene Regionen)	Begrenzungen	Durchtretende Leitungsbahnen
Mediale Achsellücke (Achselhöhle ↔ Dorsalseite der Skapula)	► Kranial: M. teres minor ► Kaudal: M. teres major ► Lateral: Caput longum des M. triceps brachii	► A. und V. circumflexa scapulae
Laterale Achsellücke (Achselhöhle ↔ Dorsalseite des Humerushalses)	► Kranial: M. teres minor ► Kaudal: M. teres major ► Medial: Caput longum des M. triceps brachii ► Lateral: Collum chirurgicum des Humerus	► A. und V. circumflexa humeri post. ► N. axillaris
Trizepsschlitz (Achselhöhle ↔ Dorsalseite des Humerusschafts)	► Kranial: M. teres major ► Medial: Caput longum des M. triceps brachii ► Lateral: Humerusschaft	► A. profunda brachii und dazugehörige Venen ► N. radialis

▌ Tab. 2: Achsellücken und Trizepsschlitz.

■ Abb. 2: Gefäß-Nerven-Straßen des Unterarms. Querschnitt durch das mittlere Drittel des rechten Unterarms (von kaudal).

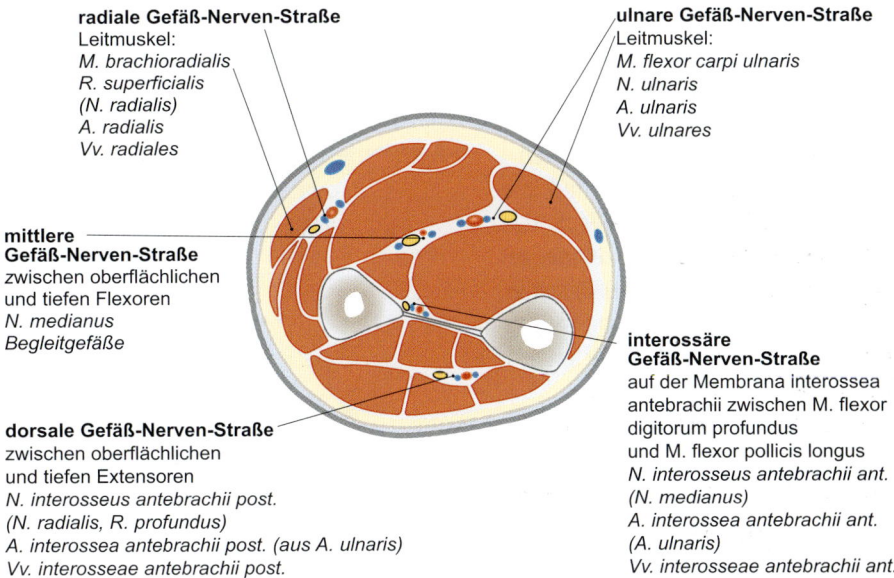

radiale Gefäß-Nerven-Straße
Leitmuskel:
M. brachioradialis
R. superficialis
(N. radialis)
A. radialis
Vv. radiales

ulnare Gefäß-Nerven-Straße
Leitmuskel:
M. flexor carpi ulnaris
N. ulnaris
A. ulnaris
Vv. ulnares

mittlere Gefäß-Nerven-Straße
zwischen oberflächlichen und tiefen Flexoren
N. medianus
Begleitgefäße

interossäre Gefäß-Nerven-Straße
auf der Membrana interossea antebrachii zwischen M. flexor digitorum profundus und M. flexor pollicis longus
N. interosseus antebrachii ant.
(N. medianus)
A. interossea antebrachii ant.
(A. ulnaris)
Vv. interosseae antebrachii ant.

dorsale Gefäß-Nerven-Straße
zwischen oberflächlichen und tiefen Extensoren
N. interosseus antebrachii post.
(N. radialis, R. profundus)
A. interossea antebrachii post. (aus A. ulnaris)
Vv. interosseae antebrachii post.

▶ Der **Karpaltunnel** (Canalis carpi, ■ Abb. 3) wird dorsal begrenzt durch den Sulcus carpi (gebildet von den Handwurzelknochen) und palmar durch das **Retinaculum (musculorum) flexorum** (= Lig. carpi transversum). Dieses zieht von der **Eminentia carpi radialis** (gebildet durch das Tuberculum ossis scaphoidei und das Tuberculum ossis trapezii) zur **Eminentia carpi ulnaris** (gebildet vom Os pisiforme und vom Hamulus ossis hamati). Er beinhaltet den N. medianus, die Sehnen der Mm. flexor digitorum superficialis und profundus sowie die Sehnen des M. flexor pollicis longus und des M. flexor carpi radialis.
▶ Der Eingang in die **Guyon-Loge** (■ Abb. 3) wird dorsal begrenzt durch das Retinaculum flexorum, ventral durch das Lig. carpi palmare und ulnar durch das Os pisiforme. Sie enthält den N. ulnaris, der sich in der Guyon-Loge in seine beiden Endäste (R. profundus und R. superficialis) aufzweigt, sowie die A. ulnaris, die in der Guyon-Loge den R. palmaris profundus entlässt, und die begleitenden Venen. Der N. ulnaris und die A. ulnaris liegen folglich radial des Os pisiforme.
▶ Die **Tabatière** (frz. Schnupftabakdose) wird radial begrenzt durch die

Sehnen des M. abductor pollicis longus und des M. extensor pollicis brevis sowie ulnar durch die Sehne des M. extensor pollicis longus. Der Boden wird im Wesentlichen durch Os scaphoideum und Os trapezium gebildet. Durch die Tabatière verlaufen die A. radialis (Puls tastbar) und die Begleitvenen.

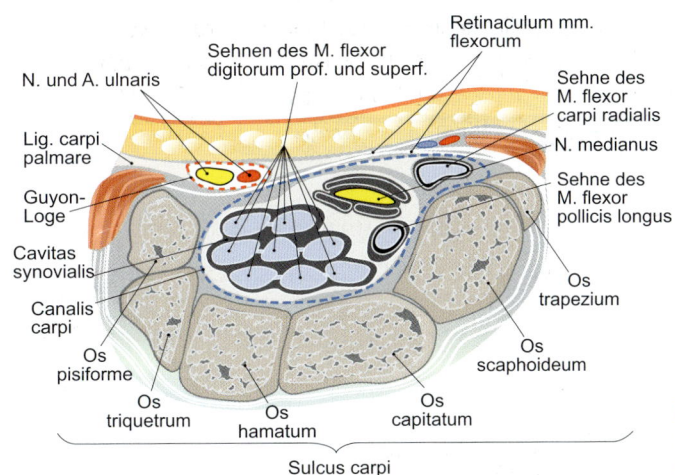

N. und A. ulnaris

Lig. carpi palmare

Guyon-Loge

Cavitas synovialis

Canalis carpi

Os pisiforme

Os triquetrum

Os hamatum

Sehnen des M. flexor digitorum prof. und superf.

Retinaculum mm. flexorum

Sehne des M. flexor carpi radialis

N. medianus

Sehne des M. flexor pollicis longus

Os trapezium

Os scaphoideum

Os capitatum

Sulcus carpi

■ Abb. 3: Karpaltunnel (Canalis carpi) und Guyon-Loge.

Begrenzungen	Inhalte unterhalb der Faszie	Inhalte oberhalb der Faszie
▶ Kranial: Muskelbauch des M. biceps brachii	▶ Lateral: N. radialis mit Teilung in R. profundus und R. superficialis	▶ Lateral: N. cutaneus antebrachii lat., V. cephalica
▶ Lateral: M. brachioradialis	▶ Zentral/medial: A. brachialis mit Teilung in A. radialis und A. ulnaris	▶ Diagonal über Fossa cubitalis: V. mediana cubiti
▶ Medial: M. pronator teres	▶ Medial der A. brachialis: N. medianus	▶ Medial: N. cutaneus antebrachii med., V. basilica
▶ Dorsal: M. brachialis		

■ Tab. 3: Begrenzungen und Inhalte der Ellenbeuge (Fossa cubitalis).

Arterien

Die **arterielle Versorgung der unteren Extremität** erfolgt überwiegend über einen Gefäßstamm, die A. femoralis. Daneben werden die Glutealmuskeln und Teile der Adduktoren auch über die Aa. gluteae superior und inferior sowie die A. obturatoria (s. S. 62) versorgt. Sofern nicht explizit angegeben, entsprechen die bei der Beschreibung des Verlaufs genannten Strukturen dem Versorgungsgebiet der Arterie.

▶ Die **A. femoralis** ist die Fortsetzung der A. iliaca externa nach Durchtritt durch die Lacuna vasorum unter dem Leistenband. Sie verläuft im Trigonum femorale (s. S. 38) oberflächlich nur von der Fascia lata bedeckt und ist dort somit leicht zugänglich für Pulsbestimmung, Kompression oder Punktionen. Dann zieht sie unter dem M. sartorius in den Canalis adductorius (s. S. 38), den sie durch den Hiatus adductorius als A. poplitea in die Kniekehle verlässt.
▶ Die **A. poplitea** verläuft tief in der Kniekehle (s. S. 38, Puls bei gebeugtem Knie tastbar) und teilt sich i. H. des Arcus tendineus m. solei in die beiden Endäste (A. tibialis anterior und posterior).
▶ Die **A. tibialis anterior** gelangt proximal zwischen Tibia und Fibula in die

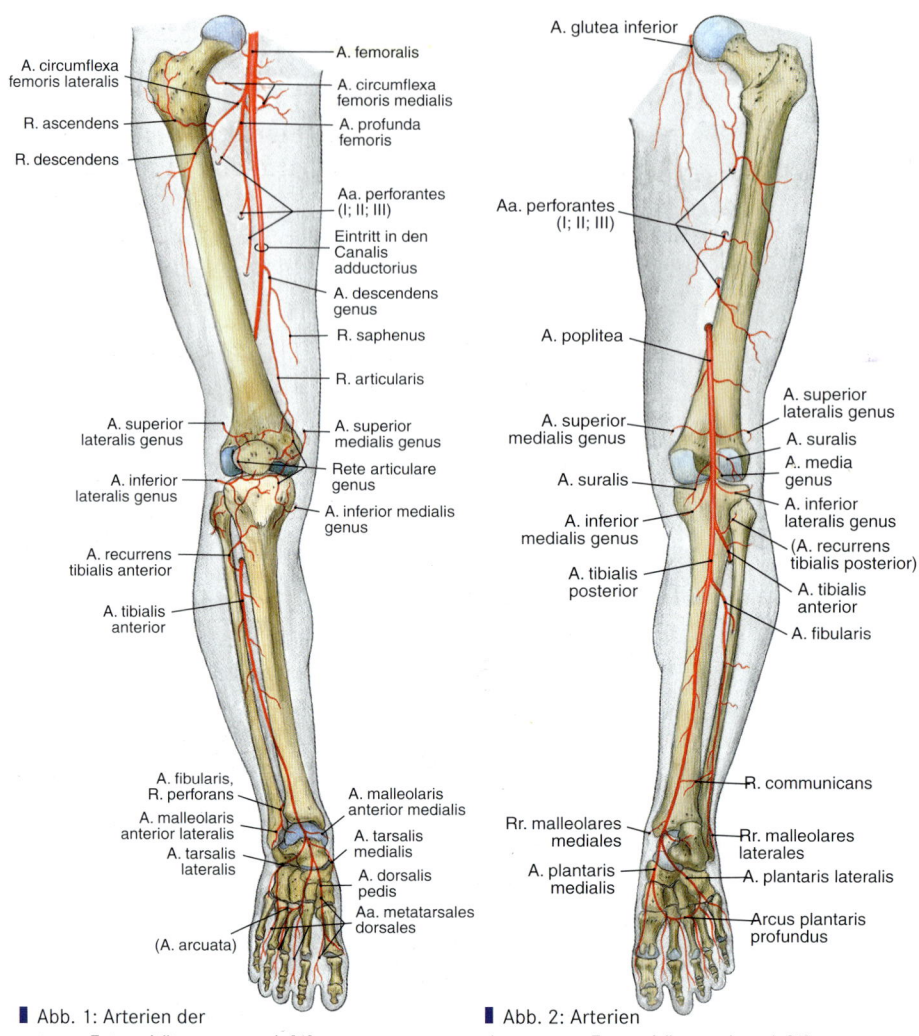

■ Abb. 1: Arterien der
unteren Extremität von ventral. [4]

■ Abb. 2: Arterien
der unteren Extremität von dorsal. [4]

Systematik	Topographie und wichtigste Versorgungsgebiete
A. femoralis	Siehe Text
▶ A. epigastrica superf.	Ursprung direkt unterhalb des Leistenbandes. Zieht subkutan an der vorderen Bauchwand zum Nabel.
▶ A. circumflexa ilium superf.	Verläuft am Unterrand des Leistenbands nach lateral zur Spina iliaca ant. sup.
▶ Aa. pudendae ext.	Zur Haut der äußeren Geschlechtsorgane (→ Rr. scrotales ant. ♂, → Rr. labiales ant. ♀) und der Leistenbeuge (→ Rr. inguinales)
▶ A. profunda femoris	Stärkster Ast der A. femoralis 3–5 cm distal vom Leistenband zur Versorgung der Oberschenkelmuskulatur. Zieht dorsal des M. adductor longus nach distal.
→ A. circumflexa femoris med.	Zieht nach dorsal. Versorgt mit 3 Ästen (→ R. ascendens, → R. profundus, → R. acetabularis) den oberen Teil der Adduktoren und der ischiokruralen Muskeln sowie das Hüftgelenk, Femurkopf und Femurhals. Anastomosiert mit ↔ A. obturatoria, R. acetabularis, ↔ A. glutea inf. und ↔ A. circumflexa femoris lat.
→ A. circumflexa femoris lat.	Zieht nach lateral. → R. ascendens bildet mit der ↔ A. circumflexa femoris med. (R. ascendens) und den ↔ Aa. gluteae einen Anastomosenkreislauf zur Versorgung des Hüftgelenks, des Femurkopfes sowie des Femurhalses. → R. descendens zu den Extensoren des Oberschenkels.
→ Aa. perforantes I, II und III	Durchbohren und versorgen die Adduktoren und die ischiokruralen Muskeln.
▶ A. descendens genus ↔ Rete articulare genus	Ursprung im Canalis adductorius. Durchbricht die Membrana vastoadductoria gemeinsam mit dem N. saphenus zur Innenseite des Knies und zur medialen Seite des Unterschenkels (→ R. saphenus).
A. poplitea	Siehe Text
▶ Aa. superiores med. und lat. genus	Oberhalb des Condylus med. bzw. lat. femoris nach ventral zum ↔ Rete articulare genus
▶ A. media genus	Zu der Gelenkkapsel und den Kreuzbändern
▶ Aa. inferiores med. und lat. genus	Um den Condylus med. bzw. lat. tibiae nach ventral zum ↔ Rete articulare genus
▶ Aa. surales	Zum oberen Teil der Unterschenkelflexoren

■ Tab. 1: Äste der A. femoralis und A. poplitea.

Extensorenloge durch eine Aussparung der Membrana interossea cruris. Auf dieser zieht sie gemeinsam mit dem N. fibularis profundus nach distal. Nach Unterkreuzung des Retinaculum mm. extensorum setzt sie sich in die A. dorsalis pedis fort. Die A. tibialis anterior kann durch Muskelschwellungen nach Verletzungen oder langen Fußmärschen in der Extensorenloge komprimiert werden, was zu Muskelnekrosen führen kann (**Tibialis-anterior-Syndrom, Kompartmentsyndrom**).

▶ Die **A. tibialis posterior** gelangt gemeinsam mit dem N. tibialis unter dem Arcus tendineus m. solei hindurch zwischen oberflächliche und tiefe Flexoren (s. S. 38) und gibt weitere kleinere Äste zu Tibia, Fibula und Kalkaneus ab. Sie zieht dorsal um den Malleolus medialis unter dem Retinaculum mm. flexorum (Puls tastbar) zur Fußsohle und teilt sich dort in die Aa. plantares medialis und lateralis.

Systematik	Topographie und wichtigste Versorgungsgebiete
A. tibialis ant.	Siehe Text
▶ A. recurrens tibialis ant. und post.	Zum ↔ Rete articulare genus bzw. zur Hinterfläche des Kniegelenks
▶ Aa. malleolares ant. med. und lat.	Zum ↔ Rete malleolare med. bzw. lat.
▶ A. dorsalis pedis	Endast der A. tibialis ant. nach Unterkreuzung des Retinaculum mm. extensorum. Puls zw. den Sehnen des M. extensor hallucis longus (medial) und M. extensor digitorum longus (lateral) auf dem Fußrücken tastbar.
→ 2 – 3 Aa. tarsales med.	Zum medialen Fußrand
→ A. tarsalis lat.	Quer über die Fußwurzel (↔ A. arcuata)
→ A. arcuata	In Höhe der Lisfranc-Gelenklinie bogenförmig nach lateral.
→ Aa. metatarsales dorsales II–IV	In den Zwischenräumen der Mittelfußknochen II–IV. Teilen sich in je 2 Aa. digitales dorsales zu den gegenüberliegenden Seiten der Zehen, sowie eine A. digitalis dorsalis für die laterale Seite der Kleinzehe.
→ A. metatarsalis dorsalis I	Endast der A. dorsalis pedis. Teilt sich in 3 Aa. digitales dorsales zu den medialen 1½ Zehen.
→ A. plantaris prof.	Durch den 1. Zwischenknochenraum zum ↔ Arcus plantaris prof.
A. tibialis post.	Siehe Text
▶ A. fibularis	Verläuft in der tiefen Flexorenloge entlang der Fibula zum Malleolus lat. Distal kleinere Äste zum Kalkaneus, zum Fußrücken und zur ↔ A. tibialis post.
→ Rr. malleolares lat.	Zum ↔ Rete malleolare lat.
▶ Rr. malleolares med.	Zum ↔ Rete malleolare med.
▶ A. plantaris med.	Entlang dem medialen Fußrand. Teilt sich in einen → R. profundus zum ↔ Arcus plantaris prof. und einen → R. superficialis, der sich als A. metatarsalis plantaris I zur medialen Seite der Großzehe fortsetzt.
▶ A. plantaris lat.	Zieht schräg über den M. quadratus plantae zum lateralen Fußrand.
→ Arcus plantaris (prof.) ↔ A. plantaris prof.	Fortsetzung der A. plantaris lat. Verläuft bogenförmig auf den Mm. interossei und Ossa metatarsalia nach distal/medial.
→ Aa. metatarsales plantares	Gehen in die Aa. digitales plantares communes über, die sich in die Aa. digitales plantares propriae zu den Zehen aufteilen.

▌ Tab. 2: Äste der Aa. tibiales anterior und posterior.

Zusammenfassung

✖ Zur vollständigen Bestimmung des Pulsstatus an der unteren Extremität werden der Puls der A. femoralis in der Leiste, der A. poplitea in der Kniekehle, der A. dorsalis pedis auf dem Fußrücken und der A. tibialis posterior hinter dem Innenknöchel getastet.

✖ Über die Anastomosen zwischen den Ästen der A. iliaca interna und der A. profunda femoris kann sich bei Unterbindung der A. femoralis proximal des Abgangs der A. profunda femoris ein Kollateralkreislauf ausbilden.

✖ Bei Verschluss einer der beiden Aa. tibiales kann der Fuß über den Anastomosenkreislauf des Rete malleolare mediale und laterale versorgt werden.

Venen, Lymphgefäße und Lymphknoten

Venen

Die Venen der unteren Extremität gliedern sich wie an der oberen Extremität in zwei unterschiedliche Systeme. Die **tiefen**, subfaszial gelegenen **Venen** verlaufen in Begleitung zu den gleichnamigen Arterien (Begleitvenen, Vv. comitantes). Am Unterschenkel sind diese Venen paarig angelegt. Die **oberflächlichen**, epifaszial gelegenen **Venen** (Vv. subcutaneae, ∎ Abb. 1) haben keine arterielle Entsprechung. Die Venen beider Systeme haben zahlreiche Klappen und anastomosieren untereinander in vielfältiger Weise über Rr. perforantes, die aufgrund nach innen gerichteter Venenklappen das Blut von den oberflächlichen in die tiefen Venen leiten. Der venöse Rückstrom zum Herzen wird für beide Systeme durch die Venenklappen, für das tiefe System zusätzlich durch die Druckwirkung benachbarter Muskeln (Muskelpumpe) und die Pulswelle der begleitenden Arterien (arteriovenöse Kopplung) unterstützt (s. S. 2).

> Die Venen der unteren Extremität unterteilt man wie die der oberen Extremität in tiefe, die Arterien begleitende Venen und oberflächliche Venen ohne arterielle Entsprechung.

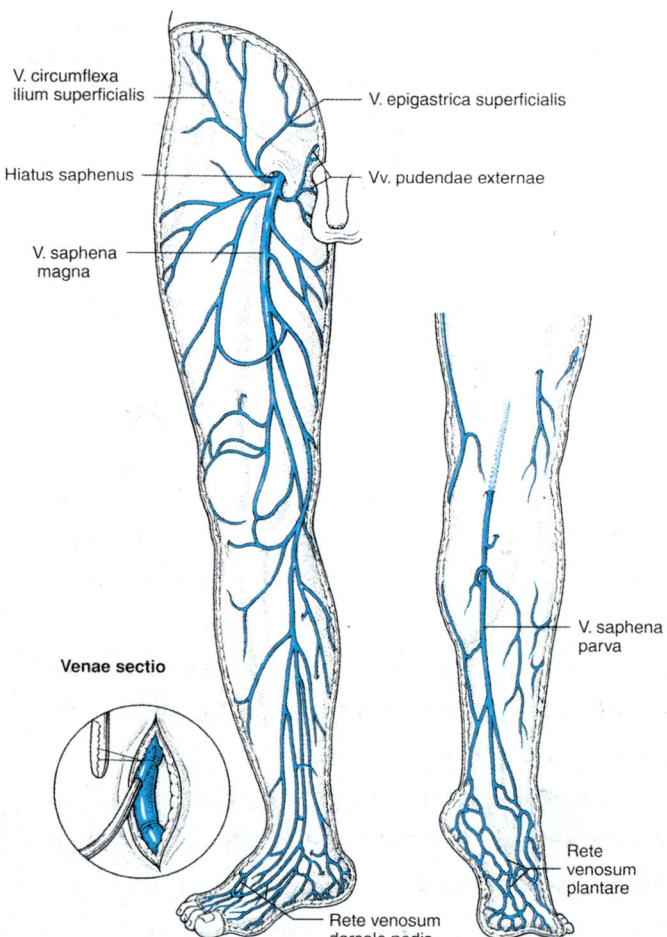

V. circumflexa ilium superficialis
V. epigastrica superficialis
Hiatus saphenus
Vv. pudendae externae
V. saphena magna
V. saphena parva
Venae sectio
Rete venosum plantare
Rete venosum dorsale pedis

∎ Abb. 1: Oberflächliche Venen der unteren Extremität. Venae sectio (Freilegung und Eröffnung einer Vene) zum Einbringen einer Kanüle. [9]

Oberflächliche Venen

Am Fußrücken befindet sich ein Venengeflecht, das **Rete venosum dorsale pedis.** Dieses steht mit dem über den Metatarsalknochen gelegenen Arcus venous dorsalis pedis in Verbindung und erhält auch Blut von der Fußsohle aus dem Arcus venosus plantaris und dem Rete venosum plantare. Das Rete venosum dorsale pedis drainiert über Venen an den Fußrändern (Vv. marginales medialis und lateralis) zu den beiden größten epifaszial gelegenden Venen der unteren Extremität, der V. saphena magna und V. saphena parva.

▶ Die **V. saphena parva** entsteht am lateralen Fußrand und zieht hinter dem Malleolus lateralis begleitet vom N. suralis zur Wade und Kniekehle. Dort tritt sie zwischen den beiden Köpfen des M. gastrocnemius in die Tiefe und mündet in die V. poplitea.
▶ Die **V. saphena magna** beginnt am medialen Fußrand und gelangt vor dem Malleolus medialis zur medialen Seite des Unterschenkels, wo sie vom N. saphenus begleitet nach kranial verläuft. Sie zieht hinter dem Epicondylus medialis femoris weiter zur medialen Vorderfläche des Oberschenkels. Nach Durchtritt durch den Hiatus saphenus knapp unterhalb des Leistenbandes mündet sie im sog. Venenstern in die V. femoralis. Im **Venenstern** fließen die V. epigastrica superficialis, die V. circumflexa ilium superficialis und die Vv. pudendae externae zusammen entweder in die V. saphena magna oder direkt in die V. femoralis.

Klinik

Varizen (Krampfadern) sind unregelmäßig erweiterte und geschlängelte Hautvenen vorwiegend in den Beinen. Ursache kann eine angeborene Venenwandschwäche oder eine Venenklappeninsuffizienz sein, die oft erst bei einer überwiegend stehenden oder sitzenden Tätigkeit und der damit fehlenden Unterstützung des venösen Rückstroms durch die Muskelpumpe zum Tragen kommt. Als Komplikation kann eine **Thrombophlebitis** mit Entzündung der Venenwände und Thrombusbildung entstehen.
Die **tiefe Beinvenenthrombose** ist eine häufige Erkrankung, die oft im Zusammenhang mit unzureichender Bewegung (nach Operation, bei Bettlägerigkeit oder langen Flugreisen) entsteht. Die Ablösung und Verschleppung eines Thrombus kann zur potentiell tödlichen Lungenembolie führen.

Lymphgefäße und Lymphknoten

Lymphabfluss und regionäre Lymphknoten

Die Lymphgefäße der unteren Extremität gliedern sich wie die an der oberen Extremität und wie die Venen in ein oberflächliches, epifasziales und ein tiefes, subfasziales System. Die tiefen Lymphgefäße verlaufen zusammen mit den Arterien und den tiefen Venen, die oberflächlichen Lymphgefäße überwiegend in der Nähe der oberflächlichen Venen. Eine

Übersicht über die Lymphknotenstationen der unteren Extremität gibt ▌ Abbildung 2.

Das **tiefe System** hat eine wesentlich geringere Drainagekapazität als das oberflächliche System. Beim **oberflächlichen System** unterscheidet man zwei Kollektorenbündel.

▶ Das schwächere **dorsolaterale Kollektorenbündel** verläuft entlang der V. saphena parva, drainiert den lateralen Fußrand und die Wade und fließt in die Nll. popliteales superficiales. Von dort gelangt die Lymphe in die subfaszial gelegenen Nll. popliteales profundi und weiter über subfasziale Lymphgefäße entlang der V. femoralis zu den Nll. inguinales profundi.

▶ Das stärkere **ventromediale Kollektorenbündel** begleitet die V. saphena magna, drainiert den Großteil der unteren Extremität und fließt in die Nll. inguinales superficiales. Diese leiten die Lymphe in die Nll. inguinales profundi weiter, in denen sich folglich die Lymphe der gesamten unteren Extremität sammelt. Die Nll. inguinales sind auch eine wichtige Lymphknotenstation für den Lymphabfluss aus den Beckenorganen (s. S. 64).

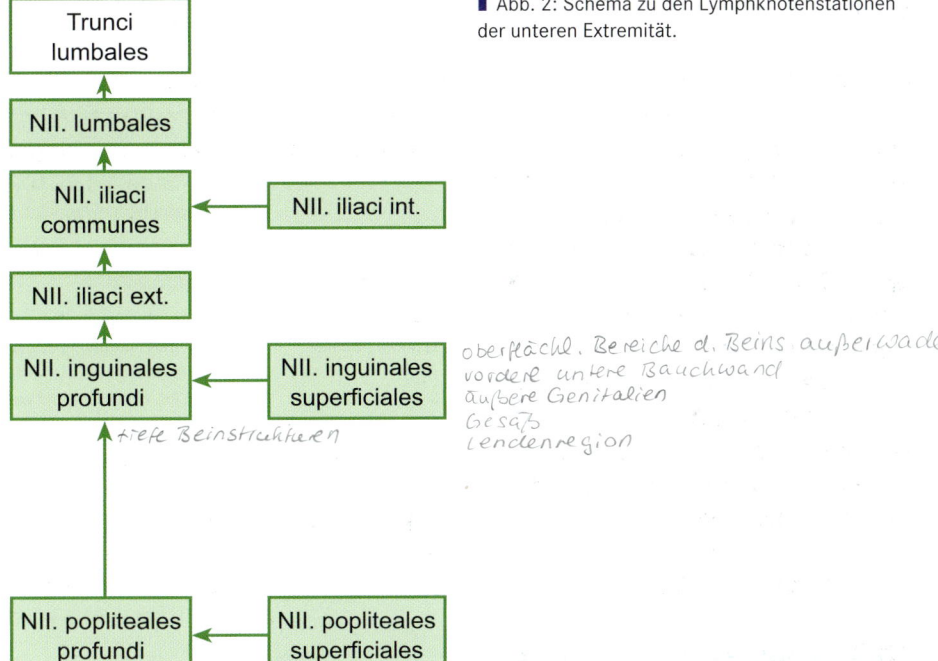

▌ Abb. 2: Schema zu den Lymphknotenstationen der unteren Extremität.

oberflächl. Bereiche d. Beins außer Wade
vordere untere Bauchwand
äußere Genitalien
Gesäß
Lendenregion

tiefe Beinstrukturen

Sammellymphknoten und Lymphstämme

Über die Beckenlymphknoten (Nll. iliaci externi, Nll. iliaci communes) gelangt die Lymphe in die **Nll. lumbales,** die um die Aorta abdominalis und die V. cava inferior herum angeordnet sind. Von den Nll. lumbales fließt die Lymphe in die paarigen **Trunci lumbales** (dexter und sinister). Gemeinsam mit dem unpaaren Truncus intestinalis vereinigen sich die Trunci lumbales in einer häufig erweiterten Stelle, der Cisterna chyli, in Höhe des Hiatus aorticus zum **Ductus thoracicus** (s. a. S. 4). Dieser führt die Lymphe im linken Venenwinkel wieder dem Blutkreislauf zu.

Zusammenfassung

✖ Der Blutabfluss aus der unteren Extremität erfolgt über:
  - **tiefe Venen,** die in Begleitung der gleichnamigen Arterien verlaufen, sowie
  - **oberflächliche Venen,** insbesondere V. saphena magna und V. saphena parva, die aus dem Rete venosum dorsale pedis hervorgehen. Die V. saphena magna mündet in die V. femoralis, die V. saphena parva in die V. poplitea.

✖ Auch bei den Lymphgefäßen unterscheidet man ein oberflächliches und ein tiefes System, wobei das oberflächliche System an der unteren Extremität den Hauptabflussweg darstellt.

✖ Die gesamte Lymphe der unteren Extremität sammelt sich in den Nll. inguinales profundi, die gleichzeitig auch eine wichtige Lymphknotenstation für den Lymphabfluss der Beckenorgane sind.

✖ Von dort fließt die Lymphe weiter über die Nll. lumbales in die Trunci lumbales.

Plexus lumbosacralis I

Die Rr. anteriores der Spinalnerven der Segmente Th12–S4 bilden den **Plexus lumbosacralis** (■ Abb. 1, ■ Abb. 2), der die Innervation der unteren Extremität, der inneren und äußeren Hüft- und Gesäßmuskulatur, des Beckenbodens und der kaudalen Bauchwand übernimmt. Man trennt den Plexus lumbosacralis in zwei Teile, den **Plexus lumbalis (Th12–L4)** und den **Plexus sacralis (L4–S4)**, die über den Truncus lumbosacralis, einen Ast aus L4, verbunden sind. Der N. pudendus (s. S. 66) kann entweder auch zum Plexus sacralis gerechnet oder als eigenständiger Plexus pudendus (S2–S4) aufgeführt werden. Die Rr. anteriores der Rückenmarksegmente S5 + Co1 bilden nach Austritt aus dem Hiatus sacralis den separaten Plexus coccygeus (s. S. 66).

Systematik	Topographie	Innervationsgebiete
Rr. musculares (Th12 – L4)	Kurze Äste direkt aus dem Plexus	**M:** M. psoas major (und minor), M. quadratus lumborum
N. iliohypogastricus (Th12 + L1)	Verläuft hinter der Niere über den M. quadratus lumborum. Durchbohrt den M. transversus abdominis und zieht dann zw. diesem und dem M. obliquus int. abdominis nach ventral, parallel zum Lig. inguinale.	**M:** kaudale Anteile der Mm. transversus, obliquus int. und ext. abdominis
▶ R. cutaneus lat.	Sensibler Hautast	**S:** Haut über der Hüfte
▶ R. cutaneus ant.	Sensibler Hautast	**S:** Haut oberhalb des Leistenkanals
N. ilioinguinalis (L1)	Verläuft etwas unterhalb des N. iliohypogastricus hinter der Niere. Gelangt zw. die Mm. transversus abdominis und obliquus int. abdominis und weiter in den Leistenkanal.	**M:** kaudale Anteile der Mm. transversus, obliquus int. und ext. abdominis
▶ Nn. scrotales ant. (♂), Nn. labiales ant. (♀)	Sensible Fasern, die durch den äußeren Leistenring aus dem Leistenkanal austreten.	**S:** Haut der Leistenregion und des Skrotums (♂) bzw. der Labia majora (♀)
N. genitofemoralis (L1 + L2)	Durchbohrt den M. psoas. Zieht auf diesem nach kaudal. Teilt sich in zwei Äste.	
▶ R. genitalis	Verläuft durch den Leistenkanal entlang dem Samenstrang (♂) bzw. dem Lig. teres uteri (♀) in das Skrotum (♂) bzw. die Labia majora (♀).	**M:** M. cremaster (♂) **S:** Haut des Skrotums (♂) bzw. der Labia majora (♀)
▶ R. femoralis	Rein sensibel. Verläuft lateral der A. femoralis durch die Lacuna vasorum (s. S. 68), dann durch den Hiatus saphenus.	**S:** Haut um den Hiatus saphenus
N. cutaneus femoris lat. (L2 + L3)	Rein sensibel. Verläuft schräg über den M. iliacus, dann ganz lateral durch die Lacuna musculorum (s. S. 68) zum Oberschenkel.	**S:** laterale und ventrolaterale Oberschenkelhaut bis zum Knie

■ Tab. 1: Äste des Plexus lumbalis I.

■ Abb. 1: Grundbauplan des Plexus lumbosacralis. [7]

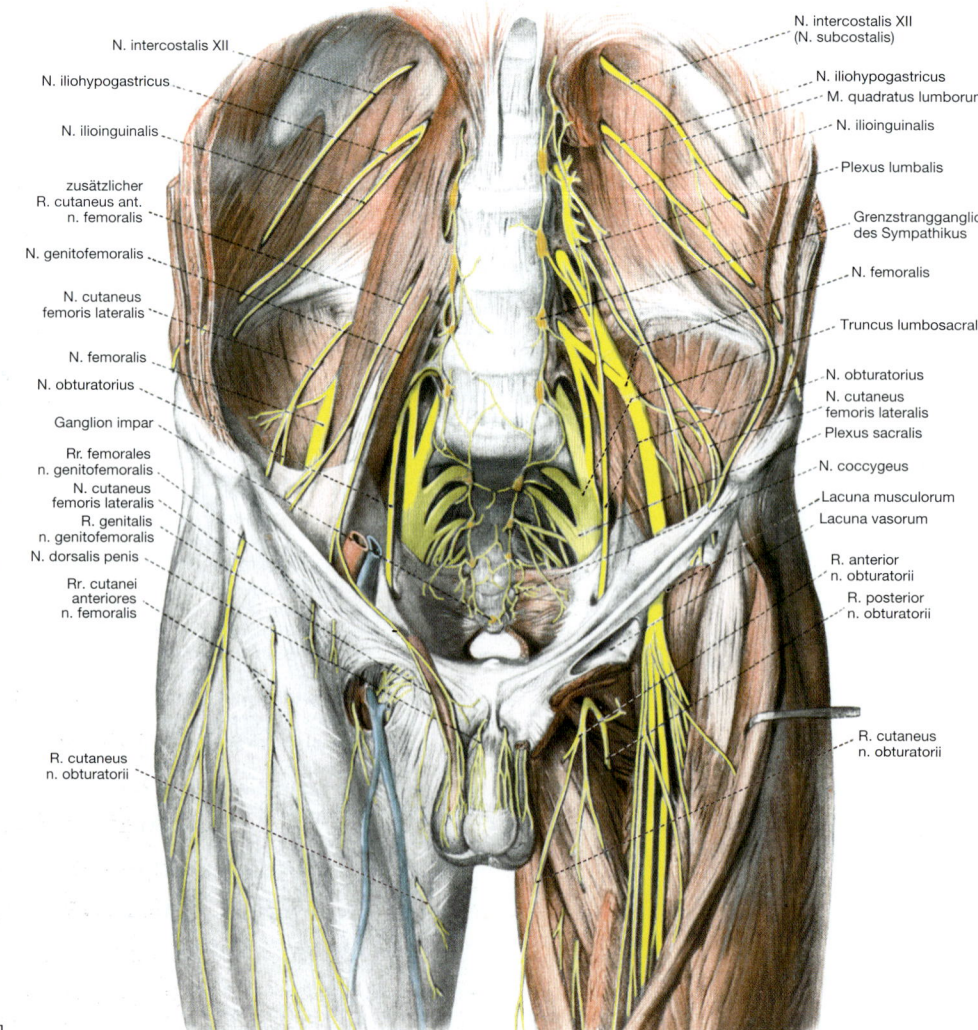

■ Abb. 2: Topographie des Plexus lumbosacralis. Auf der linken Körperhälfte sind die Mm. psoas major, pectineus und adductor longus entfernt. [7]

Plexus lumbalis (Th 12 – L4)

Die Rr. anteriores der Rückenmarksegmente Th12–L4 bilden nach Austritt aus den Foramina intervertebralia den **Plexus lumbalis** (■ Abb. 1, ■ Abb. 2). Er liegt **zwischen den Ursprüngen des M. psoas major.** Aus dem Plexus lumbalis gehen sechs Nervenstämme und kürzere direkte Muskeläste hervor: N. iliohypogastricus, N. ilioinguinalis, N. genitofemoralis, N. cutaneus femoris lateralis (■ Tab. 1), N. femoralis und N. obturatorius (■ Tab. 2). Aus dem Verlauf und den Innervationsgebieten der Nerven erklären sich mögliche Läsionen und das daraus resultierende klinische Bild (■ Tab. 3).

Merkspruch für die Äste des Plexus lumbalis: In Indien gibt's kein frisches Obst.

Systematik	Topographie	Innervationsgebiete
N. femoralis (L2–L4)	Gelangt in einer Rinne zw. den Mm. psoas und iliacus durch die Lacuna musculorum ins Trigonum femorale (s. S. 38), wo er sich fächerförmig aufteilt.	**M:** M. iliopsoas (oberhalb des Lig. inguinale)
▶ Rr. musculares	Motorische Äste in die ventral gelegene Muskulatur	**M:** M. iliopsoas (unterhalb des Lig. inguinale), M. pectineus, M. sartorius, M. quadriceps femoris
▶ Rr. cutanei ant.	Sensible Hautäste. Durchbrechen die Fascia lata.	**S:** ventrale und mediale Oberschenkelhaut bis zum Knie
▶ N. saphenus → R. infrapatellaris → Rr. cutanei cruris med.	Rein sensibel. Tritt mit den Vasa femoralia in den Adduktorenkanal (s. S. 36). Durchbricht die Membrana vastoadductoria zur Innenseite von Knie und Unterschenkel.	**S:** Haut der Innen- und Vorderseite des Knies, Haut des medialen Unterschenkels
N. obturatorius (L2–L4)	Verläuft hinter dem bzw. medial des M. psoas major nach kaudal. Tritt unterhalb der Linea terminalis (Nachbarschaft zum Ovar) in den Canalis obturatorius (s. S. 66). Teilt sich nach oder während dessen Durchtritt in R. anterior und R. posterior, die den M. adductor brevis Sandwichartig umfassen.	**M:** mit einem Ast den M. obturatorius ext. (vor Eintritt in den Canalis obturatorius)
▶ R. anterior → R. cutaneus	Ventral des M. adductor brevis. Gibt einen Hautast ab.	**M:** Mm. adductor brevis, adductor longus, gracilis, pectineus **S:** Hautstreifen an der distalen Innenseite des Oberschenkels
▶ R. posterior	Dorsal des M. adductor brevis	**M:** M. adductor magnus **S:** Hüftgelenk

■ Tab. 2: Äste des Plexus lumbalis II.

(handschriftliche Notiz) Ina integriert komplizierte Formeln ohne...

Nerv	Typische Läsionen	Typisches klinisches Bild
N. femoralis	Meist Teilläsionen. Bei Leistenbruchoperationen i. H. des Lig. inguinale.	Sensibilitätsstörungen an der Oberschenkelvorderseite und am medialen Unterschenkel. Ausfall der Kniestrecker und damit des Patellarsehnenreflexes.
N. saphenus	An der Medialseite des Kniegelenks (ungeschützter Verlauf zw. Knochen und Haut)	Sensibilitätsverlust am medialen Unterschenkel
N. obturatorius	Bei Beckenbrüchen, Entzündung des Ovars, Obturatumhernien	Unfähigkeit, das Bein zu adduzieren (Restfunktion durch Doppelinnervation der Mm. pectineus und adductor magnus). Sensibilitätsstörungen im Autonomgebiet (s. o.).

■ Tab. 3: Klinik einzelner Nerven des Plexus lumbalis.

Zusammenfassung

✖ Motorisch innervieren die Nn. iliohypogastricus und ilioinguinalis kaudale Anteile der Bauchmuskulatur, der N. genitofemoralis den M. cremaster, der N. femoralis Hüftbeuger und die Kniestrecker sowie den M. pectineus und der N. obturatorius die Adduktoren.

✖ Sensibel innervieren der N. iliohypogastricus die Hüftregion, die Nn. ilioinguinalis und genitofemoralis die Leistenregion und die äußeren Genitale, der N. femoralis die Oberschenkelvorderseite und die Unterschenkelinnenseite und der N. obturatorius ein Gebiet medial oberhalb des Knies.

Plexus lumbosacralis II

Plexus sacralis (L4 – S4), Teil 1

Der **Plexus sacralis (L4 – S4)** stellt den kaudalen Teil des Plexus lumbosacralis dar (Th12 – S4). Die Rr. anteriores der Rückenmarksegmente L4 – S4 verflechten sich nach Austritt aus den Foramina intervertebralia (L4 + L5) bzw. den Foramina sacralia anteriora (S1 – S4) an der Rück- und Seitenwand des kleinen Beckens **vor dem M. piriformis**. Die Nerven des Plexus sacralis verlassen das kleine Becken überwiegend über das Foramen ischiadicum majus entweder oberhalb oder unterhalb des M. piriformis (Foramen supra- bzw. infrapiriforme, s. S. 68). Vier Nervenstämme gehen aus dem Plexus sacralis hervor: N. gluteus superior, N. gluteus inferior, N. cutaneus femoris posterior (■ Abb. 3, ■ Tab. 4) und N. ischiadicus (■ Abb. 4, ■ Tab. 5). Daneben ziehen kürzere Muskeläste und ein kleiner Hautast direkt aus dem Plexus sacralis (■ Tab. 4). Der N. pudendus (s. S. 66) kann entweder auch zum Plexus sacralis gerechnet oder als eigenständiger Plexus pudendus (S2 – S4) aufgeführt werden.

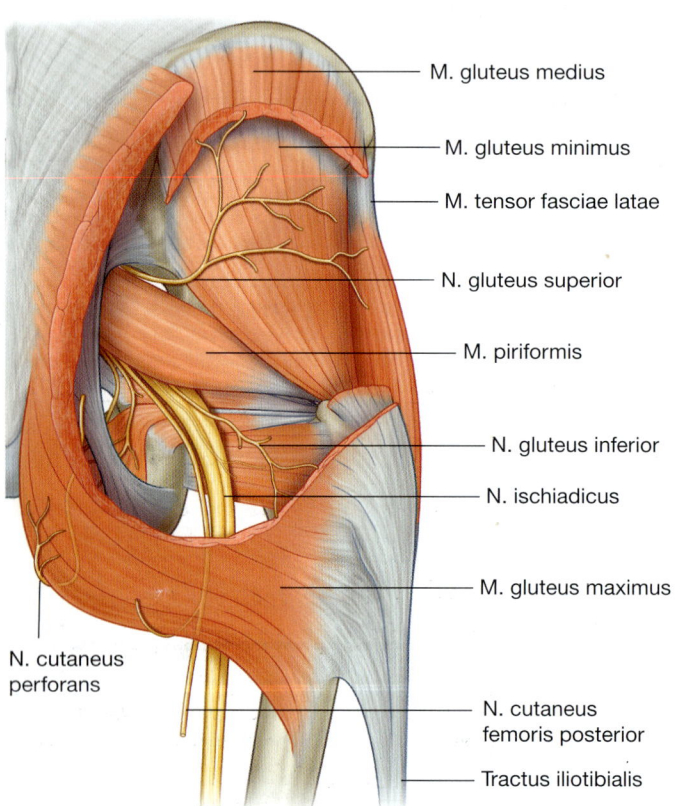

- M. gluteus medius
- M. gluteus minimus
- M. tensor fasciae latae
- N. gluteus superior
- M. piriformis
- N. gluteus inferior
- N. ischiadicus
- M. gluteus maximus
- N. cutaneus perforans
- N. cutaneus femoris posterior
- Tractus iliotibialis

■ Abb. 3: Nerven der Glutealregion. [6]

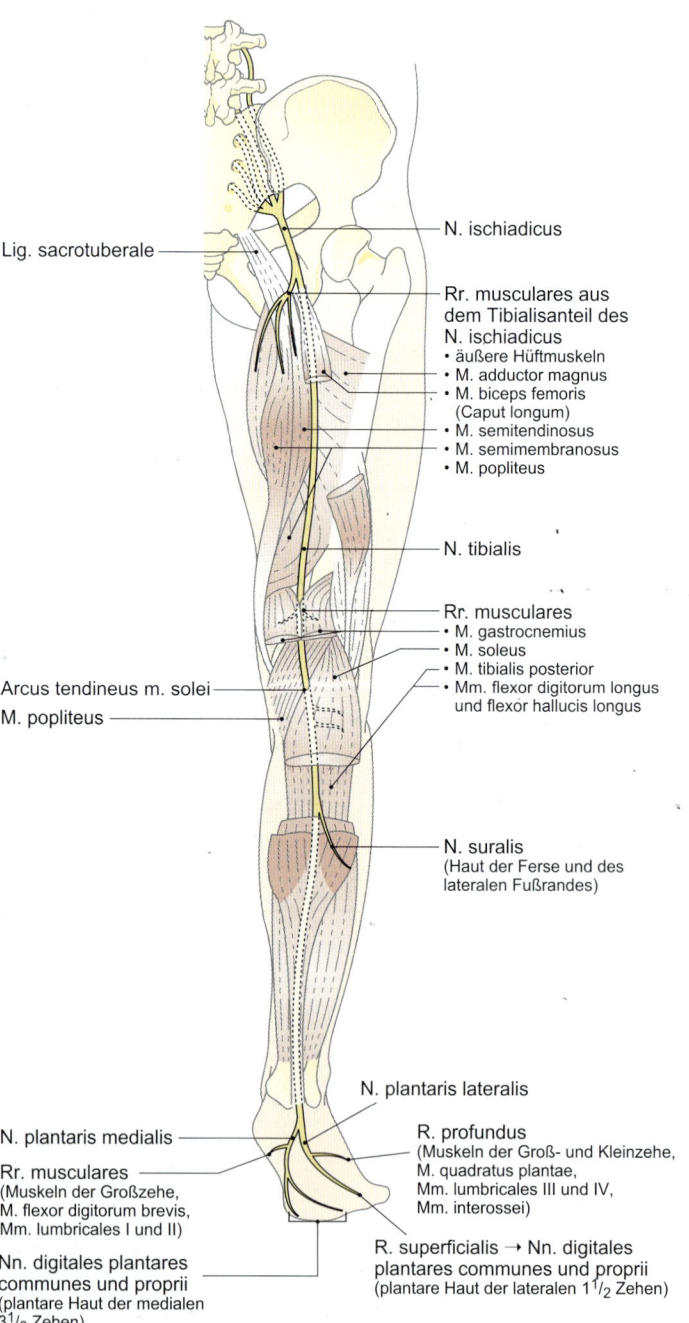

- Lig. sacrotuberale
- N. ischiadicus
- Rr. musculares aus dem Tibialisanteil des N. ischiadicus
  - äußere Hüftmuskeln
  - M. adductor magnus
  - M. biceps femoris (Caput longum)
  - M. semitendinosus
  - M. semimembranosus
  - M. popliteus
- N. tibialis
- Rr. musculares
  - M. gastrocnemius
  - M. soleus
  - M. tibialis posterior
  - Mm. flexor digitorum longus und flexor hallucis longus
- Arcus tendineus m. solei
- M. popliteus
- N. suralis (Haut der Ferse und des lateralen Fußrandes)
- N. plantaris lateralis
- N. plantaris medialis
- R. profundus (Muskeln der Groß- und Kleinzehe, M. quadratus plantae, Mm. lumbricales III und IV, Mm. interossei)
- Rr. musculares (Muskeln der Großzehe, M. flexor digitorum brevis, Mm. lumbricales I und II)
- R. superficialis → Nn. digitales plantares communes und proprii (plantare Haut der lateralen 1½ Zehen)
- Nn. digitales plantares communes und proprii (plantare Haut der medialen 3½ Zehen)

■ Abb. 4: Verlauf des N. tibialis. [8]

→ gute Gäste kommen immer pünktlich

Systematik	Topographie	Innervationsgebiete
N. m. quadrati femoris (L4 – S1)	Durch das Foramen infrapiriforme	**M:** M. quadratus femoris, M. gemellus inf.
N. m. obturatorii int. (L5 – S2)	Durch das Foramen infrapiriforme	**M:** M. obturatorius int., M. gemellus sup.
N. m. piriformis (S1 + S2)	Von ventral zum Muskel	**M:** M. piriformis
N. gluteus sup. (L4 – S1)	Gelangt als einziger Nerv durch das Foramen suprapiriforme zwischen die Mm. glutei medius und minimus. Verläuft nach lateral weiter zum M. tensor fasciae latae.	**M:** M. gluteus medius, M. gluteus minimus, M. tensor fasciae latae
N. gluteus inf. (L5 – S2)	Strahlt nach Durchtritt durch das Foramen infrapiriforme in den M. gluteus maximus ein.	**M:** M. gluteus maximus
N. cutaneus femoris post. (S1 – S3)	Wendet sich nach Durchtritt durch das Foramen infrapiriforme gemeinsam mit dem N. ischiadicus nach kaudal. Gelangt am Unterrand des M. gluteus maximus unter die Fascia lata auf die Rückseite des Oberschenkels. Seine Hautäste durchbrechen die Faszie etwa in der Mitte des Oberschenkels.	**S:** Haut des dorsalen Oberschenkels und proximalen Unterschenkels
▶ Nn. clunium inf.	Ziehen um den Unterrand des M. gluteus maximus zur unteren Gesäßhaut.	**S:** untere Gesäßhaut
▶ Nn. perineales	Ziehen nach medial zum Damm.	**S:** Haut der Dammregion und des Skrotums (♂) bzw. der Labia majora (♀)
N. ischiadicus (L4 – S3)	▮ Tab. 5	
N. pudendus (S2 – S4)	s. S. 66	
N. cutaneus perforans (S2 + S3)	Kleiner Nerv, der als einziger nicht durch das Foramen ischiadicum majus zieht, sondern das Lig. sacrotuberale durchbohrt.	**S:** Haut über dem Tuber ischiadicum

▮ Tab. 4: Äste des Plexus sacralis.

Systematik	Topographie	Innervationsgebiete
N. ischiadicus (L4–S3)	Dickster Nerv des menschlichen Körpers. Zieht durch das Foramen infrapiriforme. Verläuft nach kaudal zunächst bedeckt vom M. gluteus maximus, dann vom Caput longum des M. biceps femoris. Teilt sich in variabler Höhe, oft am Übergang zum distalen Drittel des Oberschenkels in seine beiden Anteile, den N. tibialis und den N. fibularis communis, die bis zur Aufteilung lediglich durch eine Bindegewebshülle zum N. ischiadicus zusammengefasst werden.	**M:** mit N. tibialis-Anteil: Caput longum des M. biceps femoris, M. semimembranosus, M. semitendinosus, M. adductor magnus; mit N. fibularis-Anteil: Caput breve des M. biceps femoris
N. tibialis (L4–S3)	Verläuft dorsolateral der Vasa poplitea durch die Kniekehle. Gelangt mit der A. tibialis post. unter dem Arcus tendineus m. solei hindurch zw. die oberflächlichen und tiefen Flexoren des Unterschenkels, die er alle innerviert. Teilt sich dorsal des Malleolus med. unter dem Retinaculum mm. flexorum in seine beiden Endäste, die Nn. plantares med. und lat.	**M:** M. gastrocnemius, M. soleus, M. plantaris, M. popliteus, M. tibialis post., M. flexor digitorum longus, M. flexor hallucis longus
▶ N. cutaneus surae med., dann N. suralis	Verbindet sich mit dem R. communicans fibularis (s. S. 36) zum N. suralis. Verläuft zusammen mit der V. saphena parva. Gibt → Rr. calcanei lat. zur Ferse ab. setzt sich dorsal des Malleolus lat. als → N. cutaneus dorsalis lat. zum lateralen Fußrand fort.	**S:** dorsale Unterschenkelhaut, Haut der lateralen Ferse und des lateralen Fußrandes
▶ N. interosseus cruris	Auf der Membrana interossea. Rr. calcanei med. zur Ferse.	**S:** Tibia, Sprunggelenk, Haut der medialen Ferse
▶ N. plantaris med.	Stärkerer der beiden Endäste. Zieht unter dem M. abductor hallucis und dem Sustentaculum tali zur Fußsohle, wo er sich in einen → R. medialis und eine → R. lateralis teilt. Letzterer zweigt sich in 3 Nn. digitales plantares communes mit je 2 Nn. digitales plantares proprii zu den Zehen auf. → Rr. musculares für: M. abductor hallucis, M. flexor digitorum brevis, Caput mediale des M. flexor hallucis brevis, Mm. lumbricales I + II.	**M:** Muskeln s. links **S:** mediale Fußsohlenhaut, plantare Haut und Nagelbett der medialen 3½ Zehen
▶ N. plantaris lat.	Zieht über den M. quadratus plantae zur lateralen Fußsohle. Teilt sich in → R. profundus und → R. superficialis, der als N. digitalis plantaris communis IV mit 2 Nn. digitales plantares proprii endet. → Rr. musculares für: M. adductor longus, Caput laterale des M. flexor hallucis brevis, M. quadratus plantae, M. abductor digiti minimi, M. flexor digiti minimi brevis, M. opponens digiti minimi, Mm. lumbricales III + IV, Mm. interossei plantares I–III, Mm. interossei dorsales I–IV.	**M:** Muskeln s. links **S:** Haut der lateralen Fußsohle, plantare Haut und Nagelbett der lateralen 1½ Zehen
N. fibularis communis (L4 – S2)	s. S. 36	

▮ Tab. 5: Äste des N. ischiadicus.

Zusammenfassung

✖ Motorisch innervieren Rr. musculares aus dem Plexus sacralis die pelvitrochantären Muskeln, die Nn. glutei die Mm. glutei und den M. tensor fasciae latae sowie der N. tibialis die ischiokrurale Muskulatur mit Ausnahme des Caput breve des M. biceps femoris, alle Flexoren am Unterschenkel und alle Muskeln der Fußsohle.

✖ Sensibel innervieren der N. cutaneus femoris posterior den dorsalen Oberschenkel, der N. tibialis den dorsalen Unterschenkel und die Fußsohle.

Plexus lumbosacralis III

Plexus sacralis (L4 – S4), Teil 2

Im Folgenden wird der N. fibularis communis (▌ Abb. 5,
▌ Tab. 6) dargestellt. Alle anderen Nerven des Plexus sacralis
sowie sein Aufbau wurden im vorigen Kapitel bereits besprochen. Mögliche Läsionen der Nerven des Plexus sacralis
(▌ Tab. 7, ▌ Abb. 6, ▌ Abb. 7) und das daraus resultierende
klinische Bild lassen sich mit dem Verlauf und den Innervationsgebieten der Nerven erklären.

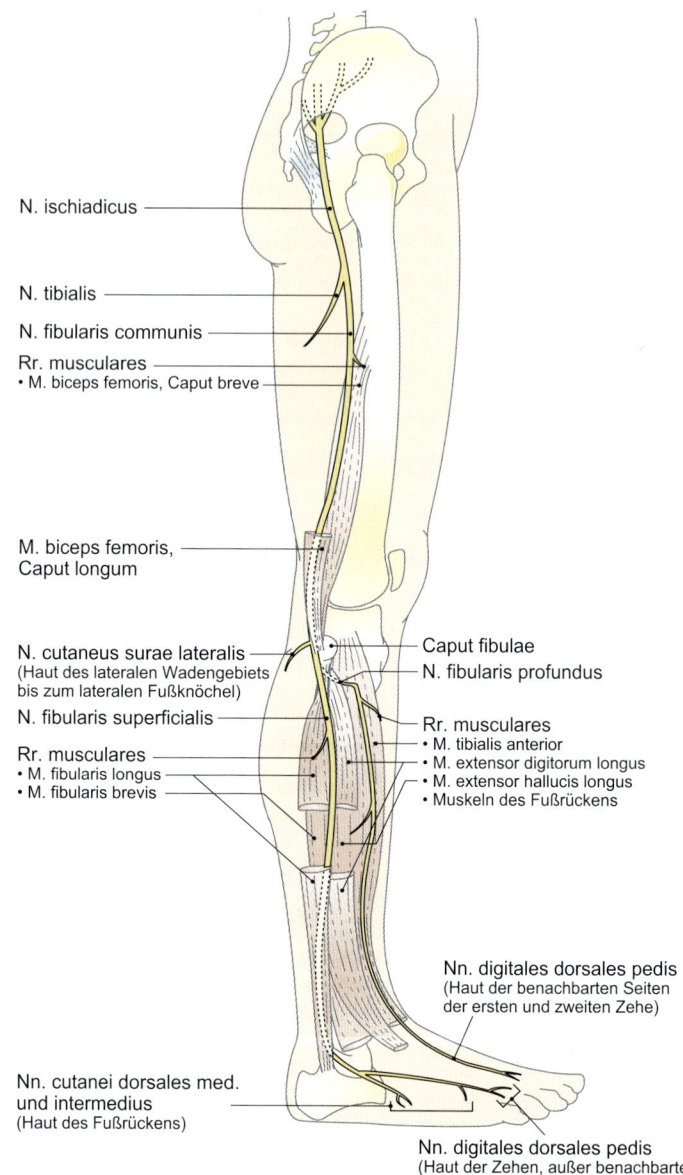

N. ischiadicus

N. tibialis

N. fibularis communis

Rr. musculares
• M. biceps femoris, Caput breve

M. biceps femoris,
Caput longum

N. cutaneus surae lateralis
(Haut des lateralen Wadengebiets
bis zum lateralen Fußknöchel)

N. fibularis superficialis

Rr. musculares
• M. fibularis longus
• M. fibularis brevis

Caput fibulae

N. fibularis profundus

Rr. musculares
• M. tibialis anterior
• M. extensor digitorum longus
• M. extensor hallucis longus
• Muskeln des Fußrückens

Nn. digitales dorsales pedis
(Haut der benachbarten Seiten
der ersten und zweiten Zehe)

Nn. cutanei dorsales med.
und intermedius
(Haut des Fußrückens)

Nn. digitales dorsales pedis
(Haut der Zehen, außer benachbarte
Seiten der ersten und zweiten Zehe)

▌ Abb. 5: Verlauf des N. fibularis communis. [8]

Systematik	Topographie	Innervationsgebiete
N. fibularis communis (L4–S2)	Verläuft in der Kniekehle am medialen Rand der Bizepssehne. Zieht um das Collum fibulae (exponierte Lage!) in die Fibularisloge, wo er sich in seine beiden Endäste (Nn. fibulares superf. und prof.) aufzweigt.	
▶ N. cutaneus surae lat.	Ursprung in der Kniekehle. Durchbricht über dem lateralen Gastroknemiuskopf die Fascia cruris. Zieht entlang des lateralen Unterschenkels zum Malleolus lat. Sein → R. communicans fibularis vereinigt sich mit dem N. cutaneus surae med. zum N. suralis (s. S. 34).	S: laterale Unterschenkelhaut
▶ N. fibularis superf.	Verläuft in der Fibularisloge nach distal. Wird im distalen Drittel des Unterschenkels epifaszial. Seine beiden Endäste, die → Nn. cutanei dorsales med. und intermedius, ziehen zum medialen bzw. lateralen Fußrücken und geben Nn. digitales dorsales pedis zu den Zehen und Zehenzwischenräumen mit Ausnahme des 1. Zehenzwischenraums ab.	M: M. fibularis longus, M. fibularis brevis S: Haut des medialen Fußrandes, des medialen und lateralen Fußrückens sowie der Zehen und Interdigitalräume
▶ N. fibularis prof.	Zieht durch das Septum intermusculare post. in die Extensorenloge, deren Muskeln er innerviert. Verläuft gemeinsam mit der A. tibialis ant. nach distal unter dem Retinaculum mm. extensorum hindurch zum Fußrücken, wo er sich nach Abgabe weiterer Muskeläste auf dem M. interosseus dorsalis I in 2 Nn. digitales dorsales pedis zu den einander zugewandten Seiten der 1. und 2. Zehe teilt.	M: M. tibialis ant., M. extensor digitorum longus, M. extensor hallucis longus, M. fibularis tertius, M. extensor digitorum brevis, M. extensor hallucis brevis S: Haut des 1. Interdigitalraums

▌ Tab. 6: N. fibularis communis.

Nerv	Typische Läsionen	Typisches klinisches Bild
N. gluteus sup.	Iatrogen nach fehlerhafter intraglutealer Injektion (▌Abb. 6)	Aufgrund der Abduktionsschwäche im Hüftgelenk kippt das Becken beim Gehen und ggf. Stehen auf die (gesunde) Spielbeinseite ab (Trendelenburg-Zeichen, ▌Abb. 7).
N. gluteus inf.	Iatrogen nach fehlerhafter intraglutealer Injektion (▌Abb. 6)	Stark eingeschränkte Streckfähigkeit im Hüftgelenk. Dadurch Treppensteigen und Fahrradfahren unmöglich.
N. tibialis	Selten komplette Schädigung; häufiger distale Läsion am Malleolus med. durch Verletzungen oder Kompression unter dem Retinaculum mm. flexorum (Tarsaltunnelsyndrom)	Bei distaler Läsion: Sensibilitätsstörungen an der Fußsohle, Paresen der kurzen Fußmuskeln; Bei kompletter Schädigung zusätzlich: Fuß in Dorsalextension (Hackenfuß), Zehenstand unmöglich, Ausfall des Achillessehnenreflexes, Sensibilitätsstörungen am dorsalen Unterschenkel.
N. fibularis communis	Am Collum fibulae durch Frakturen oder Kompression, z.B. bei Unfällen, Fehllagerung oder fehlerhaften Gipsverbänden	Ausfall der Extensoren und Pronatoren äußert sich als sog. Spitzklumpfuß (Pes equinovarus) und als sog. Steppergang (beim Gehen muss der Fuß übermäßig angehoben werden, um ein Schleifen der Fußspitze zu verhindern). Sensibilitätsstörungen am Fußrücken.
N. fibularis prof.	Kompression durch Druckanstieg in der Extensorenloge bei Ödemen oder Blutungen in Folge eines Traumas (Kompartment-Syndrom)	Spitzfuß, Steppergang und selektive Sensibilitätsstörung zwischen 1. und 2. Zehe.
N. fibularis superf.	Traumata der Fibularisloge; meist jedoch nur Läsion des sensiblen Endastes	Pronationsschwäche; Sensibilitätsstörungen am Fußrücken.

▌ Tab. 7: Klinik einzelner Nerven des Plexus sacralis.

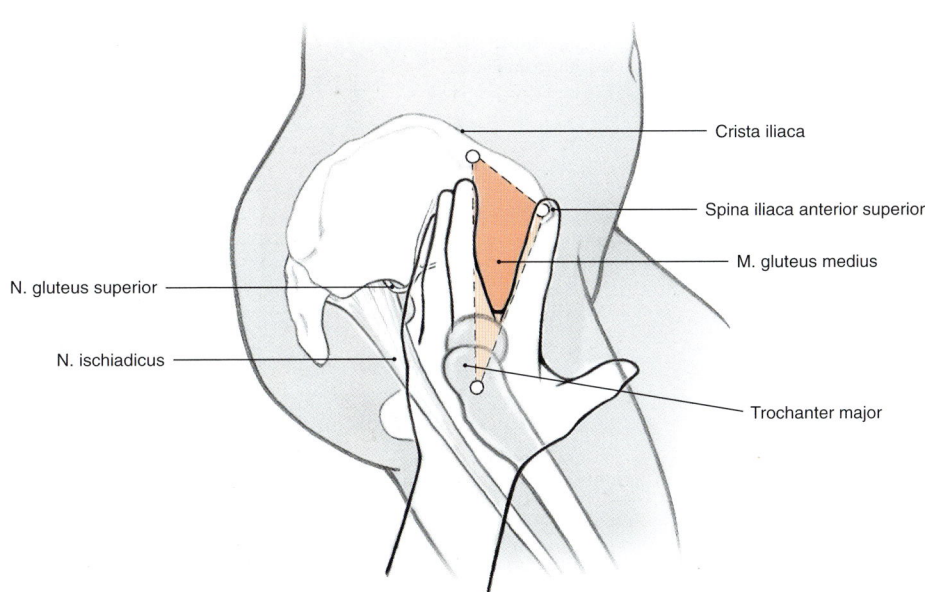

Crista iliaca

Spina iliaca anterior superior

M. gluteus medius

N. gluteus superior

N. ischiadicus

Trochanter major

▌ Abb. 6: Intragluteale Injektionen werden innerhalb des sog. von-Hochstetter-Dreiecks durchgeführt, um einen größtmöglichen Sicherheitsabstand zu N. gluteus superior, N. ischadicus und A. glutea superior einzuhalten. Zum Auffinden auf der rechten Seite werden die linke Handfläche auf den Trochanter major und der Zeigefinger auf die Spina iliaca anterior superior gelegt. [4]

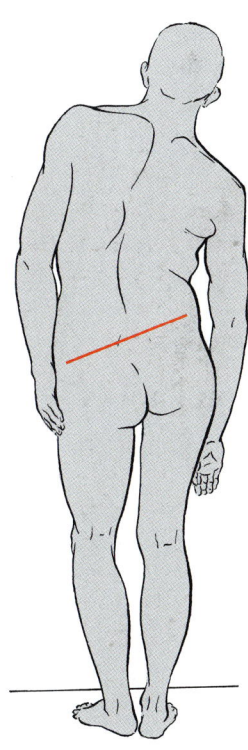

▌ Abb. 7: Trendelenburg-Zeichen nach Lähmung des rechten M. gluteus medius. [1]

Zusammenfassung

✖ Motorisch innervieren der N. fibularis superficialis die Muskeln der Fibularisloge (Pronatoren), der N. fibularis profundus die Muskeln der Extensorenloge und die kurzen Zehenstrecker.

✖ Sensibel innervieren der N. fibularis superficialis den Fußrücken, der N. fibularis profundus den 1. Zehenzwischenraum.

✖ Beim Ausfall des N. gluteus superior beobachtet man das Trendelenburg-Zeichen, beim Ausfall des N. fibularis communis den Steppergang.

Synopse der Leitungsbahnen

Durch die Lacuna vasorum, die Lacuna musculorum, das Foramen ischiadicum majus und den Canalis obturatorius (s. S. 68) treten Leitungsbahnen aus dem Becken und Abdomen zur unteren Extremität und umgekehrt. Die A. femoralis liegt nach Durchtritt durch die Lacuna vasorum zunächst im dreiecksförmigen Trigonum femorale (▮ Tab. 1, ▮ Abb. 1), wo sie leicht zugänglich ist für Pulsbestimmung, Kompression oder Punktionen. Dann zieht sie durch den **Adduktoren-kanal,** Canalis adductorius (▮ Tab. 2, ▮ Abb. 1), in die Knie-

kehle. Die rautenförmige **Kniekehle,** Fossa poplitea, stellt die Hauptverbindung der Leitungsbahnen zwischen Ober- und Unterschenkel dar (▮ Tab. 3, ▮ Abb. 2). Am Unterschenkel gibt es mehrere **Gefäß-Nerven-Straßen** in den Muskel-Kompartimenten (▮ Abb. 3). Die Gefäß-Nerven-Straße der A. tibialis posterior und des N. tibialis setzt sich fort in den **Tarsaltunnel,** Canalis malleolaris (▮ Tab. 4), in dem sich sowohl die A. tibialis posterior als auch der N. tibialis in ihre Endäste teilen.

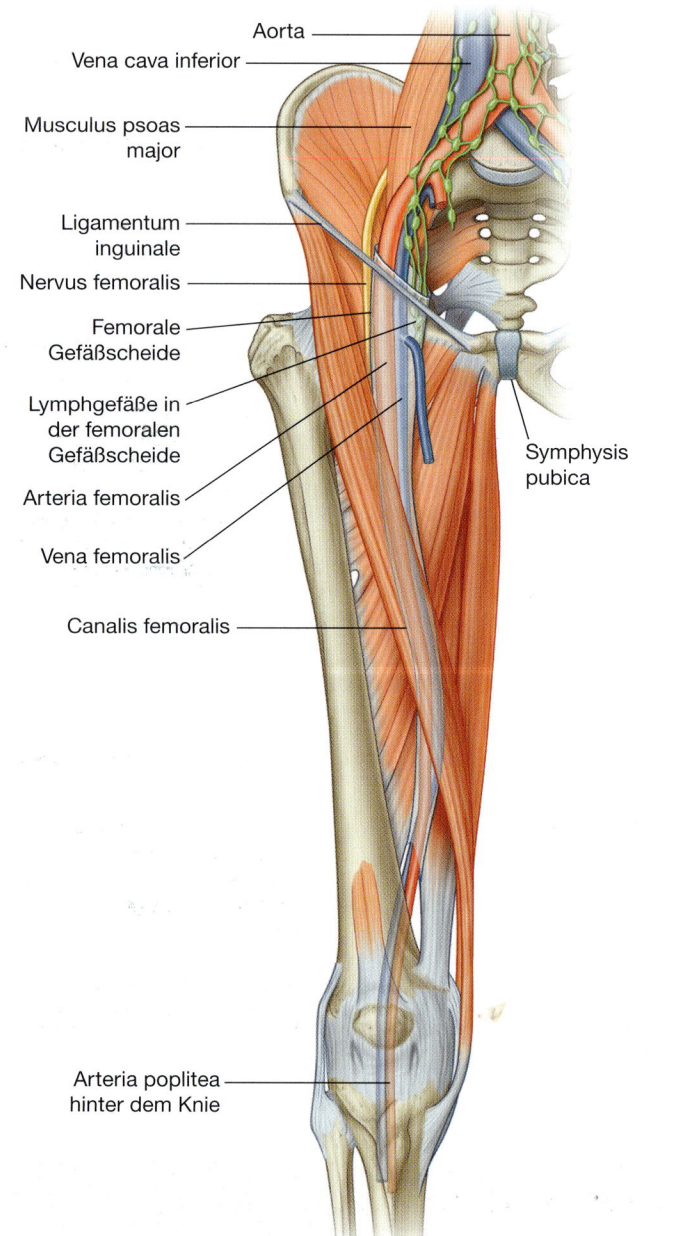

▮ Abb. 1: Trigonum femorale. [6]

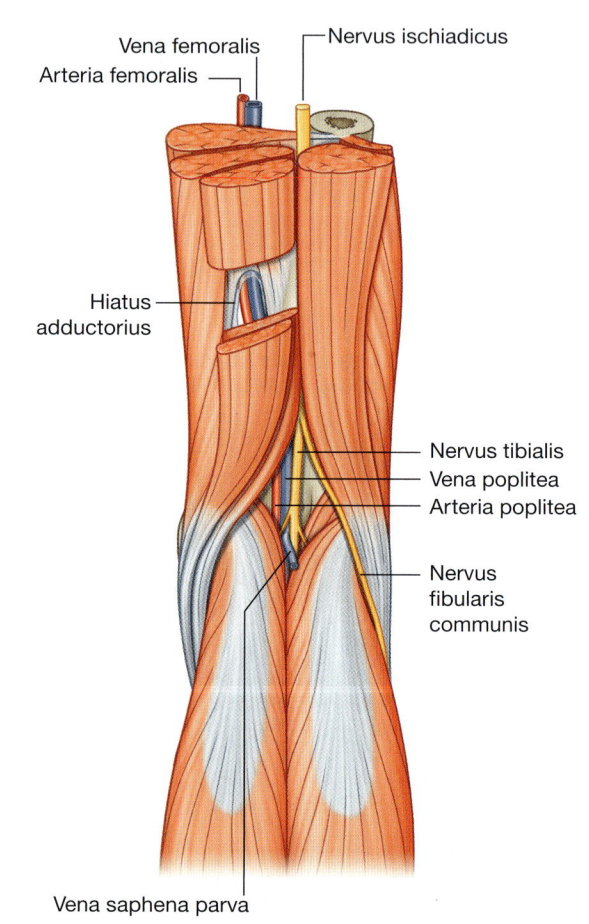

▮ Abb. 2: Fossa poplitea. [6]

■ Abb. 3: Gefäß-Nerven-Straßen des Unterschenkels. Querschnitt durch das proximale Drittel des rechten Unterschenkels (von kaudal). 1 = Fascia cruris (oberflächliches Blatt), 2 = Membrana interossea, 3 = Fascia cruris (tiefes Blatt), 4 = Septum intermusculare cruris anterius, 5 = Septum intermusculare cruris posterius.

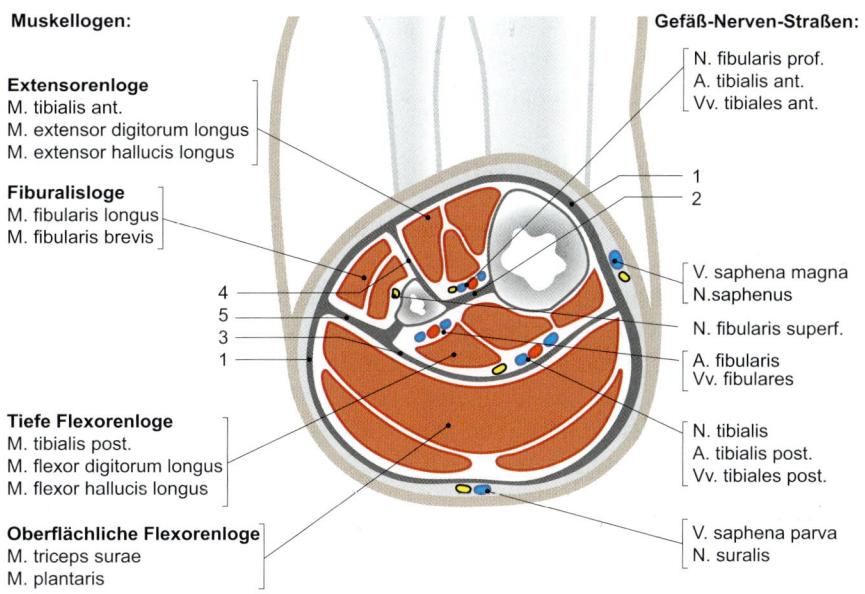

Muskellogen:

Extensorenloge
M. tibialis ant.
M. extensor digitorum longus
M. extensor hallucis longus

Fibularisloge
M. fibularis longus
M. fibularis brevis

Tiefe Flexorenloge
M. tibialis post.
M. flexor digitorum longus
M. flexor hallucis longus

Oberflächliche Flexorenloge
M. triceps surae
M. plantaris

Gefäß-Nerven-Straßen:

N. fibularis prof.
A. tibialis ant.
Vv. tibiales ant.

V. saphena magna
N. saphenus

N. fibularis superf.

A. fibularis
Vv. fibulares

N. tibialis
A. tibialis post.
Vv. tibiales post.

V. saphena parva
N. suralis

Begrenzungen	Inhalte
▶ Kranial: Lig. inguinale	Von lateral nach medial:
▶ Lateral: M. sartorius	▶ N. femoralis
▶ Medial: M. adductor longus	▶ A. femoralis
▶ Boden: M. iliopsoas (lat.) und M. pectineus (med.)	▶ V. femoralis
	▶ Lymphgefäße

■ Tab. 1: Trigonum femorale.

Begrenzungen	Inhalte
▶ Ventral: Membrana vastoadductoria	▶ A. und V. femoralis
▶ Dorsal: M. adductor longus	→ nach Verlassen des Canalis adductorius durch den Hiatus adductorius Fortsetzung als A. und V. poplitea
▶ Lateral: M. vastus med.	
▶ Medial: M. adductor magnus	
▶ Distale Öffnung: Hiatus adductorius	▶ N. saphenus und A. genus descendens → durchbrechen die Membrana vastoadductoria zur Innenseite des Knies

■ Tab. 2: Canalis adductorius.

Begrenzungen	Inhalte
▶ Kranial/medial: M. semimembranosus, M. semitendinosus	Vom Dach zum Boden hin (Merke: NiVeA):
▶ Kranial/lateral: M. biceps femoris	▶ N. fibularis communis
▶ Kaudal/medial: M. gastrocnemius (Caput med.)	▶ N. tibialis
	▶ V. poplitea
▶ Kaudal/lateral: M. gastrocnemius (Caput lat.)	▶ A. poplitea
▶ Dach: Fascia poplitea	Weitere Inhalte:
	▶ Fettkörper
▶ Boden: Kniegelenkskapsel, Facies poplitea femoris	▶ Lymphknoten, Lymphgefäße

■ Tab. 3: Fossa poplitea.

Begrenzungen	Inhalte
▶ Lateral: Retinaculum mm. flexorum	Von ventromedial nach dorsolateral:
▶ Kranioventral: Malleolus med.	▶ Sehne des M. tibialis post.
▶ Medial: Talus	▶ Sehne des M. flexor digitorum longus
	▶ A. tibialis post. mit Begleitvenen → A. plantaris med. und lat.
	▶ N. tibialis → N. plantaris med. und lat.
	▶ Sehne des M. flexor hallucis longus

■ Tab. 4: Canalis malleolaris (Tarsaltunnel).

Zusammenfassung

Wichtige Verbindungswege für Leitungsbahnen sind an der unteren Extremität: Lacuna vasorum, Lacuna musculorum, Foramen ischiadicum majus, Canalis obturatorius, Trigonum femorale, Canalis adductorius, Fossa poplitea, Gefäß-Nerven-Straßen des Unterschenkels und Canalis malleolaris.

Thorakale Aorta, Hohlvenen und Azygos-System

In diesem Kapitel werden alle Arterien und Venen des Thorax mit Ausnahme der Herzkranzgefäße (s. S. 42), Lungengefäße (s. S. 44) und Gefäße der Rumpfwand (s. S. 12) besprochen.

Thorakale Aorta und ihre Äste

Die thorakale Aorta (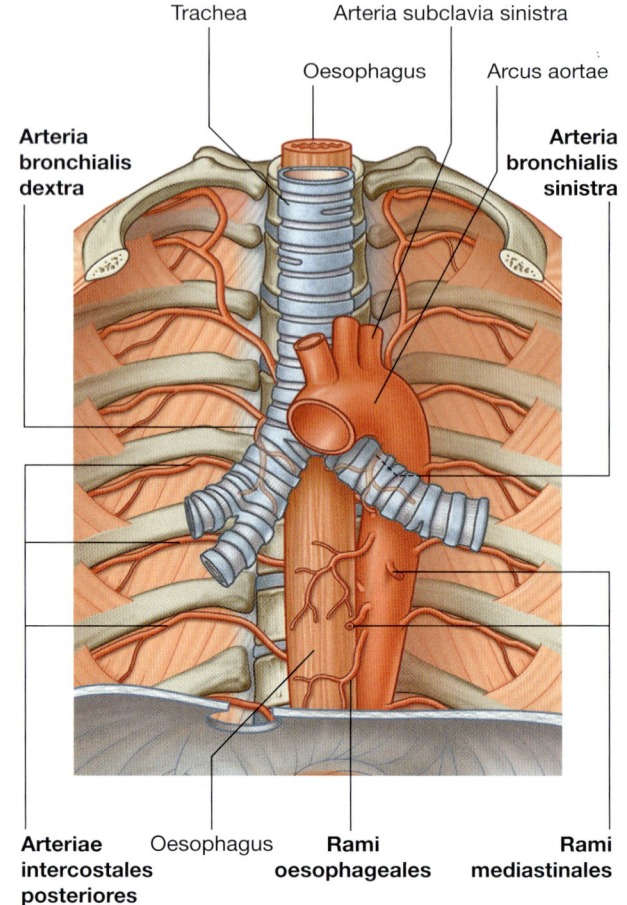 Abb. 1) gliedert sich in drei Abschnitte:

▶ Die **Aorta ascendens** beginnt mit der Aortenklappe i. H. des 3. Interkostalraums hinter dem linken Sternalrand. Nach Abgabe der Aa. coronariae dextra und sinistra direkt oberhalb der Aortenklappe (s. S. 42) zieht die Aorta ascendens nach rechts, vorne und oben zum rechten Sternalrand i. H. des Angulus sterni. Sie liegt nahezu gänzlich intraperikardial und damit im Mediastinum medium.

▶ Der **Arcus aortae** (Aortenbogen) beginnt hinter dem Manubrium sterni i. H. des Ansatzes der 2. Rippe an der Umschlagfalte des Perikards und ist damit Teil des Mediastinum superius. Der Aortenbogen zieht vor der Trachea nach dorsal aufwärts bis i. H. BWK 2, dann links lateral der Trachea über den linken Hauptbronchus. Er erreicht den linken Umfang des Ösophagus und des BWK 4. Am Übergang zur Aorta descendens, distal der A. subclavia sinistra, ist er (normalerweise geringgradig) zum **Isthmus aortae** durch das Lig. arteriosum Botalli eingezogen. Da der Aortenbogen nahezu sagittal steht, entspringen seine Äste nicht neben, sondern hintereinander. Die Astfolge des Aortenbogens unterliegt einer großen Variabilität. Die am häufigsten vorkommende Variante mit ca. 60–70 % sind drei Abgänge: Truncus brachiocephalicus, A. carotis communis sinistra und A. subclavia sinistra. Der **Truncus brachiocephalicus** ist ein kurzer, unpaarer Stamm, der sich hinter dem rechten Sternoklavikulargelenk in seine zwei Äste, die A. carotis communis dextra und die A. subclavia dextra aufzweigt. Als weitere Variationen des Aortenbogens kommen zwei (z. B. ein gemeinsamer Ursprung des Truncus brachiocephalicus und der A. carotis communis sinistra) und vier Abgänge (z. B. A. vertebralis direkt aus dem Aortenbogen) vor.

▶ Die **Aorta descendens, Pars thoracica** (auch Aorta thoracica) zieht vom BWK 4 abwärts zunächst links, dann dorsal des Ösophagus bis zum Hiatus aorticus, dem Durchtritt durch das Zwerchfell i. H. BWK 11/12. Sie liegt damit zunächst links, dann links-ventral der BWK 4–11/12 im hinteren Mediastinum. Die Aorta descendens (Pars thoracica) entlässt viele kleine parietale und viszerale Äste (Tab. 1).

▶ Neben der thorakalen Aorta und ihren Ästen sind Äste der **A. thoracica interna** (s. S. 12, Ast der A. subclavia) an der arteriellen Versorgung der Thoraxorgane beteiligt: Rr. thymici, Rr. mediastinales, Rr. intercostales anteriores (s. S. 12), A. pericardiacophrenica (mit Ästen zu Perikard und Zwerchfell, im Mediastinum medium) und A. musculophrenica (mit Ast zum

Abb. 1: Thorakale Aorta und ihre Äste. [6]

Systematik	Topographie und wichtigste Versorgungsgebiete
Aorta descendens, Pars thoracica	Siehe Text
▶ Aa. intercostales post. III–XI ↔ Aa. intercostales ant.	Zu den Interkostalräumen III–XI (s. S. 12).
▶ A. subcostalis ↔ A. intercostalis ant. XII	Entspricht der A. intercostalis post. XII. unterhalb der 12. Rippe.
▶ Rr. bronchiales	Vasa privata der Lunge. Zu den Bronchien. Meist links direkt aus der Aorta, rechts aus der A. intercostalis post. III.
▶ Rr. oesophageales	Zur Speiseröhre. Bilden eine Anastomosenkette mit den Rr. oesophageales aus der ↔ A. thyroidea inf. und der ↔ A. gastrica sinistra.
▶ Rr. pericardiaci	Zur Hinterwand des Herzbeutels.
▶ Aa. phrenicae sup.	Paariger Abgang zur Oberseite der Pars lumbalis des Zwerchfells.

Tab. 1: Äste der Aorta descendens (Pars thoracica).

Zwerchfell). Die A. thoracica interna verläuft ca. 1 cm parasternal abwärts, anfänglich im Mediastinum superius, dann im Mediastinum anterius, und setzt sich nach Durchtritt durch das Trigonum sternocostale (Zwerchfelllücke, s. S. 48) auf der Bauchwand als A. epigastrica superior fort.

Hohlvenen und Azygos-System

▶ Die **V. cava superior** entsteht aus der Vereinigung der beiden Vv. brachiocephalicae hinter dem rechten 1. Rippenknorpel im Mediastinum superius. Sie zieht senkrecht nach kaudal und mündet i. H. des rechten 3. Rippenknorpels in den rechten Vorhof. Ihr unterster Abschnitt befindet sich innerhalb des Perikardbeutels und damit im Mediastinum medium. Am Übergang in das Mediastinum medium nimmt sie die V. azygos auf. **Wichtige topographische Beziehungen:** Die V. cava superior liegt dorsal des Thymus, ventral der A. pulmonalis dexter und der Trachea bzw. des Bronchus principalis dexter, rechts-dorsal der Aorta sowie medial des N. phrenicus dexter und des Oberlappens der rechten Lunge.

▶ Die **Vv. brachiocephalicae dextra und sinistra** liegen unmittelbar hinter dem Thymus im Mediastinum superius und entstehen aus der Vereinigung der V. jugularis interna (s. S. 72) und der V. subclavia (s. S. 16) im sog. Venenwinkel. Die linke V. brachiocephalica ist länger und verläuft schräg vor den Ursprüngen der Aortenbogenäste abwärts. Die rechte V. brachiocephalica steht dagegen fast senkrecht im Mediastinum superius. **Zuflüsse** der Vv. brachiocephalicae sind die Vv. intercostales supremae (s. S. 12), die V. thoracica interna und die V. thyroidea inferior (s. S. 72, unpaare Vene zur Drainage des Plexus thyroideus impar; mündet meist in die V. brachiocephalica sinistra). Die **V. thoracica interna** verläuft paarig mit der A. thoracica interna und hat entsprechende Zuflüsse (s. o.).

▶ Die **V. azygos** bildet zusammen mit ihren Zuflüssen das sog. **Azygos-System** (▮ Abb. 2). Die V. azygos stellt die Fortsetzung der V. lumbalis ascendens dextra (hierüber kavokavale Anastomose, s. S. 60) nach Durchtritt durch das Zwerchfell dar. Sie verläuft auf dem rechten Umfang der Wirbelsäule bis i. H. BWK 4/5, dann über den rechten Hauptbronchus nach ventral, um von dorsal in die V. cava superior zu münden.

▶ Die **V. hemiazygos** ist äquivalent auf der linken Seite die Fortsetzung der V. lumbalis ascendens sinistra (hierüber kavokavale Anastomose, s. S. 60) nach Durchtritt durch das Zwerchfell. Die V. hemiazygos verläuft zunächst links auf der Wirbelsäule nach kranial und mündet i. H. BWK 10–7 über die Wirbelsäule ziehend in die V. azygos.

▶ **V. hemiazygos accessoria** ist die kraniale Entsprechung der V. hemiazygos. Sie liegt wie die V. hemiazygos links der Wirbelsäule an. Die V. hemiazygos accessoria mündet direkt oder über die V. hemiazygos in die V. azygos.

▶ Das **Azygos-System** (▮ Abb. 2) sammelt Blut aus den thorakalen Organen über Vv. pericardiacae, Vv. mediastinales, Vv. bronchiales und Vv. oesophageales (hierüber portokavale Anastomose über Vv. gastricae zur V. portae, s. S. 60), aus den Interkostalräumen über Vv. intercostales posteriores (s. S. 12) und vom Zwerchfell über die paarige V. phrenica superior.

▶ Die **V. cava inferior** (s. S. 54) gelangt durch das Foramen venae cavae (Zwerchfelllücke, s. S. 48) in den Thorax. Durch die feste Verwachsung mit dem Centrum tendineum des Zwerchfells im Bereich des Foramen venae cavae kann sie trotz zum Teil negativer Drücke nicht vollständig kollabieren. Kurz vor dem Durchtritt durch das Zwerchfell münden in der Regel drei Vv. hepaticae in die V. cava inferior. Innerhalb des Thorax hat die V. cava inferior eine Verlaufsstrecke von weniger als 1 cm, ist hier von Perikard und Pleura mediastinalis umgeben und somit Teil des Mediastinum medium.

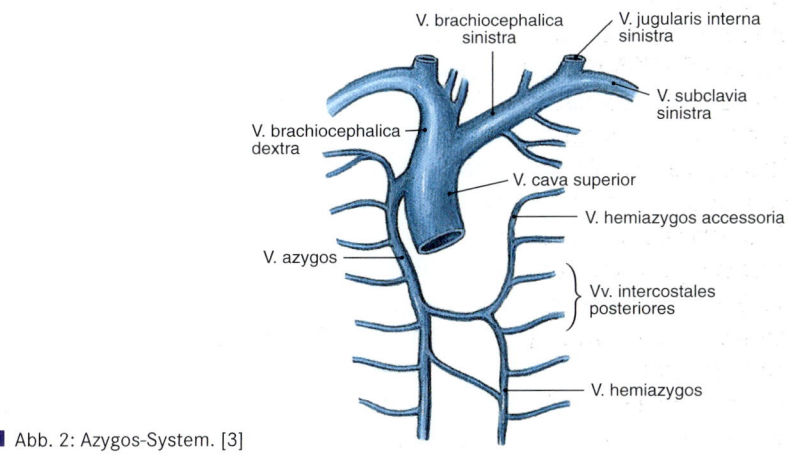

▮ Abb. 2: Azygos-System. [3]

Zusammenfassung

✱ Die **thorakale Aorta** verteilt das Blut vom Herzen auf die Peripherie. Äste zu den Thoraxorganen entstammen zum Großteil direkt, zum kleinen Teil indirekt über die A. thoracica interna aus der thorakalen Aorta.

✱ Das **Azygos-System** (V. azygos, V. hemiazygos, V. hemiazygos accessoria) drainiert in die V. cava superior, entspricht in seinen Zuflüssen weitestgehend den Ästen der thorakalen Aorta und ist wichtiger Bestandteil sowohl kavokavaler als auch portokavaler Anastomosen.

✱ Die Zugehörigkeit der Gefäße zu den Teilen des Mediastinums ist topographisch von großer Relevanz.

Herzkranzgefäße

Die Herzkranzgefäße (█ Abb. 1, █ Abb. 2) sind die Vasa privata des Herzens.

Koronararterien

Die **Koronararterien** (Aa. coronariae, █ Abb. 1) sind hinsichtlich ihres Verlaufs, ihrer Abgänge und Versorgungsgebiete äußerst variabel. Am häufigsten versorgen die Aa. coronariae dextra und sinistra jeweils in etwa gleiche Anteile des Herzens (**ausgeglichener oder intermediärer Versorgungstyp,** ca. 70 %, in diesem Kapitel dargestellt). Weitere Versorgungstypen sind der **Linksversorgungstyp** (ca. 15 %) bei einem kräftig ausgebildeten R. circumflexus und der **Rechtsversorgungstyp** (ca. 15 %) bei besonders stark ausgebildeten Rr. interventricularis posterior und posterolateralis dexter. Außerdem kann es zusätzliche Koronararterien geben.

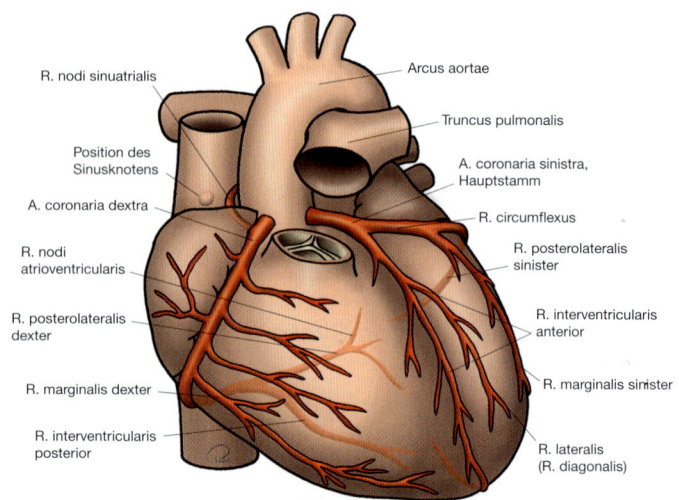

a

> Die Koronararterien sind funktionelle Endarterien. Anastomosen sind zwar vorhanden, aber nicht ausreichend, so dass Verschlüsse in der Regel zum Untergang von Herzmuskelgewebe führen (Herzinfarkt). Im Falle eines ausgeglichenen Versorgungstyps führen Verschlüsse der A. coronaria dextra zu Hinterwand-, des R. circumflexus zu Vorder- und Seitenwand- und des R. interventricularis anterior zu Seiten- oder Hinterwandinfarkten. Proximale Verschlüsse des R. interventricularis anterior verursachen Vorderseitenwand-, distale Verschlüsse Vorderwand- und Septuminfarkte.

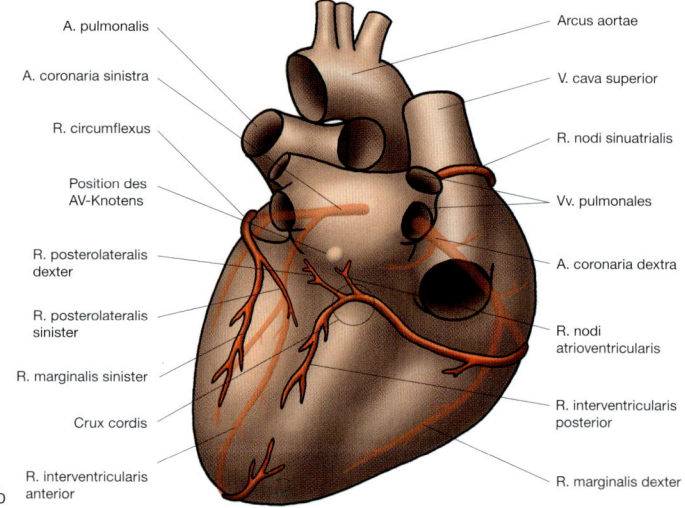

b

█ Abb. 1: Koronararterien. (a) Ansicht von vorn, (b) Ansicht von hinten. [5]

▶ Die **A. coronaria dextra** (klinisch RCA, Right coronary artery, █ Tab. 1) entspringt im rechten Aortensinus direkt oberhalb der Aortenklappe. Sie zieht im rechten Sulcus coronarius zur Rückseite des Herzens und gelangt damit in den Sulcus interventricularis posterior. **Versorgungsgebiet:** rechter Vorhof, rechter Ventrikel, Hinterwand des linken Ventrikels, hinteres Drittel des Septum interventriculare, Sinusknoten (bei ca. 60 %), AV-Knoten (bei ca. 80 %).

▶ Die **A. coronaria sinistra** (klinisch LCA, Left coronary artery, █ Tab. 2) entspringt im linken Aortensinus direkt oberhalb der Aortenklappe. Ihr ca. 1 cm langer Hauptstamm verläuft im Sulcus coronarius zwischen dem linken Herzohr und dem Truncus pulmonalis, bevor sie sich in den R. circumflexus und den R. interventricularis anterior aufzweigt. **Versorgungsgebiet:** linker Vorhof, Großteil des linken Ventrikels, Anteile der Vorderwand des rechten Ventrikels, vordere zwei Drittel des Septum interventriculare, Sinusknoten (bei ca. 40 %), AV-Knoten (bei ca. 20 %)

Systematik	Topographie und wichtigste Versorgungsgebiete
A. coronaria dextra (RCA, Right coronary artery)	Siehe Text
▶ R. nodi sinuatrialis	Abgang kurz nach dem Ursprung der A. coronaria dextra. Zum Sinusknoten.
▶ Rr. atriales und Rr. atrioventriculares	Kleine Äste zum rechten Vorhof und zum rechten Ventrikel.
▶ R. marginalis dexter (RMD)	Verläuft am rechten Herzrand in Richtung Herzspitze.
▶ R. posterolateralis dexter (RPLD)	Verläuft im Sulcus coronarius. Versorgt die linksventrikuläre Hinter- und Seitenwand (Kollateralen zum ↔ R. posterolateralis sinister).
▶ R. nodi atrioventricularis	Abgang aus dem posterioren Abschnitt der A. coronaria dextra. Zum AV-Knoten.
▶ R. interventricularis post. (RIVP)	Endast der A. coronaria dextra im Sulcus interventricularis post.
→ Rr. interventriculares septales	Zum hinteren Drittel des Septum interventriculare einschließlich des His-Bündels. Anastomosieren mit den entsprechenden Ästen des ↔ R. interventricularis ant.

█ Tab. 1: A. coronaria dextra. Klinische Bezeichnungen in Klammern.

Koronarvenen

Die Koronarvenen (▮ Abb. 2) verlaufen gemeinsam mit den Koronararterien und drainieren entsprechende Anteile des Herzens, tragen jedoch teilweise eine andere Bezeichnung. Sammelgefäß für den Großteil des venösen Blutes des Herzens (ca. 75 %) ist der **Sinus coronarius,** der auf der Rückseite des Herzens im Sulcus coronarius verläuft und in den rechten Vorhof nahe der Mündung der V. cava inferior mündet. Über **kleine Venen** (Vv. cardiacae minimae, Vv. atriales) fließen ca. 25 % des venösen Blutes des Herzens direkt in die Herzhöhlen, insbesondere in den rechten Vorhof.

Der Sinus coronarius hat vier große Zuflüsse: Vv. cardiacae magna, media und parva und die V. ventriculi sinistri posterior:

▶ Die **V. cardiaca magna** verläuft gemeinsam mit dem R. circumflexus im Sulcus coronarius, hat zwei größere Zuflüsse (**V. marginalis sinistra** und **V. interventricularis anterior**) und setzt sich in den Sinus coronarius fort.
▶ Die **V. cardiaca media** (= V. interventricularis posterior) liegt mit dem R. interventricularis posterior im Sulcus interventricularis posterior.
▶ Die **V. cardiaca parva** verläuft im Sulcus coronarius mit der A. coronaria dextra, erhält Zuflüsse aus der **V. marginalis dextra** und aus Vv. ventriculi dextri anteriores und mündet nahe dem rechten Vorhof in den Sinus coronarius.
▶ Die **V. ventriculi sinistri posterior** begleitet den R. posterolateralis sinister (synonym R. ventriculi sinistri posterior) an der linksventrikulären Hinter- und Seitenwand.

Systematik	Topographie und wichtigste Versorgungsgebiete
A. coronaria sinistra (LCA, Left coronary artery)	Siehe Text
▶ R. circumflexus (RCX)	Verläuft im Sulcus coronarius auf die Rückseite des Herzens.
→ Rr. atrioventriculares	Kleine Äste zum linken Vorhof und zum linken Ventrikel.
→ R. marginalis sinister	Am linken Herzrand in Richtung Herzspitze.
→ R. posterolateralis sinister (RPLS)	Endast des R. circumflexus zur linksventrikulären Hinter- und Seitenwand (Kollateralen zum ↔ R. posterolateralis dexter).
▶ R. interventricularis ant. (LAD, Left anterior descending)	Verläuft im Sulcus interventricularis ant. zur Herzspitze.
→ R. lateralis (R. diagonalis)	Zur Vorder- und Seitenwand des linken Ventrikels.
→ Rr. interventriculares septales	Zu den vorderen zwei Dritteln des Septum interventriculare.

▮ Tab. 2: A. coronaria sinistra. Klinische Bezeichnungen in Klammern.

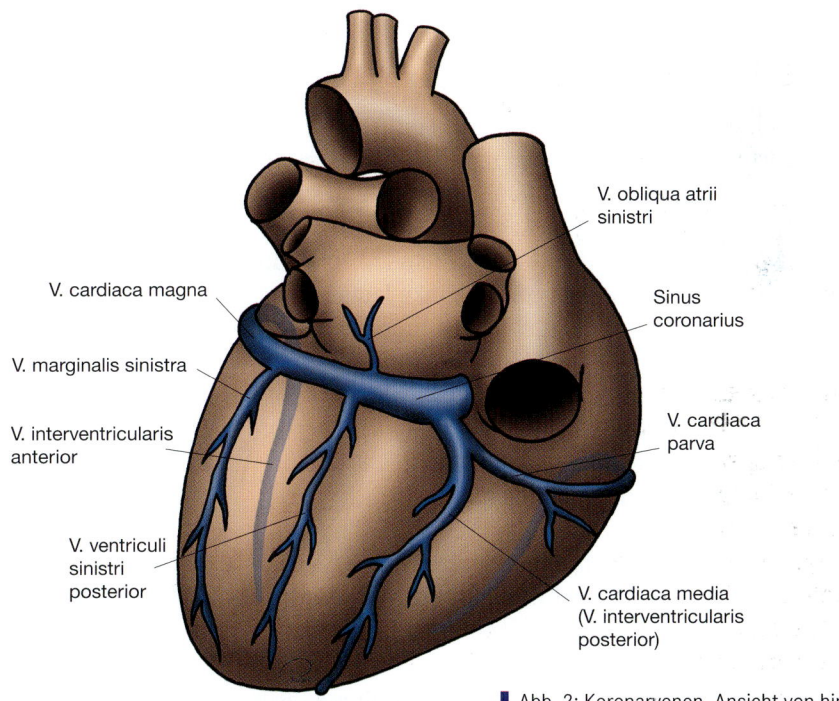

▮ Abb. 2: Koronarvenen. Ansicht von hinten. [5]

Zusammenfassung

✹ Die Herzkranzgefäße sind die Vasa privata des Herzens.

✹ Koronararterien sind funktionelle Endarterien.

✹ Beim ausgeglichenen Versorgungstyp versorgt die **A. coronaria dextra** den rechten Vorhof, den rechten Ventrikel, Sinusknoten, AV-Knoten, Hinter- und Seitenwand des linken Ventrikels sowie das hintere Drittel des Septum interventriculare.

✹ Die **A. coronaria sinstra** versorgt den Großteil des linken Ventrikels, die vorderen zwei Drittel des Septum interventriculare und Anteile der Vorderwand des rechten Ventrikels.

✹ Der **Sinus coronarius** sammelt ca. 75 % des venösen Blutes des Herzens. Der Rest fließt über kleine Venen direkt in die Herzhöhlen.

Lungengefäße, Lymphgefäße und Lymphknoten

Lungengefäße

Die Lungengefäße gliedert man in Vasa publica und Vasa privata.

Vasa publica der Lunge

Die Vasa publica dienen dem Gasaustausch in den Lungenalveolen und somit dem gesamten Organismus. Sie gehören zum Lungenkreislauf (kleiner Kreislauf) und zum Niederdrucksystem (s. S. 2). Zu den Vasa publica gehören die Aa. pulmonales und ihre Äste sowie die Vv. pulmonales und ihre Zuflüsse.

▶ Die **Aa. pulmonales** entstammen dem **Truncus pulmonalis.** Dieser geht aus dem Conus arteriosus des rechten Ventrikels hervor und liegt zunächst vor, dann links von der Aorta ascendens. Er zieht im Mediastinum medium intraperikardial nach oben, hinten und links und teilt sich i. H. BWK 5/6 in die Aa. pulmonales dextra und sinistra.
▶ Die **A. pulmonalis dextra** gelangt hinter der Aorta ascendens und der V. cava superior sowie vor dem rechten Hauptbronchus in die rechte Lunge. Die **A. pulmonalis sinistra** zieht unterhalb des Arcus aortae sowie vor dem linken Hauptbronchus und der Aorta descendens in die linke Lunge. Die Aa. pulmonales zweigen sich parallel zu den Bronchien im peribronchialen Bindegewebe verlaufend auf. Im respiratorischen Abschnitt des Bronchialbaums (Bronchioli respiratorii, Ductus alveolares, Alveolen) liegen die aus den Ästen hervorgehenden Kapillaren in den Interalveolarsepten und sind dort an der Bildung der **Blut-Luft-Schranke** beteiligt.
▶ Die postkapillären Venolen fließen zu Venen im Bindegewebe zwischen den Lungenläppchen, -segmenten und -lappen zusammen und letztlich **rechts und links** zu **jeweils zwei Vv. pulmonales,** die in den linken Vorhof münden.

> Die Äste der Aa. pulmonales sind funktionelle Endarterien. Die Zuflüsse der Vv. pulmonales und die Vv. pulmonales selbst haben keine Venenklappen.

Vasa privata der Lunge

Die Vasa privata dienen der Blutversorgung der Lunge selbst, genauer der Pulmonalarterienäste und des Bronchialbaums bis zu den Bronchioli terminales. Die Bronchioli respiratorii, die Ductus alveolares und die Alveolen werden über die Vasa publica versorgt.

▶ Die **arterielle Versorgung** übernehmen 1–3 **Rr. bronchiales** direkt bzw. indirekt aus der Aorta thoracica (s. S. 40). Sie verlaufen im peribronchialen Bindegewebe und verzweigen sich parallel zu den Bronchien.
▶ Die **venöse Drainage** erfolgt über **Vv. bronchiales,** die wie die Rr. bronchiales im peribronchialen Bindegewebe verlaufen und größtenteils in das Azygos-System münden, aber auch mit Vv. pulmonales verbunden sein können.

Lymphgefäße und Lymphknoten

Zum lymphatischen System im Thorax (■ Abb. 1, ■ Abb. 2 auf S. 48) gehört neben den Lymphgefäßen, großen Lymphstämmen und Lymphknoten auch der Thymus als primäres lymphatisches Organ.
Im **Thymus** (Bries) findet die Reifung der T-Lymphozyten (T für Thymus) statt. Nach der Pubertät bildet sich der zweilappige Thymus zurück (sog. Altersinvolution). Hierbei wird das spezifische Thymusgewebe zunehmend durch Fettgewebe ersetzt. Der Thymus befindet sich im Mediastinum superius direkt hinter dem Manubrium sterni vor den Vv. brachiocephalicae, der V. cava superior und dem Aortenbogen und reicht im Kindes- und Jugendalter kaudal bis vor den Herzbeutel.

Lymphabfluss und regionäre Lymphknoten

Die Lymphknoten des Thorax lassen sich in zwei Gruppen gliedern:

▶ **Lymphknoten der Thoraxwand** (s. S. 12) einschließlich der Brustdrüse (s. S. 18),
▶ **Intrathorakale Lymphknoten** (■ Abb. 1, ■ Abb. 2 auf S. 48) mit (a) **Lymphknoten der Lunge und des Bronchialbaums** und (b) **Lymphknoten des Mediastinums** um Trachea, Ösophagus und Perikard.

Im Folgenden sind die wichtigsten Lymphabflusswege dargestellt (zu den klinisch wichtigen regionären Lymphknoten ■ Tab. 1).

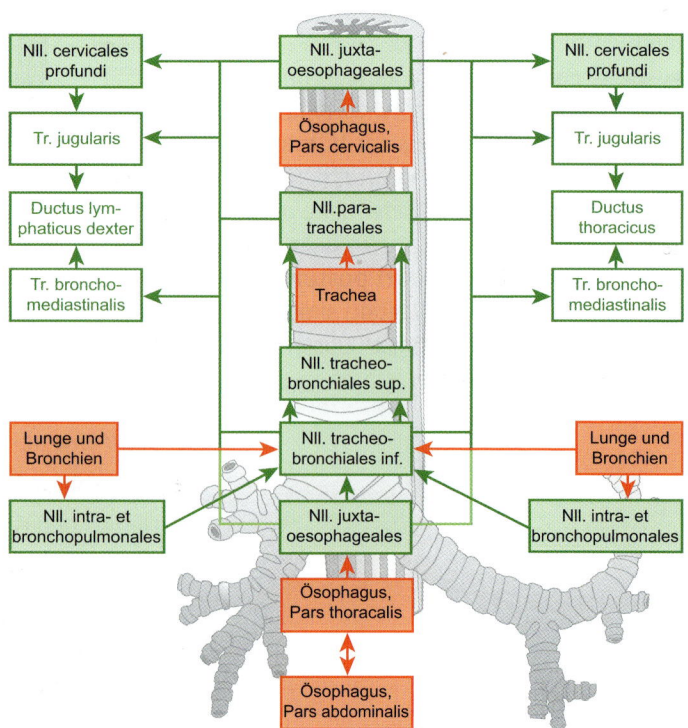

■ Abb. 1: Schema zu den Lymphabflusswegen und Lymphknotenstationen im Thorax. Der Lymphabfluss des Herzens und des Herzbeutels ist aus Übersichtlichkeitsgründen nicht dargestellt.

▶ Der **Lymphabfluss aus Lungen und Bronchien** erfolgt über ein peribronchiales Netz aus Lymphgefäßen um die Bronchien herum und über ein subpleurales Netz aus Lymphgefäßen unterhalb der Pleura visceralis. Die Lymphe beider Netze sammelt sich in den Nll. tracheobronchiales inferiores (im Mediastinum unterhalb der Bifurcatio tracheae und entlang der Hauptbronchien). Ein Teil der Lymphe passiert zuvor die **Lymphknoten der Lunge und des Bronchialbaums** (Nll. intrapulmonales und Nll. bronchopulmonales). Ein Teil der Nll. bronchopulmonales und der Nll. tracheobronchiales inferiores, die im Bereich des Lungenhilums liegen, werden klinisch als „**Hiluslymphknoten**" bezeichnet. Von den Nll. tracheobronchiales inferiores fließt die Lymphe entweder direkt in die Trunci bronchomediastinales oder indirekt über die **Lymphknoten der Trachea** (Nll. tracheobronchiales superiores und Nll. paratracheales) in die Trunci bronchomediastinales und Trunci jugulares. Ein Teil der Lymphe beider unteren Lungenlappen drainiert über Nll. phrenici superiores in die Trunci bronchiomediastinales oder in Nll. phrenici inferiores durch das Zwerchfell hindurch.

▶ Die **Lymphknoten des Ösophagus** (Nll. juxtaoesophageales) leiten die Lymphe je nach Ösophagusabschnitt unterschiedlich weiter. Von der Pars cervicalis fließt die Lymphe direkt oder indirekt über Nll. cervicales profundi in die Trunci jugulares. Die Pars thoracica leitet die Lymphe überwiegend direkt in die Trunci bronchomediastinales. Kleinere Teile können nach kranial auch in die Nll. tracheobronchiales inferiores und nach kaudal über feine transdia-

Lunge	Thorakaler Ösophagus	Abdomineller Ösophagus
▶ Intrathorakale Lymphknoten	▶ Nll. juxtaoesophageales	▶ Parakardiale Lymphknoten
▶ Nll. cervicales prof. inf. (klinisch: Skalenus-Lymphknoten)	▶ Mediastinale Lymphknoten	▶ Nll. gastrici sinistri
▶ Nll. supraclaviculares	▶ Perigastrische Lymphknoten (ausgenommen Nll. coeliaci)	▶ Nll. coeliaci
		▶ Nll. phrenici
		▶ Untere Nll. juxtaoesophageales

■ Tab. 1: Regionäre Lymphknoten der Lunge sowie des thorakalen und abdominellen Ösophagus.

phragmale Lymphgefäße zur Pars abdominalis des Ösophagus fließen. Die Lymphgefäße der Pars abdominalis haben Anschluss an die Lymphknoten und -gefäße des Magens. Über die transdiaphragmale Verbindung können z. B. Metastasen eines Ösophaguskarzinoms in die Nll. coeliaci oder Metastasen eines Magenkarzinoms in thorakale Lymphknoten gelangen.

▶ Der überwiegende Teil der **Lymphe des Herzens** gelangt über kleine Lymphgefäße direkt in die Venenwinkel oder über die Nll. tracheobronchiales inferiores in die Trunci bronchomediastinales. Die **Lymphknoten des Herzbeutels** (Nll. prepericardiaci und Nll. pericardiaci laterales) haben nach kranial über die Nll. brachiocephalici und nach kaudal über die Nll. phrenici superiores Anschluss an die Trunci bronchomediastinales.

Lymphstämme

Ductus thoracicus (Milchbrustgang)

Der Ductus thoracicus entsteht unterhalb des Zwerchfells aus dem Zusammenfluss sämtlicher Lymphgefäße der unteren Körperhälfte. Die Vereinigungsstelle ist meist zur Cisterna chyli erweitert. Der Ductus thoracicus gelangt rechts/dorsal der Aorta durch den Hia-

tus aorticus des Zwerchfells in den Thorax. Dort verläuft er im Mediastinum posterius und im Mediastinum superius dorsal des Ösophagus direkt vor der Wirbelsäule nach kranial. Er zieht weiter durch die obere Thoraxapertur zum Hals, wo er vor der Lamina praevertebralis der Fascia cervialis liegt. In einem Bogen gelangt er zwischen A. carotis communis sinistra und A. subclavia sinistra zum linken Venenwinkel. Im Mündungsbereich verhindert eine Klappe den Übertritt von venösem Blut in den Ductus thoracicus. Kurz vor der Mündungsstelle nimmt er noch die Trunci bronchomediastinalis, subclavius und jugularis sinister auf.

> Der Ductus thoracicus sammelt die Lymphe der gesamten unteren Körperhälfte und des linken oberen Quadranten, also ca. ¾ der gesamten Lymphflüssigkeit.

Ductus lymphaticus dexter

Der **Ductus lymphaticus dexter** entsteht aus der Vereinigung der Trunci bronchomediastinalis, subclavius und jugularis dexter. Er ist ca. 1 cm lang und führt die Lymphe des rechten oberen Quadranten durch eine Klappe in den rechten Venenwinkel.

Zusammenfassung

✖ Vasa publica der Lunge sind die Aa. pulmonales und ihre Äste sowie die Vv. pulmonales und ihre Zuflüsse.

✖ Vasa privata der Lunge sind die Rr. und Vv. bronchiales.

✖ Die Lymphknoten des Thorax gliedern sich in Lymphknoten der Thoraxwand und intrathorakale Lymphknoten.

✖ Der Ductus thoracicus führt als größter Lymphstamm des menschlichen Körpers ca. ¾ der gesamten Lymphflüssigkeit zum linken Venenwinkel.

Nerven und Nervengeflechte

Somatische Innervation

Im Thorax befinden sich als somatische Nerven neben den **12 thorakalen Spinalnerven** (s. S. 12), die an der Innervation der Rumpfwand beteiligt sind, die **Nn. phrenici dexter und sinister** (Abb. 1):

▶ **Verlauf:** Die **Nn. phrenici (C3–C5)** verlaufen beidseits auf der **Vorderfläche des M. scalenus anterior** zur oberen Thoraxapertur, durch die sie lateral der Nn. vagi (s. u.) zwischen A. und V. subclavia hindurchziehen. Im Mediastinum superius liegt der N. phrenicus dexter zwischen V. cava superior und dem Oberlappen der rechten Lunge, der N. phrenicus sinister zwischen dem Aortenbogen und dem Oberlappen der linken Lunge. Gemeinsam mit den Vasa pericardiacophrenicae (aus den Vasa thoracica internae) gelangen die Nn. phrenici in das Mediastinum medium und verlaufen dort **ventral des Lungenhilums** zwischen Pericardium fibrosum und Pleura parietalis (Pars mediastinalis) zum Zwerchfell. Durch dieses tritt der N. phrenicus dexter gemeinsam mit der V. cava inferior, der N. phrenicus sinister variabel im Bereich der Herzspitze.

▶ **Innervation:** Der **N. phrenicus** innerviert **motorisch** das **Zwerchfell** sowie **sensibel** die **Pleura parietalis** (Partes mediastinalis und diaphragmatica) und das **Perikard** (Pericardium fibrosum, Lamina parietalis des Pericardium serosum). Sein Endast, der R. phrenicoabdominalis, innerviert **sensibel** Teile des **Peritoneum parietale** an der Unterseite des Zwerchfells sowie an der Gallenblase, der Leber und teilweise am Pankreas.

> Die Pars costalis der Pleura parietalis wird über die Nn. intercostales sensibel versorgt. Die Pleura visceralis und die Lamina visceralis des Pericardium serosum sind nicht sensibel innerviert und damit im Gegensatz zu den anderen serösen Blättern auch nicht schmerzempfindlich.

▶ **Klinik:** Der **N. phrenicus** kann bei hilusnahen Lungenkarzinomen und bei Entzündungen von Perikard oder Pleura (Perikarditis, Pleuritis) geschädigt werden. Eine Läsion äußert sich als Schluckauf, der komplette Ausfall als Zwerchfellhochstand auf der betroffenen Seite mit resultierenden Atembeschwerden. Über den N. phrenicus können bei Gallenblasen- und Zwerchfellerkrankungen Schmerzen in die Dermatome C3–C5 im Schulterbereich projiziert werden (**Head-Zonen** von Gallenblase (rechts) und Zwerchfell (beidseitig), s. Anhang).

Vegetative Innervation

Organisation und Verlauf des Sympathikus

Die Perikarya des 1. sympathischen Neurons liegen überwiegend in den Seitenhörnern des **thorakolumbalen Rückenmarks** ([C8], Th1–L2). Die axonalen Fasern des 1. Neurons werden überwiegend in den paravertebralen Grenzstrangganglien des Truncus sympathicus umgeschaltet (s. S. 8).

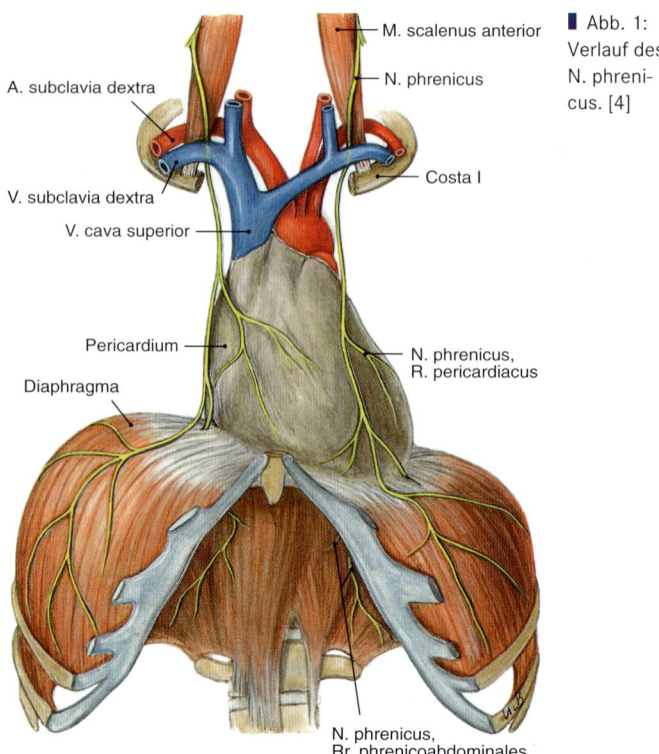

 Abb. 1: Verlauf des N. phrenicus. [4]

M. scalenus anterior
N. phrenicus
A. subclavia dextra
Costa I
V. subclavia dextra
V. cava superior
Pericardium
N. phrenicus, R. pericardiacus
Diaphragma
N. phrenicus, Rr. phrenicoabdominales

▶ Der thorakale Teil des **Truncus sympathicus** besteht aus meist 11 oder 12 paarigen Grenzstrangganglien und liegt vor den Rippenköpfchen beidseits der Wirbelsäule. Über eine Spalte in der Pars lumbalis des Zwerchfells setzt er sich ins Abdomen fort. Das oberste thorakale Grenzstrangganglion ist oft mit dem unteren zervikalen Grenzstrangganglion zum Ganglion cervicothoracicum (= Ganglion stellatum) verschmolzen.
▶ Nicht alle sympathischen Efferenzen werden in den Grenzstrangganglien umgeschaltet (s. S. 8, vgl. S. 66). Im Thorax ziehen der **N. splanchnicus major** (Th5–Th9), der **N. splanchnicus minor** (Th10 + 11) und der nicht immer vorhandene N. splanchnicus imus (Th12) durch Spalten in der Pars lumbalis des Zwerchfells zu den vor der abdominellen Aorta gelegenen prävertebralen Ganglien.

Organisation und Verlauf des Parasympathikus

Die Perikarya des 1. parasympathischen Neurons für die Innervation des Thorax liegen im **Ncl. dorsalis n. vagi.** Die präganglionären Fasern ziehen über den **N. vagus (X. Hirnnerv)** zum Thorax und werden dort organnah in kleinen Ganglien der vegetativen Plexus auf das zweite Neuron umgeschaltet.

▶ Die **Nn. vagi** treten medial der Nn. phrenici und dorsal der V. brachiocephalica durch die obere Thoraxapertur. Im Mediastinum superius verläuft der N. vagus dexter am rechten Umfang der Trachea, der N. vagus sinister zunächst zwischen A. subclavia sinistra und A. carotis communis sinistra, dann am linken Umfang des Aortenbogens. Beide Nn. vagi ziehen anschließend im Mediastinum posterius **dorsal des Lungenhilums** zum Ösophagus, um den **Plexus oesophageus** zu bilden (s. u.).

▶ Im Verlauf gibt der N. vagus einen **N. laryngeus recurrens** ab. Der N. laryngeus recurrens dexter zieht um die A. subclavia dextra herum, der **N. laryngeus recurrens sinister** schlingt sich **lateral des Lig. arteriosum Botalli** um den Aortenbogen. Somit liegt nur der N. laryngeus recurrens sinister im Thorax (im Mediastinum superius). Beide Nn. laryngei recurrentes gelangen in die Rinne zwischen Trachea und Ösophagus, in der sie nach kranial zum Kehlkopf ziehen (s. a. S. 86).

Vegetative Innervation der Organe

Trachea, Bronchialbaum und Pulmonalgefäße
Rr. tracheales aus den Nn. laryngei recurrentes und den Nn. vagi sowie postganglionäre Fasern aus den oberen thorakalen Grenzstrangganglien ziehen zur **Trachea** und zum Plexus pulmonalis. Über den **Plexus pulmonalis** werden der **Bronchialbaum** und die **Pulmonalgefäße** vegetativ innerviert, wobei der Parasympathikus eine Bronchokonstriktion, Vasodilatation und gesteigerte Drüsensekretion bewirkt. Der Sympathikus wirkt genau entgegengesetzt. **Sympathomimetika** (Medikamente, die den Sympathikus stimulieren) können daher zur Therapie bei einem Asthmaanfall eingesetzt werden, bei dem es durch verschiedene Stimuli zu einer Aktivierung des Parasympathikus kommt.

Ösophagus
Der zervikale Teil des **Ösophagus** wird über Rr. oesophageales der Nn. laryngei recurrentes und Fasern aus dem Ganglion cervicale medium vegetativ innerviert. Der thorakale Teil wird über das von den Nn. vagi gebildete Nervengeflecht versorgt, den **Plexus oesophageus.** Dieser dehnt sich bis in den abdominellen Teil aus und setzt sich in den Plexus gastricus fort. Nach gegenseitigem Austausch von Fasern organisieren sich der N. vagus dexter zum **Truncus vagalis posterior** (Merke: dexter = dorsal), der N. vagus sinister zum **Truncus vagalis anterior** um. Die Trunci vagales treten zusammen mit dem Ösophagus im Hiatus oesophageus durch das Zwerchfell ins Abdomen.

Herz
Der Plexus cardiacus zur vegetativen Innervation des **Herzens** erhält Rr. cardiaci cervicales und thoracales aus dem N. vagus sowie sympathische Rr. cardiaci cervicales und thoracales aus den zervikalen und oberen thorakalen Grenzstrangganglien. Die sympathischen präganglionären Fasern entstammen den oberen thorakalen Rückenmarksegmenten. Vom **Plexus cardiacus** ziehen parasympathische und sympathische Äste zu den Koronargefäßen, zum Sinusknoten, zum AV-Knoten und zum Arbeitsmyokard, allerdings ist das Arbeitsmyokard der Ventrikel kaum parasympathisch innerviert. Über die vegetative Innervation kann das eigenständige Erregungsbildungs- und -leitungssystem den aktuellen Bedürfnissen angepasst werden. Der **Sympathikus** erhöht die Herzfrequenz **(positive Chronotropie),** die Erregungsleitungsgeschwindigkeit **(positive Dromotropie),** die Kontraktionskraft des Myokards **(positive Inotropie)** und die elektrische Erregbarkeit des Myokards **(positive Bathmotropie)** und erweitert die Koronargefäße. Der **Parasympathikus** wirkt entgegengesetzt, überwiegend an den Vorhöfen **(negative Chronotropie und Dromotropie,** Konstriktion der Koronararterien). Der rechte N. vagus innerviert v. a. den Sinusknoten, der linke N. vagus v. a. den AV-Knoten.

Neben den viszeralen Efferenzen enthält der Plexus cardiacus auch viszerale Afferenzen für die **viszerosensible Innervation des Herzens,** die gemeinsam mit den parasympathischen und sympathischen Fasern verlaufen. Informationen von Dehnungsrezeptoren in Vorhöfen und Ventrikeln gelangen über den N. vagus in den Hirnstamm. Afferenzen mit Informationen von herzmuskeleigenen Schmerzrezeptoren erreichen über sympathische Fasern die oberen thorakalen Rückenmarksegmente. Über diese Verbindung wird der Schmerz beim Herzinfarkt in die linke Brust, den linken Arm und die linke Schulter projiziert **(Head-Zone** des Herzens).

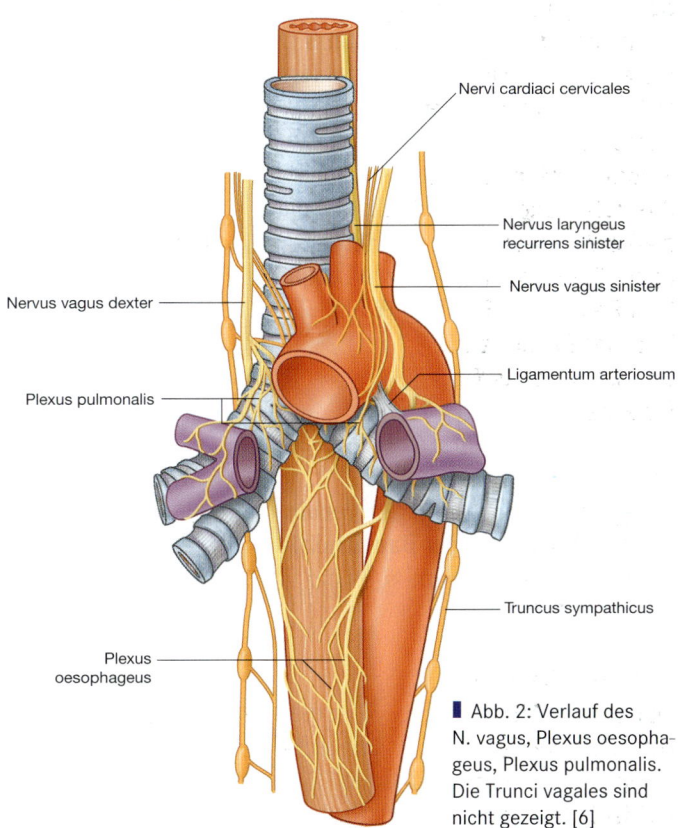

Nervi cardiaci cervicales

Nervus laryngeus recurrens sinister

Nervus vagus sinister

Nervus vagus dexter

Ligamentum arteriosum

Plexus pulmonalis

Truncus sympathicus

Plexus oesophageus

■ Abb. 2: Verlauf des N. vagus, Plexus oesophageus, Plexus pulmonalis. Die Trunci vagales sind nicht gezeigt. [6]

Zusammenfassung
✖ Der **N. phrenicus** (C3–C5) innerviert insbesondere motorisch das Zwerchfell und sensibel Teile von Perikard, Pleura und Peritoneum. Merke: C three, four and five keep the diaphragm alive!
✖ Die viszoefferenten Fasern gelangen aus dem Ncl. dorsalis n. vagi über den N. vagus (X. Hirnnerv) sowie aus den oberen thorakalen Rückenmarksegmenten über thorakale und zervikale Grenzstrangganglien zu den thorakalen Organen.

Synopse der Leitungsbahnen

Mediastinum

Das **Mediastinum** (Mittelfellraum) ist der Bindegewebsraum zwischen den beiden Pleurahöhlen. Es ist seitlich durch die Pleura parietalis (Pars mediastinalis) begrenzt. Nach kranial dehnt es sich bis zur Apertura thoracis superior aus und geht kontinuierlich in die Bindegewebsräume des Halses (Spatium praetracheale und praevertebrale) über. Nach kaudal ist das Mediastinum durch das Zwerchfell verschlossen.

Das Mediastinum (▌ Abb. 1) gliedert sich in ein Mediastinum superius und ein Mediastinum inferius (▌ Tab. 1). Die Grenze zwischen beiden wird durch die sog. transthorakale Ebene zwischen BWK 4/5 und dem Angulus sterni gebildet. Das Mediastinum inferius lässt sich in ein Mediastinum anterius, medium und posterius (▌ Tab. 1) unterteilen. Das Mediastinum enthält über die in ▌ Tabelle 1 genannten Inhalte hinaus auch vegetative Nervenplexus und Nervenfasern (s. S. 46) sowie Lymphknoten und Lymphgefäße (▌ Abb. 2, s. S. 44).

Zwerchfelllücken

Die **Zwerchfelllücken** (▌ Abb. 3, ▌ Tab. 2) stellen die einzigen **Verbindungen zwischen** der **Bauchhöhle** und dem **Mediastinum** (s. o.) dar.

Lungenhilum

Das **Lungenhilum** (▌ Tab. 3) ist die Ein- und Austrittsstelle der Lunge für Bronchien und Leitungsbahnen. Die ein- bzw. austretenden Strukturen fasst man auch als Lungenwurzel **(Radix pulmonis)** zusammen. Grundsätzlich liegen die Vv. pulmonales ventral und kaudal, die A. pulmonalis eher kranial und der Bronchus principalis eher dorsal. Wichtigster Unterschied zwischen dem rechten und linken Lungenhilum: Rechts geht der Bronchus lobaris superior in der Lungenwurzel vom Bronchus principalis ab und liegt kranial der A. pulmonalis („epiarteriell"); links liegt die A. pulmonalis kranial des Bronchus principalis („epibronchial").

Mediastinum superius	Mediastinum inferius
Raum zw. der Rückfläche des Manubrium sterni und der Vorderfläche der thorakalen Wirbelsäule bis BWK 4/5	Raum zw. der Rückfläche des Corpus sterni und der Vorderfläche der thorakalen Wirbelsäule ab BWK 4/5
Organe: ▶ Thymus ▶ Trachea, Pars thoracica ▶ Ösophagus, Pars thoracica **Gefäße:** ▶ Arcus aortae ▶ Truncus brachiocephalicus ▶ Anfangsabschnitte der A. carotis communis sinistra und A. subclavia sinistra ▶ Aa. thoracicae int. ▶ V. cava sup. ▶ Vv. brachiocephalicae ▶ Vv. thoracicae int. **Nerven:** ▶ Nn. vagi ▶ N. laryngeus recurrens sinister ▶ Nn. phrenici ▶ Nn. cardiaci ▶ Truncus sympathicus **Lymphstämme:** ▶ Ductus thoracicus ▶ Ductus lymphaticus dexter ▶ Trunci bronchomediastinales	**Mediastinum anterius:** Raum zw. der Rückfläche des Corpus sterni und der Vorderfläche des Herzbeutels. ▶ Aa. und Vv. thoracicae int. **Mediastinum medium:** Vom Herzen und Herzbeutel eingenommener Raum. **Organe:** ▶ Herz und Herzbeutel **Gefäße:** Intraperikardial: ▶ Aorta ascendens ▶ Truncus pulmonalis ▶ Endabschnitte von V. cava sup., V. cava inf. und V. azygos ▶ Vv. pulmonales Extraperikardial: ▶ Vasa pericardiacophrenica **Nerven:** ▶ Nn. phrenici **Mediastinum posterius:** Raum zw. der Rückfläche des Herzbeutels und der Vorderfläche der thorakalen Wirbelsäule ab BWK 4/5. **Organe:** ▶ Ösophagus, Pars thoracica **Gefäße:** ▶ Aorta descendens, Pars thoracica mit Ästen ▶ V. azygos und V. hemiazygos **Nerven:** ▶ Nn. vagi bzw. Trunci vagales ▶ Truncus sympathicus ▶ Nn. splanchnici **Lymphstämme:** ▶ Ductus thoracicus

▌ Tab. 1: Definition und Inhalt der Abschnitte des Mediastinums.

Name bzw. Lokalisation	Durchtretende Strukturen
Foramen venae cavae (im Centrum tendineum)	▶ V. cava inf. ▶ N. phrenicus dexter
Hiatus aorticus	▶ Aorta descendens ▶ Ductus thoracicus
Hiatus oesophageus	▶ Ösophagus ▶ Trunci vagales ant. und post. ▶ N. phrenicus sinister (oder im Bereich der Herzspitze durch die Muskulatur des Zwerchfells)
Trigonum sternocostale (Larrey-Spalte)	▶ A. und V. epigastrica sup.
Pars lumbalis, im Crus med.	▶ V. azygos und V. hemiazygos ▶ Nn. splanchnici
Pars lumbalis, zw. Crus med. und lat.	▶ Truncus sympathicus

▌ Tab. 2: Zwerchfelllücken und durchtretende Strukturen.

Eintretende Strukturen	Austretende Strukturen
▶ Bronchus principalis ▶ A. pulmonalis ▶ Rr. bronchiales ▶ Plexus pulmonalis	▶ Vv. pulmonales ▶ Vv. bronchiales ▶ Lymphgefäße

▌ Tab. 3: Lungenhilum. Übersicht über die ein- und austretenden Strukturen.

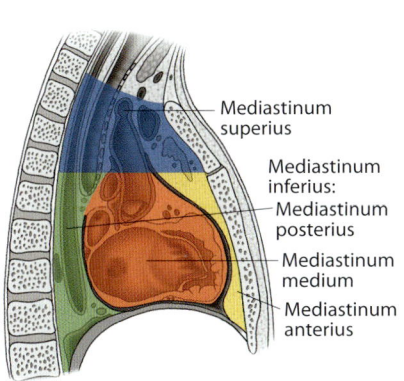

Mediastinum superius

Mediastinum inferius:
Mediastinum posterius
Mediastinum medium
Mediastinum anterius

■ Abb. 1: Gliederung des Mediastinum. [5]

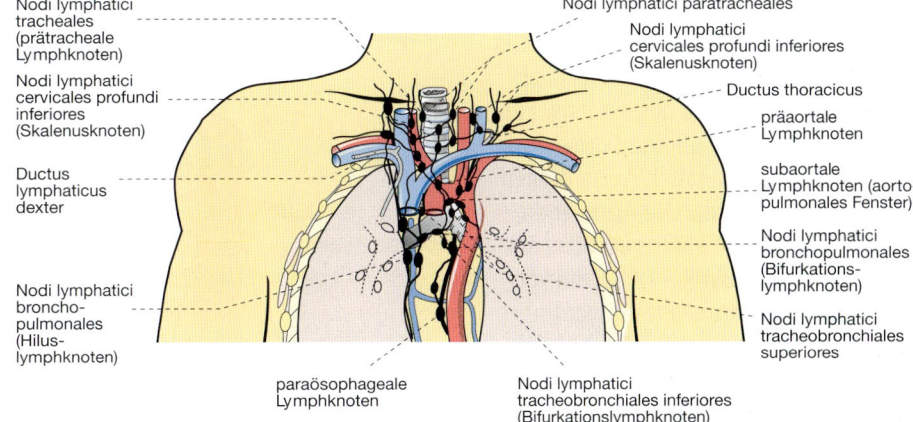

Nodi lymphatici tracheales (prätracheale Lymphknoten)

Nodi lymphatici cervicales profundi inferiores (Skalenusknoten)

Ductus lymphaticus dexter

Nodi lymphatici bronchopulmonales (Hilus-lymphknoten)

Nodi lymphatici paratracheales

Nodi lymphatici cervicales profundi inferiores (Skalenusknoten)

Ductus thoracicus

präaortale Lymphknoten

subaortale Lymphknoten (aorto-pulmonales Fenster)

Nodi lymphatici bronchopulmonales (Bifurkations-lymphknoten)

Nodi lymphatici tracheobronchiales superiores

paraösophageale Lymphknoten

Nodi lymphatici tracheobronchiales inferiores (Bifurkationslymphknoten)

■ Abb. 2: Lage der Lymphknoten des Thorax und des kaudalen Halsbereichs. [10]

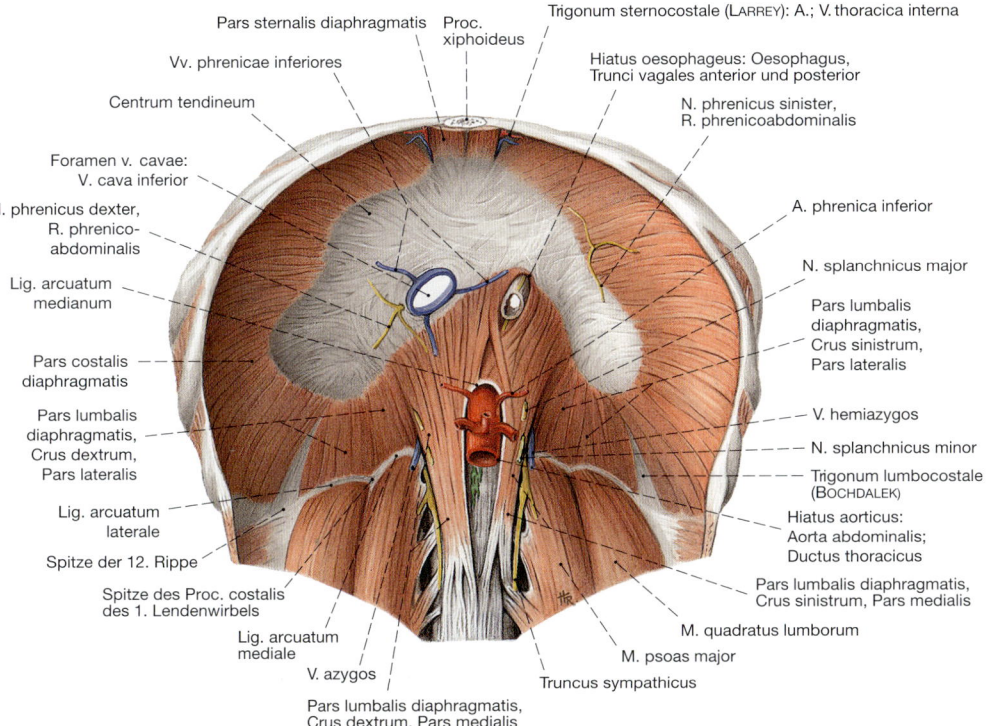

Pars sternalis diaphragmatis

Proc. xiphoideus

Vv. phrenicae inferiores

Centrum tendineum

Foramen v. cavae: V. cava inferior

N. phrenicus dexter, R. phrenico-abdominalis

Lig. arcuatum medianum

Pars costalis diaphragmatis

Pars lumbalis diaphragmatis, Crus dextrum, Pars lateralis

Lig. arcuatum laterale

Spitze der 12. Rippe

Spitze des Proc. costalis des 1. Lendenwirbels

Lig. arcuatum mediale

V. azygos

Pars lumbalis diaphragmatis, Crus dextrum, Pars medialis

Trigonum sternocostale (LARREY): A.; V. thoracica interna

Hiatus oesophageus: Oesophagus, Trunci vagales anterior und posterior

N. phrenicus sinister, R. phrenicoabdominalis

A. phrenica inferior

N. splanchnicus major

Pars lumbalis diaphragmatis, Crus sinistrum, Pars lateralis

V. hemiazygos

N. splanchnicus minor

Trigonum lumbocostale (BOCHDALEK)

Hiatus aorticus: Aorta abdominalis; Ductus thoracicus

Pars lumbalis diaphragmatis, Crus sinistrum, Pars medialis

M. quadratus lumborum

M. psoas major

Truncus sympathicus

■ Abb. 3: Zwerchfell mit durchtretenden Strukturen von kaudal. [7]

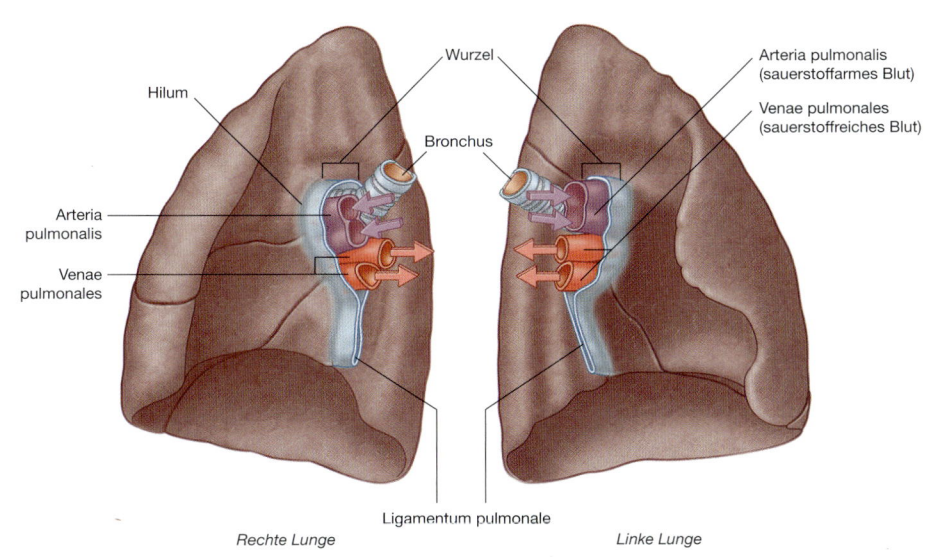

Wurzel

Hilum

Bronchus

Arteria pulmonalis

Venae pulmonales

Arteria pulmonalis (sauerstoffarmes Blut)

Venae pulmonales (sauerstoffreiches Blut)

Ligamentum pulmonale

Rechte Lunge

Linke Lunge

■ Abb. 4: Lungenhila und Lungenwurzeln (Radices pulmonis). [6]

Zusammenfassung

✖ Das Mediastinum enthält Thymus, Trachea (Pars thoracica), Ösophagus (Pars thoracica), Herz und zahlreiche Leitungsbahnen. Nach kranial steht es mit den Bindegewebsräumen des Halses in Verbindung, nach kaudal ist es durch das Zwerchfell verschlossen.

✖ Grenze zwischen Mediastinum superius und inferius ist die sog. transthorakale Ebene i. H. BWK 4/5.

✖ Über Zwerchfelllücken treten Leitungsbahnen und der Ösophagus durch das Zwerchfell hindurch.

✖ Das Mediastinum ist über Lungenhilum bzw. -wurzel mit der Lunge verbunden.

Arterien I

Die arterielle Versorgung erfolgt im Abdomen über die **Aorta abdominalis** und ihre Äste (▪ Abb. 1). Die Aorta abdominalis (auch Aorta descendens, Pars abdominalis) ist die direkte Fortsetzung der Aorta thoracica (auch Aorta descendens, Pars thoracica). Die Aorta abdominalis beginnt am Hiatus aorticus des Zwerchfells i. H. BWK 11/12. Sie verläuft im Retroperitonealraum ventral und leicht links-lateral der Wirbelsäule, links der V. cava inferior und teilt sich i. H. LWK 4 in der **Bifurcatio aortae** in die beiden Aa. iliacae communes (s. S. 62) und die A. sacralis mediana. Bei ihren Ästen unterscheidet man drei große unpaare Stämme (Truncus coeliacus, A. mesenterica superior und inferior) sowie paarige parietale und viszerale Äste (▪ Tab. 1, ▪ Abb. 1).

Truncus coeliacus

Der **Truncus coeliacus** (Tripus Halleri, ▪ Abb. 1, ▪ Abb. 2, ▪ Abb. 3, ▪ Tab. 2) geht als erster der drei großen unpaaren Stämme knapp unter dem Hiatus aorticus ventral aus der Aorta abdominalis ab. Als Arterie des Vorderdarms versorgt er den gesamten Drüsenbauch (Oberbauch). Der kurze, dicke, am Oberrand des Pankreas gelegene Stamm ist von einem Nervengeflecht umgeben, dem Plexus coeliacus. Die Äste des Truncus coeliacus unterliegen einer gewissen Variabilität. Meist teilt er sich jedoch in **3 größere Äste:**

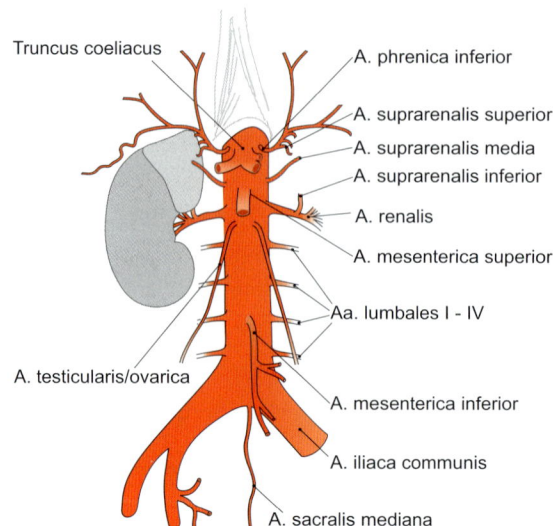

▪ Abb. 1: Aorta abdominalis und ihre Äste.

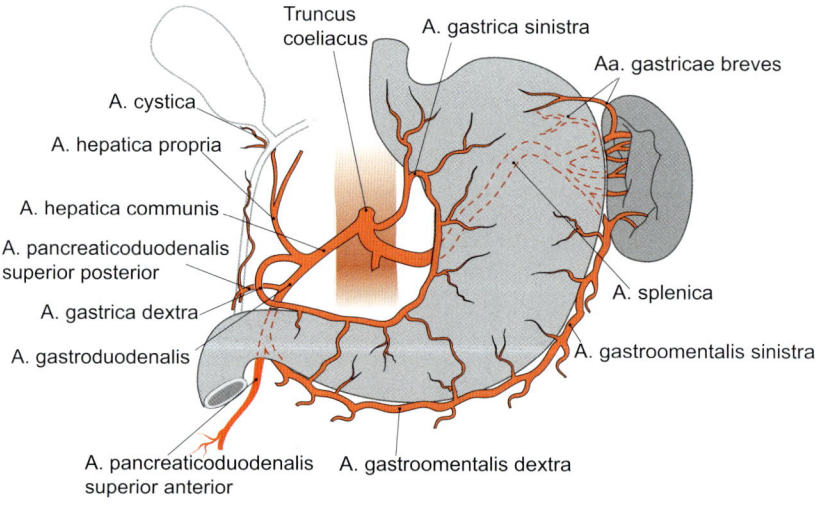

▪ Abb. 2: Truncus coeliacus und arterielle Versorgung des Magens.

Systematik	Topographie und wichtigste Versorgungsgebiete
Aorta abdominalis	Siehe Text
▶ A. phrenica inf.	An der Unterseite des Zwerchfells.
→ A. suprarenalis sup.	Zu den Nebennieren.
▶ A. suprarenalis media	Abgang knapp oberhalb der A. renalis. Zu den Nebennieren.
▶ A. renalis	Abgang i. H. LWK 1/2. Die A. renalis dextra unterkreuzt die V. cava inf. Beide verlaufen dorsal der entsprechenden V. renalis zum Nierenhilum und zweigen sich kurz vorher in mehrere Äste auf. Akzessorische Nierenarterien kommen relativ häufig vor.
→ A. suprarenalis inf.	Zu den Nebennieren.
▶ Aa. lumbales	4 Aa. lumbales auf jeder Seite mit Ästen entsprechend der Aa. intercostales. Versorgen Muskulatur und Haut der dorsalen Bauchwand.
▶ A. testicularis (♂) bzw. ovarica (♀)	Verläuft auf dem M. psoas nach kaudal. Überkreuzt den Ureter. Die A. testicularis gelangt über den Samenstrang zum Hoden und Nebenhoden, die A. ovarica über das Lig. suspensorium ovarii zum Ovar (Anastomose mit dem ↔ R. ovaricus der A. uterina).

▪ Tab. 1: Paarige Äste der Aorta abdominalis.

▶ Die **A. gastrica sinistra** zieht nach kranial in der Plica gastropancreatica zur Kardia des Magens und wendet sich dort nach kaudal. Sie verläuft dann im Omentum minus entlang der kleinen Magenkurvatur und bildet dort mit der ↔ A. gastrica dextra eine Gefäßarkade zur Versorgung der angrenzenden Teile des Magens (→ Rr. gastrici).

▶ Die **A. splenica** zieht retroperitoneal, geschlängelt, teils kranial teils dorsal am Oberrand des Pankreas nach links zur Milz. Vor Eintritt in die Milz teilt sie sich im Lig. splenorenale in mehrere → Rr. splenici.

▶ Die **A. hepatica communis** zieht am Oberrand des Pankreas nach rechts kaudal in der Plica gastropancreatica.

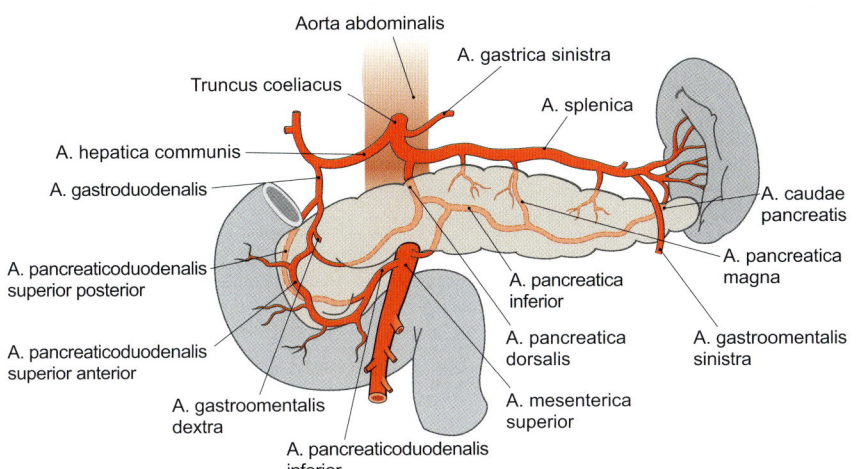

■ Abb. 3: Arterielle Versorgung des Pankreas.

Systematik	Topographie und wichtigste Versorgungsgebiete
A. gastrica sinistra	Siehe Text, ↔ A. gastrica dextra
▶ Rr. oesophagei	Kleinere Äste. Entspringen im Bereich der Kardia des Magens aus der A. gastrica sinistra. Versorgen die Pars abdominalis des Ösophagus.
A. splenica	Siehe Text
▶ Rr. pancreatici	Mehrere kleinere und größere Äste zur Versorgung von Pankreaskörper und -schwanz. Bezeichnung der größeren Äste: A. pancreatica dorsalis, A. pancreatica magna, A. pancreatica inf.
▶ Aa. gastricae breves	Gelangen im Lig. gastrosplenicum zum Magenfundus.
▶ A. gastroomentalis sinistra ↔ A. gastroomentalis dextra	Verläuft im Lig. gastrocolicum entlang der großen Magenkurvatur. Bildet mit der ↔ A. gastroomentalis dextra eine Gefäßarkade an der großen Magenkurvatur zur Versorgung der angrenzenden Teile des Magens (→ Rr. gastrici) sowie zur Versorgung des Omentum majus (→ Rr. omentales).
A. hepatica communis	Siehe Text
▶ A. hepatica propria	Gelangt im Lig. hepatoduodenale zur Leberpforte. Teilt sich dort in einen → R. dexter und einen → R. sinister für die (funktionellen) Pars dexter bzw. Pars sinister der Leber.
→ A. gastrica dextra ↔ A. gastrica sinistra	Verläuft im Omentum minus entlang der kleinen Magenkurvatur. Bildet mit der ↔ A. gastrica sinistra eine Gefäßarkade an der kleinen Magenkurvatur (s. o.).
→ A. cystica	Kleiner Ast aus dem R. dexter der A. hepatica propria zur Gallenblase.
▶ A. gastroduodenalis	Zieht hinter der Pars superior duodeni nach kaudal. Kann dort bei einem Ulcus duodeni arrodiert werden, was zu lebensgefährlichen Blutungen führen kann.
→ A. gastroomentalis dextra ↔ A. gastroomentalis sinistra	Verläuft im Lig. gastrocolicum entlang der großen Magenkurvatur. Bildet mit der ↔ A. gastroomentalis sinistra eine Gefäßarkade an der großen Magenkurvatur (s. o.).
→ Aa. pancreaticoduodenales sup. ant. und sup. post. ↔ A. pancreaticoduodenalis inf.	Ziehen ventral bzw. dorsal des Pankreaskopfes nach kaudal und anastomosieren mit dem ↔ R. anterior bzw. R. posterior der A. pancreaticoduodenalis inf. (aus der A. mesenterica sup., s. S. 52). Dieser Anastomosenkreislauf dient der Versorgung von Pankreaskopf und Duodenum.

■ Tab. 2: Äste des Truncus coeliacus.

Arterien II

A. mesenterica superior

Die **A. mesenterica superior** (█ Abb. 4, █ Tab. 3) entspringt als zweiter großer unpaarer Stamm ventral aus der Aorta abdominalis unmittelbar kaudal des Truncus coeliacus hinter dem Pankreas. Als Arterie des Mitteldarms versorgt sie große Abschnitte des sog. Darmbauches (Unterbauch) bis fast zur linken Kolon-flexur. Sie unterkreuzt die V. splenica und überkreuzt die V. renalis sinistra sowie den Proc. uncinatus des Pankreas. Dann tritt die A. mesenterica superior in die Radix mesenterii ein und verläuft in dieser ventral über die Pars horizontalis oder Pars ascendens duodeni.

A. mesenterica inferior

Die **A. mesenterica inferior** (█ Abb. 5, █ Tab. 4) geht schließlich als dritter und kleinster der drei unpaaren Stämme i. H. LWK 3/4 ventral aus der Aorta abdominalis hervor. Sie versorgt als Arterie des Enddarms das linke Drittel des Colon transversum, Colon descendens und sigmoideum sowie das obere Rektum.

Abdominelle arterielle Anastomosen

Im Abdomen gibt es zahlreiche Verbindungen insbesondere zwischen den Arterien der drei großen unpaaren Stämme der Aorta abdominalis. Ergänzend zur vorhergehenden systematischen Darstellung der Arterien sind diese arteriellen Anastomosen hier nochmals gesondert aufgeführt. Die arteriellen Anastomosen sind klinisch besonders wichtig. Zum einen kann bei einer Mangeldurchblutung einer Arterie die anastomosierende Arterie immer noch eine ausreichende Versorgung gewährleisten. Zum anderen müssen bei Operationen in den Bereichen der Anastomosen beide Gefäße unterbunden werden. Folgende, sich zum Teil überlappende **arterielle Anastomosen** sind zu nennen:

▶ **Anastomosenkreislauf an der kleinen Magenkurvatur:** Truncus coeliacus → A. gastrica sinistra ↔ A. gastrica dextra ← A. hepatica propria ← A. hepatica communis ← Truncus coeliacus;

▶ **Anastomosenkreislauf an der großen Magenkurvatur:** Truncus coeliacus → A. splenica → A. gastro-omentalis sinistra ↔ A. gastroomentalis dextra ← A. gastroduodenalis ← A. hepatica communis ← Truncus coeliacus;

▶ **Anastomosenkreislauf um den Pankreaskopf** (Anastomose zwischen Truncus coeliacus und A. mesenterica superior): Truncus coeliacus → A. hepatica communis → A. gastroduodenalis → Aa. pancreaticoduodenales sup. ant. et post. ↔ A. pancreaticoduodenalis, R. anterior et R. posterior ← A. mesenterica sup.;

Systematik	Topographie und wichtigste Versorgungsgebiete
A. mesenterica sup.	Siehe Text
▶ A. pancreaticoduodenalis inf. → R. anterior und R. posterior ↔ Aa. pancreaticoduodenales sup. ant. und sup. post.	Entspringt wie die Aa. colicae media und dextra von der rechten Seite der A. mesenterica sup. und bildet mit den Ästen des Truncus coeliacus (s. S. 50) einen Anastomosenkreislauf um den Pankreaskopf zur Versorgung von Pankreaskopf und Duodenum.
▶ A. colica media ↔ A. colica dextra ↔ A. colica sinistra	Verzweigt sich im Mesocolon transversum zu den Gefäßarkaden des Colon transversum. Anastomosiert distal mit den Ästen der ↔ A. colica sinistra (sog. Riolan- und Drummond-Anastomosen), proximal mit den Ästen der ↔ A. colica dextra.
▶ A. colica dextra ↔ R. colicus (aus der A. ileocolica) ↔ A. colica media	Bildet die Gefäßarkaden des Colon ascendens.
▶ Aa. jejunales und ileales	Mehrere nach links abgehende Äste zu Jejunum und Ileum, die mehrere Gefäßarkaden (Anastomosenkreisläufe) ausbilden. Von den Endarkaden ziehen Vasa recta (Endarterien) zu jeweils einem Dünndarmsegment.
▶ A. ileocolica	Zweigt sich in der Fossa iliaca dextra auf.
→ R. ilealis	Zum terminalen Ileum.
→ R. colicus ↔ A. colica dextra	Zum proximalen Abschnitt des Colon ascendens.
→ A. caecalis ant. und post.	Zur Vorder- bzw. Rückseite des Zökums.
→ A. appendicularis	Über das Mesoappendix zum Appendix vermiformis.

█ Tab. 3: Äste der A. mesenterica superior.

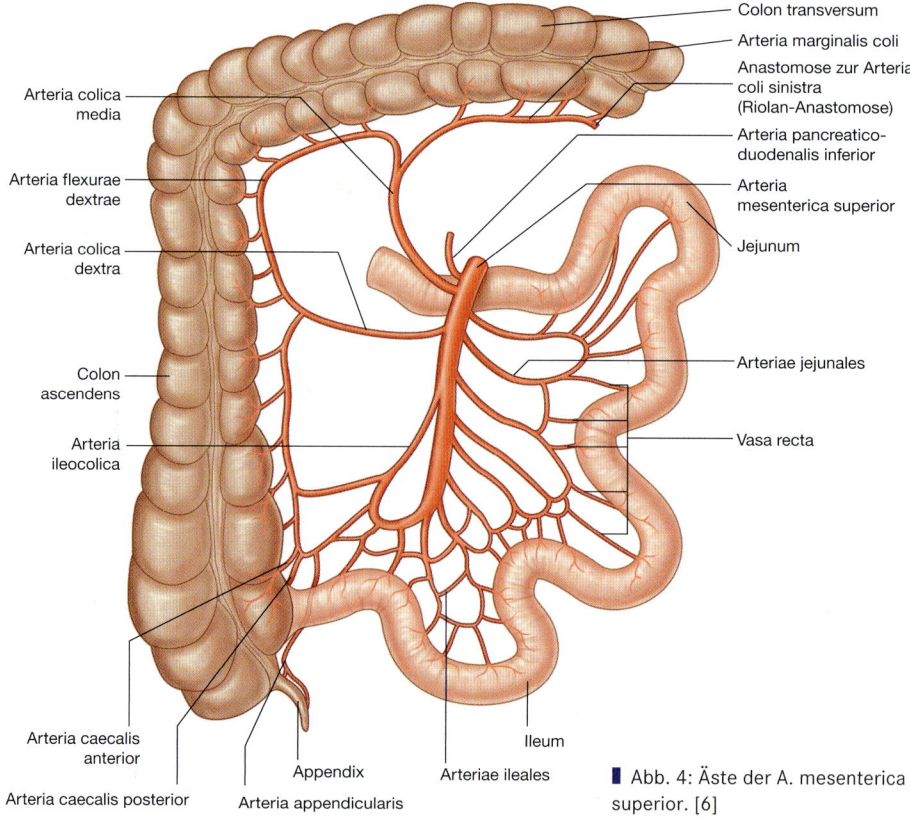

█ Abb. 4: Äste der A. mesenterica superior. [6]

Systematik	Topographie und wichtigste Versorgungsgebiete
A. mesenterica inf.	Siehe Text
▶ A. colica sinistra ↔ A. colica media	Zum Colon descendens. Bildet die Riolan- und Drummond-Anastomosen mit der ↔ A. colica media im Bereich der Flexura colica sinistra. Anastomosiert distal mit der ersten ↔ A. sigmoidea.
▶ Aa. sigmoideae	Ziehen im Mesocolon sigmoideum zum Colon sigmoideum. Nach proximal Verbindung zur ↔ A. colica sinistra, nach distal zur ↔ A. rectalis sup.
▶ A. rectalis sup.	Gelangt über das Mesocolon sigmoideum in die Beckenhöhle zum Rektum. Anastomosiert mit der ↔ A. rectalis media (aus der A. iliaca int.) und mit der ↔ A. rectalis inf. (aus der A. pudenda int.).

▌ Tab. 4: Äste der A. mesenterica inferior.

▶ **Anastomosenkreislauf am Dickdarm:** A. ileocolica ↔ A. colica dextra ↔ A. colica media ↔ A. colica sinistra ↔ Aa. sigmoideae ↔ A. rectalis sup. ↔ Aa. rectales media et inf.;
▶ **Riolan- und Drummond-Anastomose** (Anastomose zwischen A. mesenterica superior und A. mesenterica inferior): A. mesenterica sup. → A. colica media ↔ A. colica sinistra ← A. mesenterica inf.;
▶ **Anastomosenkreislauf am Rektum** (Anastomose zwischen A. mesenterica inferior und A. iliaca interna): A. mesenterica inf. → A. rectalis sup. ↔ Aa. rectalis media et inf. ← A. iliaca int.

Zusammenfassung

�֍ Die **Aorta abdominalis** beginnt am Hiatus aorticus i. H. BWK 11/12 und zweigt sich in der Bifurcatio aortae i. H. LWK 4 in die Aa. iliacae communes auf. Sie hat drei große unpaare Abgänge sowie paarige viszerale und parietale Äste.

✖ Die **paarigen Äste** versorgen Zwerchfell, Nebennieren, Nieren, die dorsale Bauchwand sowie Hoden und Nebenhoden bzw. Ovar.

✖ Der kurze, starke **Truncus coeliacus** übernimmt die arterielle Versorgung der Oberbauchorgane. Er teilt sich meist in 3 größere Äste, die A. gastrica sinistra zur kleinen Magenkurvatur, die A. splenica am Oberrand des Pankreas zur Milz mit Ästen zu Pankreas und Magenfundus sowie die A. hepatica communis für die Versorgung von Leber, Gallenblase, Duodenum sowie von Teilen des Pankreas und des Magens.

✖ Die **A. mesenterica superior** versorgt Teile des Pankreas und Duodenums, Jejunum, Ileum, Caecum, Appendix vermiformis, Colon ascendens und Colon transversum. Über die Aa. pancreaticoduodenales besteht eine Verbindung zum Truncus coeliacus.

✖ Die **A. mesenterica inferior** versorgt Colon descendens, Colon sigmoideum und das obere Rektum.

✖ Die Mangeldurchblutung einer Arterie kann im Abdomen aufgrund zahlreicher **arterieller Anastomosen** oft durch eine andere Arterie kompensiert werden. Truncus coeliacus und A. mesenterica superior sind über die Aa. pancreaticoduodenales verbunden. A. mesenterica superior und A. mesenterica inferior anastomosieren über die Riolan- und die Drummond-Anastomose. Die A. mesenterica inferior schließlich steht über die Aa. rectales mit der A. iliaca interna in Verbindung.

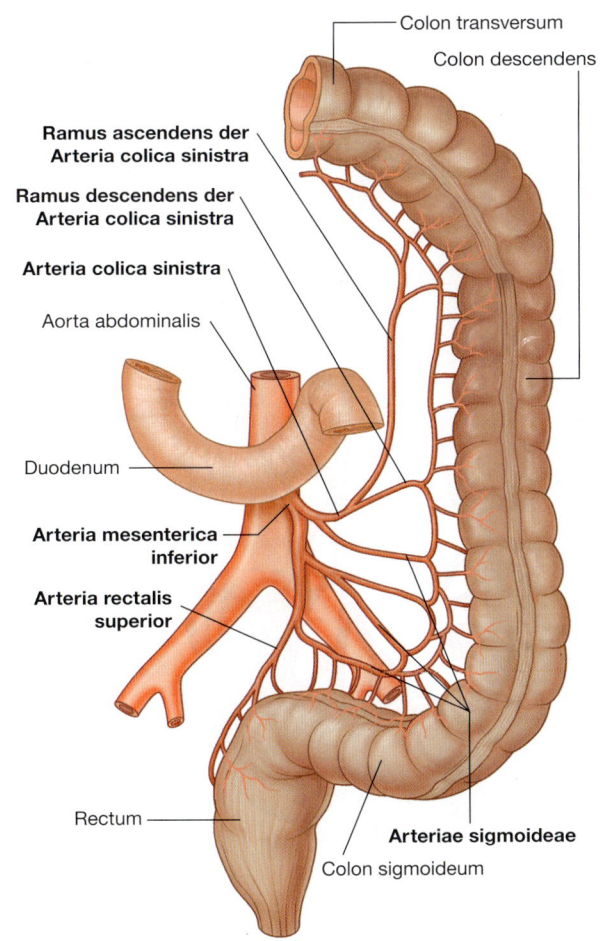

Colon transversum
Colon descendens
Ramus ascendens der Arteria colica sinistra
Ramus descendens der Arteria colica sinistra
Arteria colica sinistra
Aorta abdominalis
Duodenum
Arteria mesenterica inferior
Arteria rectalis superior
Rectum
Arteriae sigmoideae
Colon sigmoideum

▌ Abb. 5: Äste der A. mesenterica inferior. [6]

Venen

Die **venöse Drainage** im Abdomen übernehmen die V. portae und die V. cava inferior. Die **V. portae** sammelt das Blut aller unpaaren Bauchorgane (mit Ausnahme der Leber) sowie eines Großteils des Rektums. Die **V. cava inferior** drainiert das Blut aller anderen Bauch- und Beckenorgane.

V. cava inferior

Die **V. cava inferior** (■ Tab. 1, ■ Abb. 1) entsteht i. H. LWK 4/5 aus dem Zusammenfluss der beiden Vv. iliacae communes (s. S. 62) und der kleinen V. sacralis mediana. Sie verläuft im Retroperitonealraum ventral und leicht rechts-lateral der Wirbelsäule, rechts der Aorta abdominalis kranialwärts. Sie liegt schließlich dorsal der Leber in deren Sulcus venae cavae und zieht im **Foramen venae cavae** (i. H. BWK 8/9) **durch das Centrum tendineum** des Zwerchfells hindurch. Der sehr kurze Abschnitt oberhalb des Zwerchfells (< 1 cm) liegt intraperikardial, also im Mediastinum medium. Durch die feste Verwachsung mit dem Centrum tendineum des Zwerchfells kann die V. cava inferior trotz zum Teil negativer Drücke nicht vollständig kollabieren.

V. portae hepatis

Die **V. portae hepatis**, Pfortader und kurz V. portae (■ Abb. 2), sammelt das Blut der unpaaren Bauchorgane (mit Ausnahme der Leber). Die V. portae enthält somit sauerstoffarmes, nährstoffreiches Blut, das sie der Leber zur Verstoffwechselung zuführt. Sie entsteht hinter dem Pankreaskopf aus dem **Zusammenfluss** von V. splenica, V. mesenterica superior und V. mesenterica inferior. Dabei mündet meist die V. mesenterica inferior zunächst in die V. splenica, bevor die V. splenica mit der V. mesenterica superior zusammenfließt. Die Zuflüsse dieser drei Venen entsprechen weitestgehend denen der gleichnamigen Arterien.

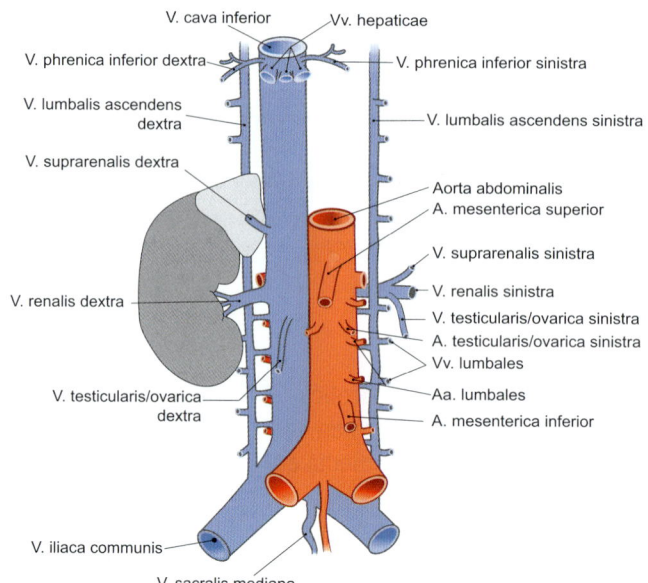

■ Abb. 1: V. cava inferior und Zuflüsse.

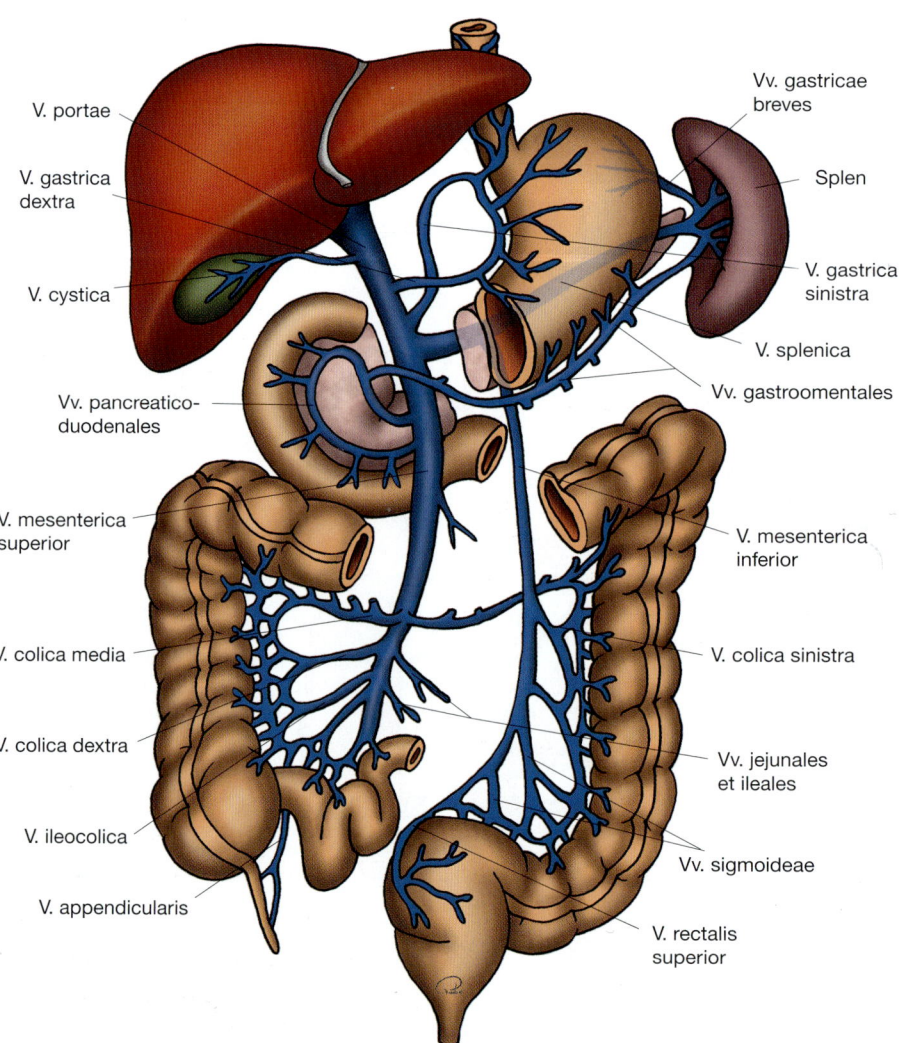

■ Abb. 2: V. portae hepatis und Zuflüsse. [5]

▶ Die **V. splenica** sammelt das Blut von Milz, Magenfundus und Teilen des Pankreas. Sie zieht von der Milz dicht dem Oberrand des Pankreas anliegend geschlängelt nach rechts. **Zuflüsse:** Vv. gastricae breves vom Magenfundus, V. gastroomentalis sinistra von der großen Magenkurvatur, Vv. pancreaticae vom Pankreas (vorwiegend vom Pankreasschwanz).

▶ Die **V. mesenterica superior** sammelt das Blut des Mitteldarms. Sie beginnt in der Fossa iliaca dextra und zieht zusammen mit der Arterie in der Radix mesenterii über die Pars horizontalis duodeni hinter den Pankreaskopf. **Zuflüsse:** V. gastroomentalis dextra von der großen Magenkurvatur, Vv. pancreaticoduodenales von Pankreaskopf und Duodenum, V. colica media vom Colon transversum, V. colica dextra vom Colon ascendens, Vv. jejunales und ileales von Jejunum und Ileum, V. ileocolica mit Zuflüssen entsprechend der Arterie (u. a. V. appendicularis von der Appendix vermiformis).

▶ Die **V. mesenterica inferior** hat folgende **Zuflüsse:** V. colica sinistra vom Colon descendens, Vv. sigmoideae vom Colon sigmoideum, V. rectalis superior vom Rektum. Die V. rectalis superior drainiert den größten Teil des Rektums und ist über den ↔ Plexus venosus rectalis mit den Vv. rectales media und inferior aus den Vv. iliacae internae verbunden (portokavale Anastomose, s. S. 60).

▶ Die **V. portae hepatis** verläuft nach ihrer Entstehung hinter dem Pankreaskopf zunächst hinter der Pars superior duodeni nach kranial, dann im Lig. hepatoduodenale gemeinsam mit der A. hepatica propria und dem Ductus choledochus zur Leberpforte. Auf ihrem Weg hat sie folgende **Zuflüsse** (▮ Tab. 2): V. cystica, Vv. paraumbicales, Vv. gastricae sinistra und dextra.

Systematik	Topographie und wichtigste Drainagegebiete
V. cava inf.	Siehe Text
▶ Vv. phrenicae inf. dextra und sinistra	An der Unterseite des Zwerchfells. Rechts Mündung in die V. cava inf., links oft in die V. renalis sinistra.
▶ Vv. hepaticae	Meist 3 Vv. hepaticae aus der Leber. Die Mündung liegt kurz vor dem Durchtritt der V. cava inf. durch das Zwerchfell im Bereich des Sulcus venae cavae.
▶ V. suprarenalis dextra	Von der rechten Nebenniere.
▶ V. renalis sinistra	Entsteht aus mehreren Wurzeln am Nierenhilum. Verläuft vor der A. renalis sinistra und vor der Aorta abdominalis. Nimmt im Unterschied zur V. renalis dextra die V. testicularis (♂) bzw. ovarica (♀), V. suprarenalis und oft auch die V. phrenica inf. der linken Seite auf.
→ V. testicularis (♂) bzw. ovarica (♀) sinistra	Mündet links in die V. renalis sinistra (rechts in die V. cava inf.). Ihr Verlauf entspricht dem der V. testicularis (♂) bzw. ovarica (♀) dextra (s. u.).
→ V. suprarenalis sinistra	Von der linken Nebenniere.
▶ V. renalis dextra	Entsteht aus mehreren Wurzeln am Nierenhilum. Verläuft vor der A. renalis dextra zur V. cava inf.
▶ V. testicularis (♂) bzw. ovarica (♀) dextra	Mündet rechts in die V. cava inf. (links in die V. renalis sinistra). Die V. testicularis (♂) entsteht aus dem Plexus pampiniformis, der Hoden und Nebenhoden drainiert, und gelangt über den Samenstrang in den Retroperitonealraum. Die V. ovarica (♀) verläuft vom Plexus venosus ovaricus über das Lig. suspensorium ovarii in den Retroperitonealraum. Dort überkreuzen beide den Ureter.
▶ Vv. lumbales ↔ Vv. lumbales ascendentes	4 Vv. lumbales auf jeder Seite, die zusammen mit den Aa. lumbales verlaufen. Die linken Vv. lumbales ziehen hinter der Aorta entlang. Die Vv. lumbales sind untereinander durch die Vv. lumbales ascendentes dexter und sinister verbunden Diese haben wiederum Anschluss an die ↔ V. azygos bzw. V. hemiazygos (kavokavale Anastomose, s. S. 60).

▮ Tab. 1: Zuflüsse der V. cava inferior.

Systematik	Topographie und wichtigste Drainagegebiete
V. portae hepatis	Siehe Text
▶ V. cystica	Von der Gallenblase.
▶ Vv. paraumbilicales ↔ Vv. epigastricae	Kleine Venen, die mit den ↔ Vv. epigastricae an der vorderen Bauchwand in Verbindung stehen (portokavale Anastomose, s. S. 60).
▶ Vv. gastricae sinistra und dextra ↔ Vv. oesophageales	Von der kleinen Magenkurvatur und dem abdominellen Ösophagusabschnitt (↔ Vv. oesophageales, portokavale Anastomose, s. S. 60).

▮ Tab. 2: Direkte Zuflüsse der V. portae hepatis.

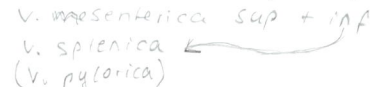

V. mesenterica sup + inf
V. splenica ←
(Vv. pylorica)

Zusammenfassung

✖ Die **V. cava inferior** entsteht i. H. LWK 4/5 aus den Vv. iliacae communes und verläuft rechts der Aorta. Ihre Zuflüsse erhält sie von der dorsalen Bauchwand, dem Hoden und Nebenhoden bzw. Ovar, den Nieren und Nebennieren, dem Zwerchfell sowie der Leber.

✖ Das Blut der unpaaren Bauchorgane (mit Ausnahme der Leber) fließt zunächst über die **V. portae** in die Leber, um von dort nach Passage eines zweiten Kapillargebietes über die Vv. hepaticae in die V. cava inferior zu münden.

Lymphgefäße und Lymphknoten

In diesem Kapitel werden die Lymphabflusswege und Lymphknotenstationen der Milz und der Organe des Verdauungstrakts bis zur oberen Rektumetage besprochen (▌ Abb. 1,
▌ Abb. 2). Zur Lymphdrainage des Extraperitonealraums einschließlich der Nieren und der übrigen Anteile des Rektum
s. S. 64. Die Lymphgefäße folgen im Abdomen den Blutgefäßen.

Lymphabfluss und regionäre Lymphknoten

Am **Magen** lassen sich drei große Abflussgebiete unterscheiden (▌ Abb. 1). Die Pars cardiaca und große Bereiche der an
die kleine Kurvatur angrenzenden Vorder- und Hinterwand
drainieren in die Nll. gastrici sowie in einen nicht bei allen
Menschen vorhandenen Anulus lymphaticus cardiae. Die
Nll. gastrici sinistri erhalten auch Lymphe aus der **Pars abdominalis des Ösophagus**. Nll. gastroomentales sinistri und
Nll. splenici sammeln die Lymphe aus den linken Teilen des
Fundus und der großen Kurvatur. Die Lymphe aus den an die
unteren zwei Drittel der großen Kurvatur anschließenden
Teilen der Vorder- und Hinterwand fließt in die Nll. gastroomentales dextri. Aus onkochirurgischer Sicht lassen sich die
Lymphknoten des Magens in drei Kompartimente klassifizie-
ren (▌ Tab. 1, ▌ Abb. 3). Sind Lymphknoten des III. Kompartiments von Metastasen eines Magenkarzinoms befallen, gilt
dies als Fernmetastasierung.
Pankreaskopf und Duodenum drainieren in die Nll. pancreaticoduodenales, **Pankreaskörper und -schwanz** in
die Nll. pancreatici, **Milz** und zum Teil auch der Pankreasschwanz in die Nll. splenici.

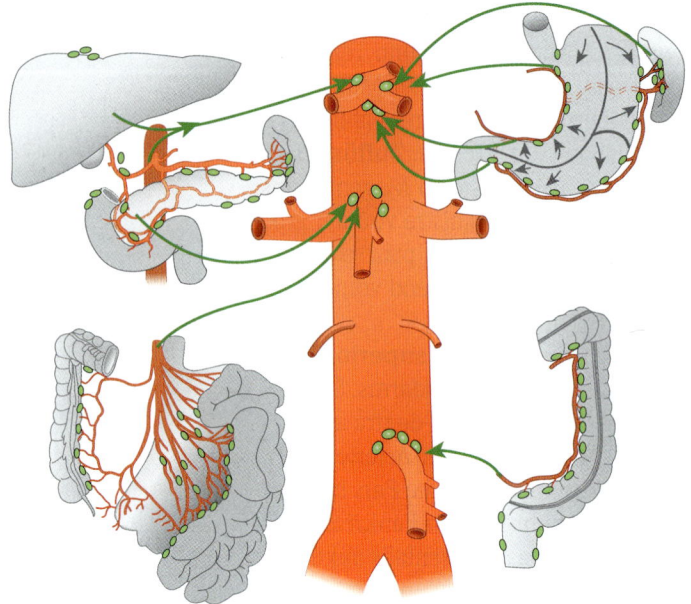

▌ Abb. 1: Übersicht über Lymphabfluss und Lymphknoten im Abdomen.

Kompartiment I	Perigastrische Lymphknoten an der kleinen und großen Kurvatur von der Kardia bis zum Pylorus.
Kompartiment II	Lymphknoten entlang der Äste des Truncus coeliacus.
Kompartiment III	Magenferne Lymphknoten retropankreatisch, paraaortal, parakaval und paramesenterial gelegen.

▌ Tab. 1: Kompartimente der Lymphknoten des Magens.

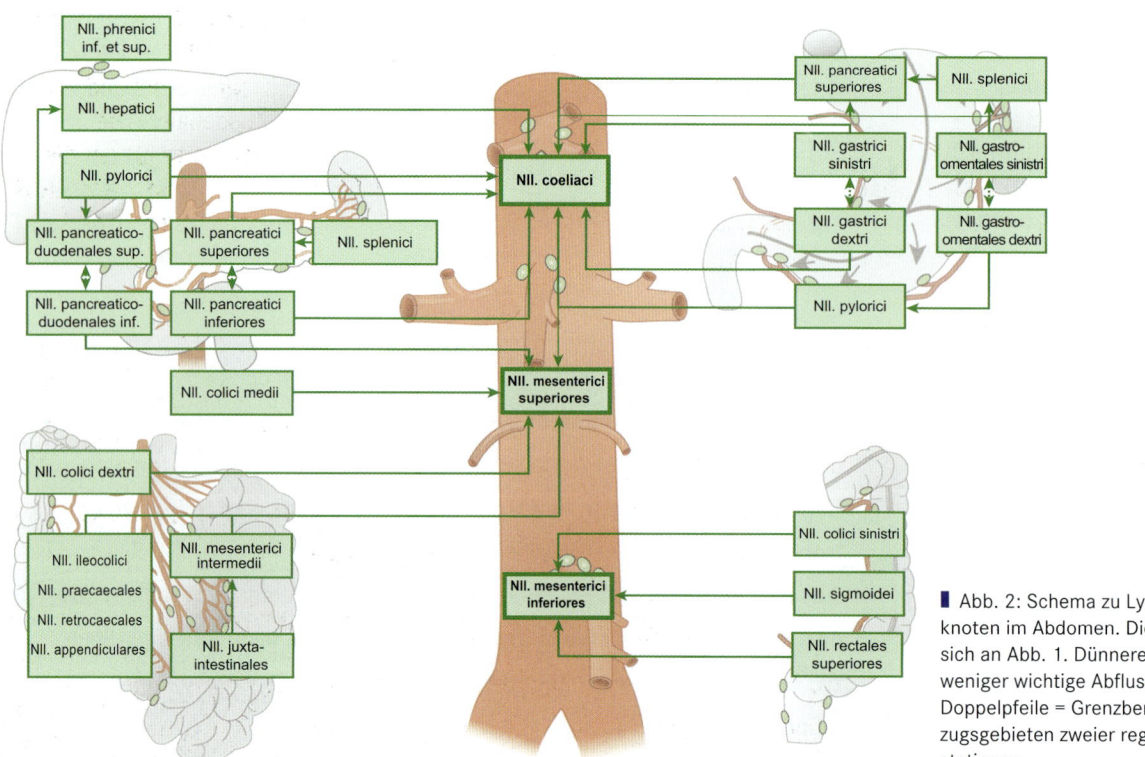

▌ Abb. 2: Schema zu Lymphabfluss und Lymphknoten im Abdomen. Die Anordnung orientiert
sich an Abb. 1. Dünnere Pfeile = quantitativ
weniger wichtige Abflusswege, gestrichelte
Doppelpfeile = Grenzbereiche zwischen den Ein-
zugsgebieten zweier regionärer Lymphknotenstationen.

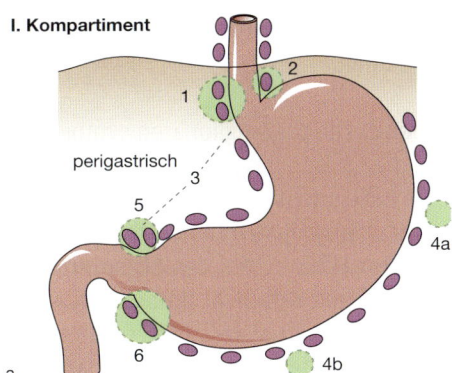

I. Kompartiment

perigastrisch

a

II. Kompartiment

b

■ Abb. 3: Magenlymphknotengruppen (LK).
(a) I. Kompartiment: 1 = LK parakardial links,
2 = LK parakardial rechts, 3 = LK kleinkurvaturseitig, 4a–b = LK großkurvaturseitig, 5 = LK parapylorisch kleinkurvaturseitig, 6 = LK parapylorisch
großkurvaturseitig. (b) II. Kompartiment: 7 = LK
der A. gastrica sinistra, 8 = LK der A. hepatica
communis, 9 = LK des Truncus coeliacus, 10 = LK
des Milzhilus, 11 = LK der A. linealis, 12 = LK des
Lig. hepatoduodenale. [10]

Darmbezirk	Regionäre Lymphknoten
Duodenum	▶ Nll. pancreaticoduodenales ▶ Nll. pylorici ▶ Nll. hepatici ▶ Nll. mesenterici sup.
Jejunum und Ileum	▶ Nll. juxtaintestinales ▶ Nll. mesenterici intermedii ▶ Nll. mesenterici sup. Terminales Ileum zusätzlich: ▶ Nll. ileocolici ▶ Nll. retrocaecales
Appendix vermiformis	▶ Nll. appendiculares ▶ Nll. ileocolici
Zökum	▶ Nll. ileocolici ▶ Nll. colici dextri
Colon ascendens	▶ Nll. ileocolici ▶ Nll. colici dextri und medii
Flexura coli dextra	▶ Nll. colici dextri und medii
Colon transversum	▶ Nll. colici dextri, medii und sinistri ▶ Nll. mesenterici inf.
Flexura coli sinistra	▶ Nll. colici medii und sinistri ▶ Nll. mesenterici inf.
Colon descendens	▶ Nll. colici sinistri ▶ Nll. mesenterici inf.
Colon sigmoideum	▶ Nll. colici sinistri ▶ Nll. sigmoidei ▶ Nll. rectales sup. ▶ Nll. mesenterici inf.

■ Tab. 2: Regionäre Lymphknoten des Darms.

Das subperitoneale und intraparenchy-
matöse Lymphsystem der **Leber** leitet
die Lymphe nach kaudal in die Nll. hepatici. Metastasen können auch nach
kranial in die Nll. phrenici inferiores
und transdiaphragmal in die Nll. phrenici superiores gelangen. Die Nll. phrenici
inferiores haben Anschluss an die Trunci lumbales, die Nll. phrenici superiores
an die Trunci bronchomediastinales (s.
S. 44). Die Lymphe der **Gallenblase**
fließt zu den Nll. hepatici ab.
Die 100 – 200 mesenterialen Lymphknoten sind die größte Ansammlung
von Lymphknoten im menschlichen
Körper. Sowohl **Jejunum** als auch **Ileum** drainieren zunächst in die Nll. jux-
taintestinales (■ Tab.2, s.a. S. 60).

Sammellymphknoten und Lymphstämme

Für die Organe des Verdauungstrakts
und die Milz gibt es **drei große Sam-
melstationen** (■ Abb. 1, ■ Abb. 2). Diese drei Lymphknotengruppen (**Nll. coeliaci, Nll. mesenterici superiores**

und **Nll. mesenterici inferiores**) liegen an den Ursprüngen der gleichnamigen unpaaren Abgänge der Aorta abdominalis.
Die Lymphe der unteren Extremität, des
Beckens und des Abdomens sammelt
sich in **drei Lymphstämmen,** den paarigen **Trunci lumbales** (dexter und sinister) und dem unpaaren **Truncus intestinalis.** Diese drei Lymphstämme
vereinigen sich in einer häufig erweiterten Stelle, der Cisterna chyli, in Höhe

des Hiatus aorticus zum **Ductus thoracicus** (s.a. S. 4). Dem Truncus intestinalis fließt Lymphe aus den Nll. coeliaci und Nll. mesenterici superiores zu,
aber auch direkt aus regionären Lymphknoten, v. a. aus den Nll. hepatici,
Nll. splenici, Nll. pancreatici und
Nll. pancreaticoduodenales. Die
Nll. mesenterici inferiores führen die
Lymphe meist den Nll. lumbales sinistri
und damit dem Truncus lumbalis sinister zu.

Zusammenfassung

Drei große Lymphknotengruppen sammeln die Lymphe aus Verdauungstrakt
und Milz:

✷ **Nll. coeliaci:** unteres Ösophagusdrittel, Magen, Omentum majus, Partes
superior und descendens duodeni, Pankreas, Milz, Leber, Gallenblase;

✷ **Nll. mesenterici superiores:** Darmabschnitte von der Pars horizontalis
duodeni bis zum Colon transversum;

✷ **Nll. mesenterici inferiores:** Darmabschnitte vom Colon descendens bis
zur oberen Rektumetage.

Nerven und Nervengeflechte

In der hinteren Abdominalregion befinden sich der Plexus lumbalis (s. S. 32) und die vegetativen Nerven und Nervengeflechte (▮ Abb. 1). Die allgemein-viszeroefferenten (-viszeromotorischen) Nervenfasern werden meist begleitet von allgemein-viszeroafferenten (-viszerosensiblen) Nervenfasern.

Vegetative Innervation

Das viszeroefferente System gliedert sich in zwei meist gegensätzlich wirkende Anteile: Sympathikus und Parasympathikus (s. S. 8, Verschaltungsprinzip ▮ Abb. 3 auf S. 8).

Organisation und Verlauf des Sympathikus

Die Perikarya des 1. (präganglionären) sympathischen Neurons liegen überwiegend in den Seitenhörnern des **thorakolumbalen Rückenmarks** ([C8]**Th1–L2**). Der **Truncus sympathicus** besteht im Abdomen aus meist 4 paarigen Grenzstrangganglien (Ganglia lumbalia), setzt sich im Becken mit 4–5 paarigen Ganglia sacralia fort und endet mit dem median gelegenen, unpaaren Ganglion impar, an dem die beiden Grenzstränge zusammenlaufen.

▶ **Präganglionäre Strecke:** Die präganglionären sympathischen Nervenfasern, die die Organe des Abdomens versorgen, ziehen aus den Rückenmarksegmenten Th5–Th12 ohne Umschaltung durch die Grenzstrangganglien hindurch, um dann den **N. splanchnicus major** (Th5–Th9), den **N. splanchnicus minor** (Th10 + Th11) und den nicht immer vorhandenen N. splanchnicus imus (Th12) zu bilden. Die Nn. splanchnici thoracici gelangen durch Spalten in der Pars lumbalis des Zwerchfells zu den vor und neben der abdominellen Aorta gelegenen prävertebralen Ganglien. Außerdem sind sympathische Nervenfasern aus den Rückenmarksegmenten L1 + L2 an der vegetativen Innervation der abdominellen Organe beteiligt, die als **Nn. splanchnici lumbales** durch die Ganglia lumbalia 1 + 2 ohne Umschaltung hindurch ziehen und zum Plexus mesentericus inferior gelangen.

▶ **Umschaltung:** In den **prävertebralen Nervengeflechten** um die Aorta abdominalis (Plexus coeliacus, mesenteri-

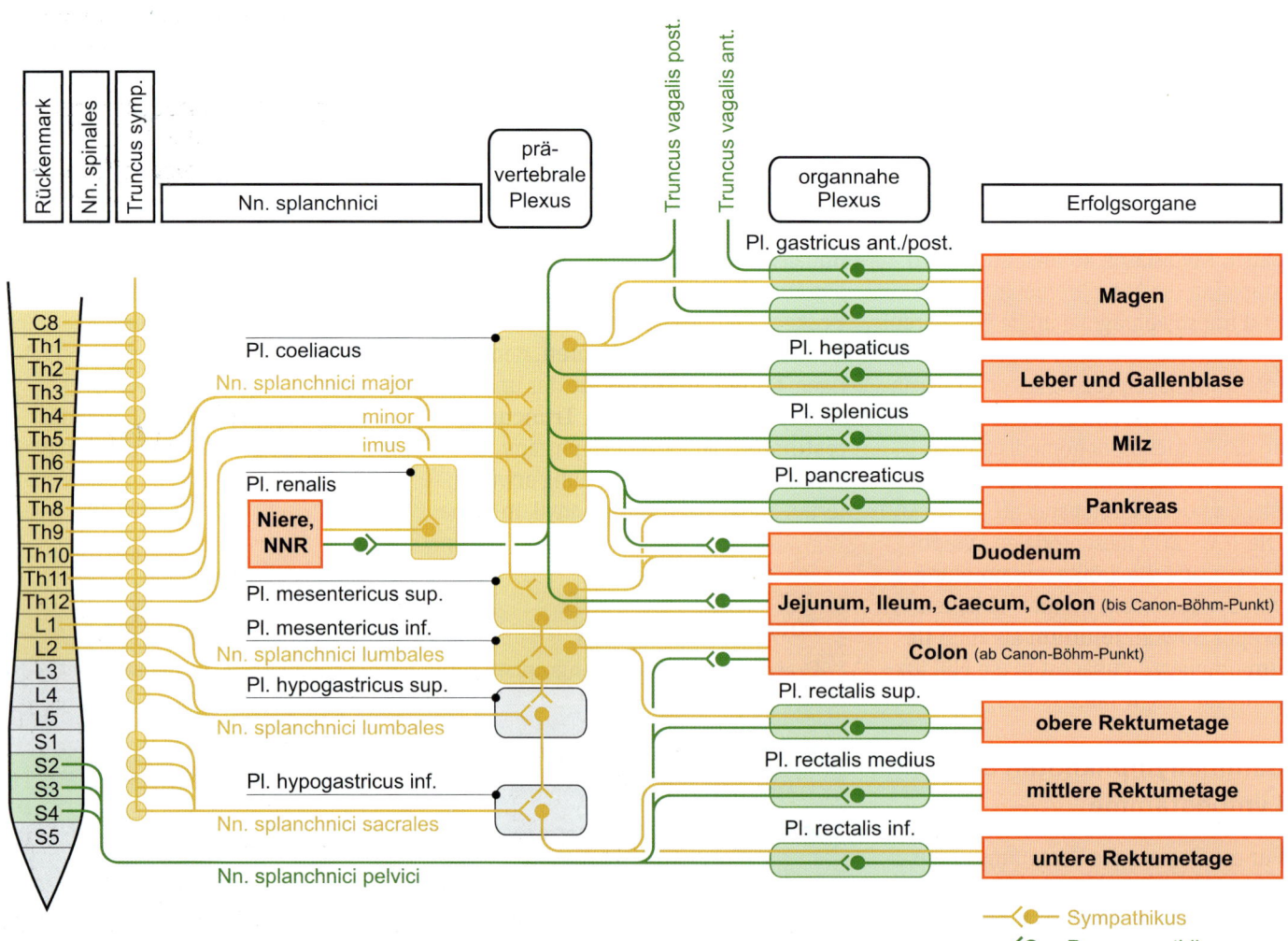

▮ Abb. 1: Schematische Darstellung der Nerven und Nervengeflechte zur vegetativen Innervation der abdominellen Organe und des Rektums.

cus superior/inferior, renalis; in der Gesamtheit als Plexus aorticus abdominalis bezeichnet) und im Becken (Plexus hypogastrici superior und inferior) mit den entsprechenden Ganglien **(Ganglia coeliaca, mesentericum superius/inferius, aortorenalia, renalia)** werden die präganglionären sympathischen Nervenfasern auf das 2. Neuron umgeschaltet.

▶ **Postganglionäre Strecke:** In der Regel verbinden sich in den Plexus die postganglionären sympathischen Nervenfasern mit präganglionären parasympathischen Nervenfasern und ziehen dann mit einer Arterie zum **Erfolgsorgan.**

▶ Eine Ausnahme bildet die vegetative Innervation des **Nebennierenmarks,** das nur von präganglionären sympathischen Fasern erreicht wird, die im Organ selbst auf das 2. Neuron umgeschaltet werden.

▶ **Funktion:** Eine Aktivierung des Sympathikus führt im Magen-Darm-Trakt zur Abnahme der Darmmotilität, zur Kontraktion der Sphinkteren, zur Verringerung der Drüsensekretion sowie zu einer Vasokonstriktion.

Organisation und Verlauf des Parasympathikus

Der Parasympathikus gliedert sich hinsichtlich der Lage der Perikarya des 1. parasympathischen Neurons in einen kranialen und einen sakralen Anteil.

▶ **Kranialer Anteil:** An der Innervation des Abdomens sind die Perikarya im **Ncl. dorsalis n. vagi** beteiligt. Die präganglionären parasympathischen Fasern aus dem Ncl. dorsalis n. vagi ziehen über den **N. vagus (X. Hirnnerv)** in den Thorax zum Ösophagus. Nach gegenseitigem Austausch von Fasern organisieren sich der N. vagus dexter zum Truncus

vagalis posterior (Merke: dexter = dorsal), der N. vagus sinister zum Truncus vagalis anterior um. Die Trunci vagales treten zusammen mit dem Ösophagus im Hiatus oesophageus durch das Zwerchfell ins Abdomen. Die präganglionären Fasern werden **organnah** in kleinen Ganglien der vegetativen Plexus auf das 2. Neuron umgeschaltet, so dass die postganglionären Fasern nur eine sehr kurze Verlaufsstrecke haben. Während der **Truncus vagalis anterior** im Plexus gastricus anterior endet, ziehen Fasern des **Truncus vagalis posterior** zu den Plexus coeliacus und mesentericus superior, um von dort gemeinsam mit sympathischen Nervenfasern Leber, Gallenblase, Pankreas, Milz, Niere, Nebennierenrinde, Duodenum, Dünndarm sowie Colon ascendens bis zum aboralen Drittel des Colon transversum (proximal des Canon-Böhm-Punkt) zu versorgen.

▶ **Sakraler Anteil:** Aus den **Rückenmarksegmenten S2–S4** ziehen präganglionäre parasympathische Nervenfasern als **Nn. splanchnici pelvici** zum Plexus hypogastricus inferior, um entweder dort in den Ganglia pelvica (nicht dargestellt in ▌ Abbildung 1) oder in kleinen Ganglien der Organwand umgeschaltet zu werden. Die postganglionären Fasern innervieren dann das aborale Drittel des Colon transversum (distal des Canon-Böhm-Punkts), Colon descendens, Colon sigmoideum, Rektum, Anus, Harnblase, Harnröhre sowie innere und äußere Genitale. Das Rektum hat als eine morphologische Besonderheit einen ganglienzellfreien Wandabschnitt.

▶ **Funktion:** Eine Aktivierung des Parasympathikus bewirkt im Magen-Darm-Trakt eine Zunahme der Motilität, eine Erschlaffung der Sphinkteren und eine Steigerung der Drüsensekretion.

Zusammenfassung

✖ Die **sympathische Innervation** der abdominellen Organe erfolgt aus den Rückenmarksegmenten Th5–L2 über die Nn. splanchnici thoracici und Nn. splanchnici lumbales. Die präganglionären Fasern werden in den prävertebralen Ganglien vor und neben der Aorta abdominalis auf das 2. Neuron umgeschaltet.

✖ Die **parasympathische Innervation** der abdominellen Organe besteht aus einem kranialen Anteil insbesondere über den Truncus vagalis posterior und aus einem sakralen Anteil über Nn. splanchinici pelvici aus den Rückenmarksegmenten S2–S4. Die Grenze zwischen den beiden Anteilen ist der Canon-Böhm-Punkt.

Synopse der Leitungsbahnen

Anastomosen

Die Gefäße des Abdomens weisen zahlreiche klinisch wichtige Anastomosen auf: Abdominelle arterielle Anastomosen (s. S. 52), sowie kavokavale und portokavale Anastomosen.

Kavokavale Anastomosen

Kavokavale Anastomosen sind Verbindungen zwischen der V. cava inferior und der V. cava superior. Sie werden funktionell bedeutsam, wenn sich eine der Vv. cavae oder ein zuführendes Gefäß verschließt. Man spricht dann von einer unteren bzw. oberen Einflussstauung.

▶ Ursachen für eine **untere Einflussstauung** können sein: Thrombosen, Kompression durch benachbarte Tumore (z. B. Nierenzellkarzinom, Ovarialkarzinom) oder durch ein Bauchaortenaneurysma.

▶ Mögliche Ursachen für eine **obere Einflussstauung** sind: Kompression durch in das Mediastinum infiltrierende Tumore (z. B. Bronchialkarzinom, Schilddrüsenkarzinom), durch eine ausgeprägte Schilddrüsenvergrößerung (Struma) oder durch ein thorakales Aortenaneurysma.

Es lassen sich vier kavokavale Anastomosen unterscheiden, die sich weiter in Anastomosen der vorderen und seitlichen Rumpfwand sowie der hinteren Rumpfwand untergliedern.

Kavokavale Anastomosen der vorderen und seitlichen Rumpfwand

▶ Vor dem M. rectus abdominis: V. cava inf. ↔ V. iliaca communis ↔ V. iliaca ext. ↔ V. femoralis ↔ **V. epigastrica superf./V. circumflexa ilium superf.** ↔ **Vv. thoracoepigastricae/V. thoracica lat.** ↔ V. axillaris ↔ V. subclavia ↔ V. brachiocephalica ↔ V. cava sup.
▶ Hinter dem M. rectus abdominis: V. cava inf. ↔ V. iliaca communis ↔ V. iliaca ext. ↔ **V. epigastrica inf.** ↔ **V. epigastrica sup.** ↔ V. thoracica int. ↔ V. subclavia ↔ V. brachiocephalica ↔ V. cava sup.

Kavokavale Anastomosen der hinteren Rumpfwand

▶ Direkt über das Lumbalvenensystem: V. cava inf. ↔ Vv. lumbales/V. iliaca communis ↔ **V. lumbalis ascendens** ↔ **V. azygos/hemiazygos** ↔ V. cava sup.
▶ Indirekt über die Venengeflechte im Wirbelkanal: V. cava inf. ↔ Vv. lumbales/V. iliaca communis ↔ V. lumbalis ascendens ↔ **Vv. lumbales** ↔ **Plexus venosi vertebrales** ↔ **Vv. intercostales post.** ↔ V. azygos/hemiazygos ↔ V. cava sup.

> Vier kavokavale Anastomosen sind wichtig: 1) über oberflächliche Bauchwand-Venen, 2) über die Vv. epigastricae inferior und superior, 3) über die Vv. lumbales ascendentes sowie 4) über die Plexus venosi vertebrales. Bei einer unteren oder oberen Einflussstauung ist eine Erweiterung der an den Umgehungskreisläufen beteiligten Venen zu beobachten. Von außen kann die Erweiterung der Venen an der vorderen Rumpfwand erkennbar sein.

Portokavale Anastomosen

Portokavale Anastomosen sind Verbindungen zwischen der V. portae und den Vv. cavae, mit denen das Pfortaderblut die Leberpassage umgehen kann. Sie werden klinisch relevant bei einer Erhöhung des Strömungswiderstandes in der Leber (sog. **portale Hypertension**). Hinsichtlich der Lokalisation der Ursache unterscheidet man eine prähepatische (z. B. Pfortaderthrombose), intrahepatische (z. B. Leberzirrhose, Fettleber) und posthepatische (z. B. Rechtsherzinsuffizienz) portale Hypertension. Es gibt vier portokavale Anastomosen:

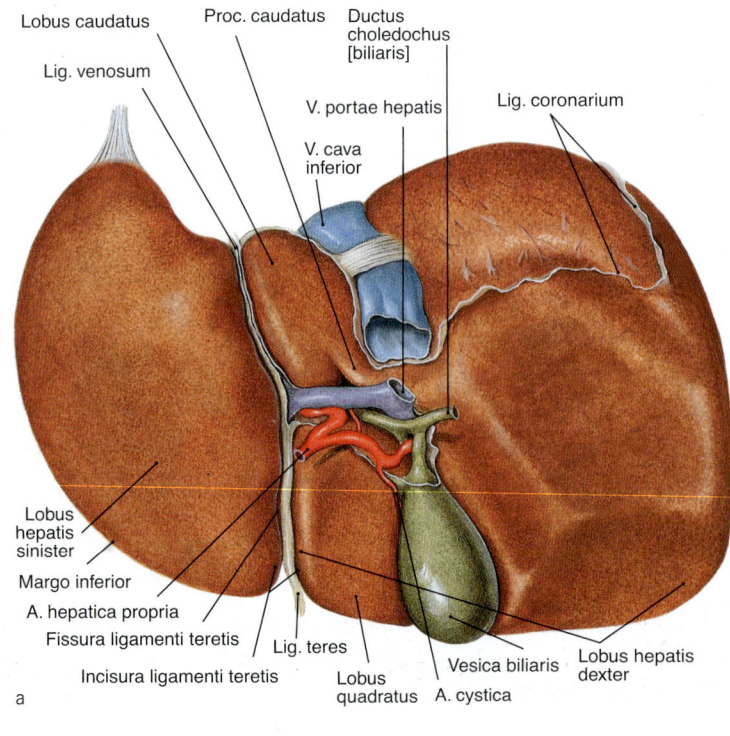

Lobus caudatus
Proc. caudatus
Ductus choledochus [biliaris]
Lig. venosum
V. portae hepatis
Lig. coronarium
V. cava inferior
Lobus hepatis sinister
Margo inferior
A. hepatica propria
Fissura ligamenti teretis
Incisura ligamenti teretis
Lig. teres
Lobus quadratus
A. cystica
Vesica biliaris
Lobus hepatis dexter

a

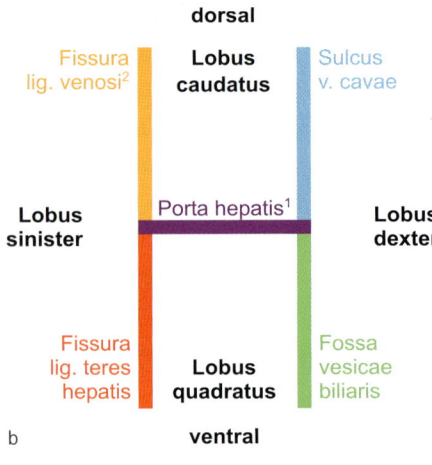

dorsal
Fissura lig. venosi[2]
Lobus caudatus
Sulcus v. cavae
Lobus sinister
Porta hepatis[1]
Lobus dexter
Fissura lig. teres hepatis
Lobus quadratus
Fossa vesicae biliaris
b
ventral

■ Abb. 1: Leber von dorsokaudal. (a) Anatomie. [4] (b) Schema, [1] Ursprung des Lig. hepatoduodenale, [2] Ursprung des Lig. hepatogastricum.

▶ **Über Ösophagusvenen:** V. portae ↔ Vv. gastricae ↔ **Vv. oesophageales** ↔ V. azygos/hemiazygos ↔ V. cava sup.

▶ **Über Venen der ventralen Rumpfwand:** V. portae ↔ V. umbilicalis (offener Anteil) ↔ **Vv. paraumbilicales** ↔ (a) V. epigastrica sup./(b) V. epigastrica inf./(c) Vv. thoracoepigastricae/ (d) V. epigastrica superf. ↔ Vv. cavae (die Verbindungen zwischen den Venen der vorderen Rumpfwand und den Vv. cavae sind oben im Abschnitt kavokavale Anastomosen detailliert beschrieben).

▶ **Über den rektalen Venenplexus:** V. portae ↔ V. mesenterica inf. ↔ V. rectalis sup. ↔ **Plexus venosus rectalis** ↔ Vv. rectales media/inf. ↔ V. iliaca int. ↔ V. cava inf.

▶ **Über Venen der hinteren Rumpfwand:** V. portae ↔ V. mesenterica sup. und inf. ↔ **Vv. colicae** ↔ Vv. lumbales ascendentes ↔ V. cava inf. oder ↔ V. azygos/hemiazygos ↔ V. cava sup.

Die Ausbildung dieser Umgehungskreisläufe führt zu einem typischen klinischen Erscheinungsbild:

▶ **Ösophagusvarizen** (erweiterte Ösophagusvenen) mit der Gefahr einer lebensbedrohlichen Blutung,
▶ **Caput medusae** (erweiterte oberflächliche Bauchwand-Venen),
▶ **Hämorrhoiden** (erweiterte Rektalvenen),
▶ **Aszites** (Flüssigkeitsaustritt in die Bauchhöhle).

> Vier portokavale Anastomosen sind wichtig: 1) über Ösophagus-Venen, 2) über Vv. paraumbilicales, 3) über den rektalen Venenplexus sowie 4) über Venen der hinteren Rumpfwand. Die Ausbildung dieser Anastomosenkreisläufe kann sich äußern als: Ösophagusvarizen, Caput medusae, Hämorrhoiden und/oder Aszites.

Topographie der Leberpforte

An der Leber erkennt man von dorsokaudal (▌Abb. 1) eine H-förmige Figur mit der **Leberpforte als zentralem Schenkel** des H. Links von diesem H liegt der Lobus sinister, rechts davon der Lobus dexter. Zwischen den beiden seitlichen Schenkeln des H liegen der Lobus caudatus dorsal und der Lobus quadratus ventral. Der **linke untere Schenkel** ist die Fissura ligamenti teres hepatis, in der das Lig. teres hepatis, also die obliterierte V. umbilicalis, verläuft. Der **linke obere Schenkel** ist die Fissura ligamenti venosi mit dem Lig. venosum, dem obliterierten Ductus venosus. Von der Fissura ligamenti venosi zieht das Lig. hepatogastricum zur kleinen Magenkurvatur. Der **rechte untere Schenkel** des H wird von der Fossa vesicae biliaris, auch Leberbett genannt, gebildet, in der die Gallenblase liegt. Der **rechte obere Schenkel** ist schließlich der Sulcus venae cavae, in dem die V. cava inferior verläuft.
Die **Leberpforte,** Porta hepatis, als zentraler Schenkel des H, enthält die V. portae, die A. hepatica propria, den Ductus hepaticus communis, Nervenfasern,

Lymphgefäße und Lymphknoten. Diese Leitungsbahnen liegen im Lig. hepatoduodenale, das von der Leberpforte zur Pars superior duodeni zieht. An der Leberpforte erkennt man bereits das Prinzip der Leitungsbahn-Trias. Innerhalb der Leber verzweigen sich nämlich V. portae, A. hepatica propria und Ductus hepaticus communis stets gemeinsam. So liegen immer drei Äste der drei Leitungsbahnen zusammen als sog. **Glisson-Trias** und bewirken mit den Ästen der Vv. hepaticae die Segment- und Läppchen-Gliederung des Leberparenchyms. Die im Lig. hepatoduodenale gelegenen Nll. hepatici sind wichtige regionäre Lymphknoten (▌Tab. 1, s. a. S. 56).

Organ	Regionäre Lymphknoten
Leber	▶ Nll. hepatici
	▶ Nll. para- und retrocavales oberhalb der Vv. renales
Gallenblase und extrahepatische Gallengänge	▶ Nll. hepatici
	▶ Nll. pancreaticoduodenales
	▶ Nll. coeliaci
	▶ Nll. mesenterici sup.
Pankreas	▶ Nll. pancreaticoduodenales
	▶ Nll. pancreatici
	▶ Nll. mesenterici sup.
	▶ Nll. pylorici (nur Kopf)
	▶ Nll. coeliaci (nur Kopf)
	▶ Nll. splenici (nur Körper und Schwanz)

▌ Tab. 1: Regionäre Lymphknoten von Leber, Gallenblase und Pankreas.

Zusammenfassung

✖ Es bestehen **kavokavale Anastomosen** (zwischen V. cava inferior und V. cava superior) über Venen der vorderen und seitlichen sowie der hinteren Rumpfwand, über die sich bei Verlegung einer der Hohlvenen oder eines ihrer Zuflüsse ein Umgehungskreislauf ausbilden kann.

✖ **Portokavale Anastomosen** (zwischen V. portae und Vv. cavae) sind klinisch relevant bei portaler Hypertension, am häufigsten als Folge einer Leberzirrhose. Die Erweiterung der anastomosierenden Venen führt zu Ösophagusvarizen, zum Caput medusae und zu Hämorrhoiden.

Arterien und Venen

Arterien

Die **Aorta abdominalis** teilt sich i. H. LWK 4 in der sog. Aortenbifurkation in die beiden Aa. iliacae communes, die die Versorgung der Beckenorgane und Beckenwände übernehmen:

▶ Die **A. iliaca communis** teilt sich nach kurzem Verlauf ohne Abgabe von Ästen vor dem Iliosakralgelenk in die Aa. iliacae externa und interna. Die rechte A. iliaca communis liegt ventral der Vv. iliacae communes.

▶ Die **A. iliaca externa** (❚ Abb. 1) setzt den Verlauf der A. iliaca communis fort. Im Anfangsabschnitt wird sie vom Ureter überkreuzt (mittlere Ureterenge). Im Endabschnitt gibt sie zwei Äste ab (❚ Tab. 1). Unter dem Leistenband wird sie in der Lacuna vasorum (s. S. 68) zur A. femoralis (s. S. 28).

▶ Die **A. iliaca interna** (❚ Abb. 1) zieht medial vom M. psoas in das kleine Becken. Dort teilt sie sich, meist am Oberrand des Foramen ischiadicum majus, im Regelfall in einen vorderen und einen hinteren Stamm. Der hintere Stamm entlässt 3 parietale Äste, der vordere Stamm 2 parietale und 6 viszerale Äste (❚ Tab. 2, ❚ Tab. 3). Die Astfolge ist jedoch sehr variabel. Die A. iliaca interna und ihre Äste weisen enge topographische Beziehungen zum Plexus sacralis und dessen Nerven auf.

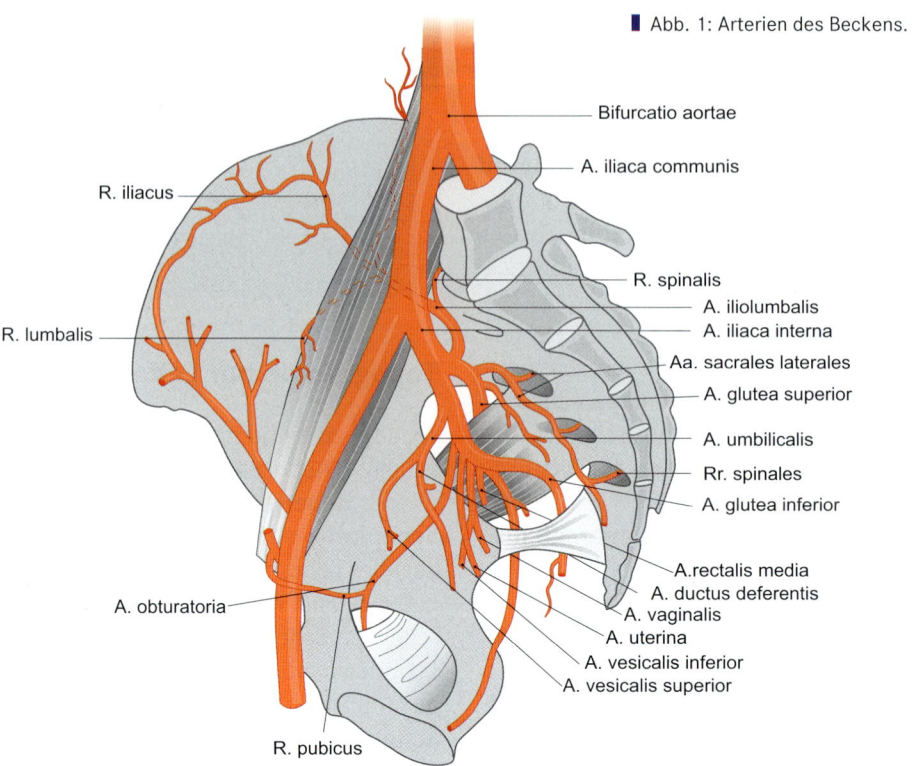

❚ Abb. 1: Arterien des Beckens.

Bifurcatio aortae
A. iliaca communis
R. iliacus
R. spinalis
A. iliolumbalis
A. iliaca interna
R. lumbalis
Aa. sacrales laterales
A. glutea superior
A. umbilicalis
Rr. spinales
A. glutea inferior
A. rectalis media
A. ductus deferentis
A. obturatoria
A. vaginalis
A. uterina
A. vesicalis inferior
A. vesicalis superior
R. pubicus

Systematik	Topographie und wichtigste Versorgungsgebiete
A. iliaca ext.	Siehe Text
▶ A. epigastrica inf. ↔ A. epigastrica sup.	Tritt von dorsal in die Rektusscheide ein. Verläuft dann auf der Rückfläche des M. rectus abdominis nach kranial und bildet die Plica umbilicalis lat. Versorgt die kaudale Bauchwand.
→ R. pubicus → R. obturatorius ↔ R. pubicus (A. obturatoria)	Zur Symphyse. Eine besonders stark ausgeprägte Anastomose zur ↔ A. obturatoria wird als Corona mortis bezeichnet.
→ A. cremasterica (♂) bzw. A. ligamenti teretis uteri (♀)	Durch den Leistenkanal zum Samenstrang (♂) bzw. zum Lig. teres uteri (♀).
▶ A. circumflexa ilium prof. ↔ R. iliacus (A. iliolumbalis)	Am Leistenband und Darmbeinkamm entlang zur Bauchwand. Äste zu benachbarten Muskeln.

❚ Tab. 1: Äste der A. iliaca externa.

Systematik	Topographie und wichtigste Versorgungsgebiete
A. iliaca int., hinterer Stamm	
▶ A. iliolumbalis	Teilt sich in einen → R. iliacus zum M. iliacus (↔ A. circumflexa ilium prof.), einen → R. lumbalis zum M. psoas und M. quadratus lumborum (↔ A. lumbalis), und einen → R. spinalis zum Rückenmark.
▶ Aa. sacrales lat.	Zur dorsalen Beckenwand (↔ A. sacralis mediana). → Rr. spinales für den Sakralkanal.
▶ A. glutea sup.	Gelangt durch das Foramen suprapiriforme zu Glutealmuskulatur und Gesäß.
A. iliaca int., vorderer Stamm	
▶ A. obturatoria	Zieht gemeinsam mit dem N. obturatorius und Begleitvene durch den Canalis obturatorius (s. S. 68). 4 Äste: → R. pubicus ↔ R. pubicus (A. epigastrica inf.), → R. anterior zu den Adduktoren, → R. posterior zu den Glutealmuskeln, und → R. acetabularis über das Lig. capitis femoris zum Caput femoris.
▶ A. glutea inf.	Verläuft durch das Foramen infrapiriforme zum M. gluteus maximus und den Außenrotatoren.

❚ Tab. 2: Parietale Äste der A. iliaca interna.

Daneben sind an der Blutversorgung der Geschlechtsorgane auch die A. testicularis (♂) bzw. ovarica (♀) als Äste der Aorta abdominalis beteiligt (s. S. 50):

▶ Die **A. testicularis** (♂) verläuft über den Samenstrang zu Hoden und Nebenhoden.
▶ Die **A. ovarica** (♀) gelangt über das Lig. suspensorium ovarii zum Ovar und anastomosiert mit dem ↔ R. ovaricus der A. uterina.

Venen

Etwas rechts kaudal der Aortenbifurkation, i. H. LWK 4/5, fließen die beiden Vv. iliacae communes zur V. cava inferior zusammen. Die **V. iliaca communis** entsteht aus der Vereinigung der V. iliaca externa und der V. iliaca interna. Die Zuflüsse der Vv. iliacae verlaufen gemeinsam mit den entsprechenden Arterien mit Ausnahme der A. umbilicalis und der A. iliolumbalis. Die viszeralen Zuflüsse bilden ausgedehnte, miteinander in Verbindung stehende Venenplexus um die Beckenorgane.

▶ Der **Plexus venosus rectalis** um das Rektum drainiert über die V. rectalis superior in die V. mesenterica inferior und über die Vv. rectales media und inferior in die V. iliaca interna und ist somit Bestandteil einer portokavalen Anastomose (s. S. 60).
▶ Der **Plexus venosus vesicalis** zur Drainage der Harnblase befindet sich überwiegend am Blasengrund.
▶ Die **Plexus venosi uterinus und vaginalis** (♀) umgeben Uterus und Vagina.
▶ Der **Plexus venosus prostaticus** (♂) um die Prostata steht mit dem Plexus venosus vertebralis in Verbindung, so dass Metastasen bei einem Prostatakarzinom häufig in die Wirbelsäule gelangen (Symptom: Rückenschmerzen!). Die unpaare **V. dorsalis profunda penis** (♂) hat keine arterielle Entsprechung, stellt den Hauptabfluss der Schwellkörper dar und fließt in den Plexus venosus prostaticus ab.

Daneben sind an der venösen Drainage der Geschlechtsorgane auch die V. testicularis (♂) bzw. ovarica (♀) beteiligt:

▶ Die **V. testicularis** (♂) entsteht aus dem Plexus pampiniformis, der Hoden und Nebenhoden drainiert, gelangt über den Samenstrang in den Retroperitonealraum, überkreuzt den Ureter und mündet schließlich rechts in die V. cava inferior, links in die V. renalis sinistra.
▶ Die **V. ovarica** (♀) verläuft vom Plexus venosus ovaricus über das Lig. suspensorium ovarii in den Retroperitonealraum, überkreuzt den Ureter und mündet ebenfalls rechts in die V. cava inferior, links in die V. renalis sinistra.

Systematik	Topographie und wichtigste Versorgungsgebiete
A. iliaca int., vorderer Stamm	
▶ A. umbilicalis	Offener Teil (Pars patens) mit 2 Ästen. Obliterierter Teil (Pars occlusa) bildet das Lig. umbilicale mediale und wirft die Plica umbilicalis medialis auf.
→ A. ductus deferentis (♂)	Zum Ductus deferens.
→ A. vesicalis sup.	Zum Harnblasenapex.
▶ A. vesicalis inf.	Zum Harnblasengrund.
→ Rr. prostatici (♂) bzw. A. vaginalis (♀)	Zur Prostata (♂) bzw. zur Vagina (♀).
▶ A. uterina (♀)	Entspringt meist direkt aus der A. iliaca int. Entspricht der A. ductus deferentis beim Mann. Zieht in der Basis des Lig. latum uteri den Ureter überkreuzend zur Cervix uteri und zweigt sich hier in → Rr. vaginales nach kaudal zur Vagina (↔ A. vaginalis) und → Rr. helicini auf. Diese verlaufen geschlängelt nach kranial entlang des Uterus zum Tubenwinkel und teilen sich in einen → R. ovaricus zum Ovar (↔ A. ovarica) und einen → R. tubarius zur Tuba uterina.
▶ A. rectalis media	Zur Ampulla recti (↔ Aa. rectales sup. und inf.).
▶ A. pudenda int.	Verläuft durch das Foramen infrapiriforme, biegt um die Spina ischiadica und gelangt durch das Foramen ischiadicum minus in die Fossa ischioanalis. Zieht dort im Canalis pudendalis (Alcock-Kanal) zum Beckenboden (▌Abb. 1 auf S. 68).
→ A. rectalis inf.	Zum After (↔ A. rectalis media).
→ A. perinealis	Zum Damm.
→ Rr. scrotales (♂) bzw. labiales (♀) post.	Zum Skrotum (♂) bzw. zu den großen Schamlippen (♀).
→ A. bulbi penis (♂) bzw. vestibuli (♀)	Zum Bulbus des Corpus spongiosum penis (♂) bzw. zum Bulbus vestibuli (♀).
→ A. urethralis	Zur Harnröhre.
→ A. profunda penis (♂) bzw. clitoridis (♀)	Zu den Corpora cavernosa.
→ A. dorsalis penis (♂) bzw. clitoridis (♀)	Zum Penis (♂) bzw. zur Klitoris (♀).

▌ Tab. 3: Viszerale Äste der A. iliaca interna.

Zusammenfassung

✖ Die A. iliaca communis teilt sich in die A. iliaca externa und die A. iliaca interna, die sich im kleinen Becken verzweigt. Man unterscheidet 5 parietale Äste u. a. zu Hüftmuskulatur, Beckenboden, äußerem Genital und Adduktoren sowie 6 viszerale Äste zu den Beckenorganen.
✖ Die Venen verlaufen parallel zu den Arterien, wobei die Venen ausgedehnte Venenplexus um die Beckenorgane herum bilden.

Lymphgefäße und Lymphknoten

Wie im Abdomen folgen die Lymphgefäße im Becken überwiegend den Arterien. Entsprechend sind die Lymphknoten meist um die Arterien herum gruppiert.

Lymphabfluss und regionäre Lymphknoten

Die Lymphe der Beckenorgane (▮ Abb. 1) fließt direkt oder indirekt über organnahe, sog. viszerale Beckenlymphknoten (nicht gezeigt in ▮ Abbildung 1 und ▮ Abbildung 2) in regionäre Lymphknoten (▮ Abb. 2, ▮ Tab. 1). Im Folgenden sind die wichtigsten Lymphabflusswege beschrieben.

Rektum
Am **Rektum** gibt es drei Lymphabflusswege. Der obere Rektumabschnitt drainiert über Nll. rectales in die Nll. mesenterici inferiores (s. S. 56). Der mittlere Rektumabschnitt sowie die Zona columnalis des Canalis analis führen die Lymphe den Nll. sacrales und den Nll. iliaci interni zu. Der Lymphabfluss aus der Zona alba und Zona cutanea erfolgt in die Nll. inguinales superficiales.

Harnsystem und Nebennieren
Niere und Nebenniere sowie der **Ureter (Pars abdominalis)** leiten die Lymphe in die Nll. lumbales dextri und sinistri.

Vom **Ureter (Pars pelvica)** gelangt die Lymphe in die Nll. iliaci. Die **Harnblase** drainiert meist über organnahe Lymphknoten gleichfalls in die Nll. iliaci. Der Lymphabfluss der **Urethra** erfolgt in die Nll. inguinales profundi und superficiales und weiter in die Nll. iliaci.

Männliches Genitalsystem
Die Lymphe aus **Hoden und Nebenhoden** fließt bedingt durch den Descensus testis entlang der Vasa testicularia zu den Nll. lumbales. Hodentumoren metastasieren folglich zuerst in den Retroperitonealraum. Der **Ductus deferens** (Samenleiter), die **Glandula vesiculosa** (Bläschendrüse) und die **Prostata** (Vorsteherdrüse) führen die Lymphe den Nll. iliaci interni und externi zu. Der Lymphabfluss der äußeren Geschlechtsorgane, also **Penis, Skrotum** und Urethra masculina, erfolgt in die Nll. inguinales profundi und superficiales und weiter in die Nll. iliaci.

Weibliches Genitalsystem
Neben den im Folgenden beschriebenen Hauptabflusswegen existieren weitere, sich zum Teil mit den Hauptabflusswegen anderer Organbezirke überlappende Abflusswege (▮ Tab. 1). Das **Ovar** und ein **Teil der Tube** leiten die Lymphe überwiegend entlang der Vasa testicularia und des Lig. suspensorium

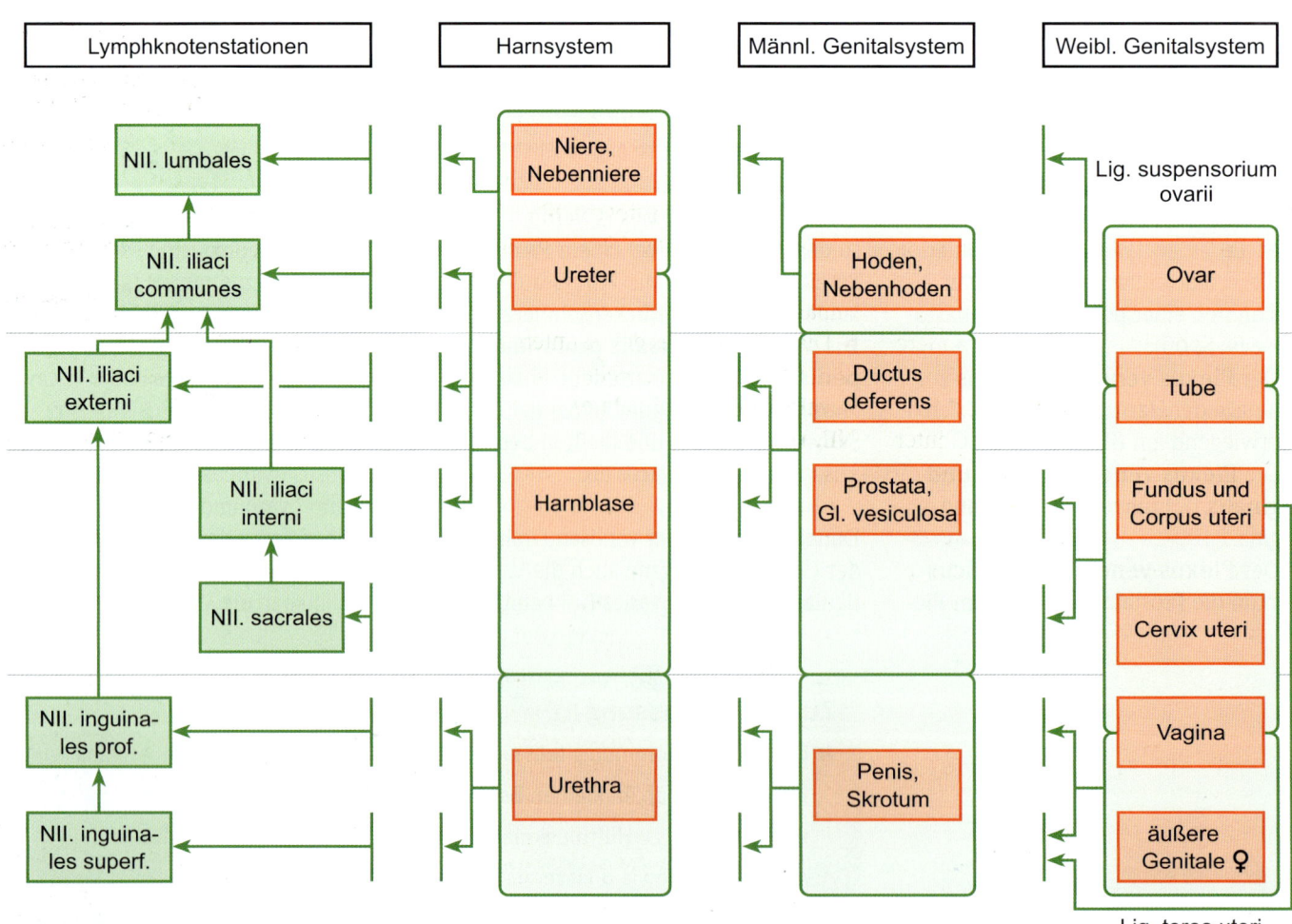

▮ Abb. 1: Schema zu Lymphabfluss und Lymphknoten des Harn- und Genitalsystems. Die kurzen senkrechten grünen Striche stellen die Verbindung zu den Lymphknotenstationen dar. Die horizontalen grauen Striche dienen lediglich der Orientierung.

Organ	Regionäre Lymphknoten
Rektum	▶ Nll. rectales ▶ Nll. mesenterici inf. ▶ Nll. iliaci int. ▶ Nll. sacrales
Analkanal	▶ Nll. iliaci int. ▶ Nll. inguinales superf.
Nieren und Ureter (Pars abdominalis)	▶ Nll. lumbales dextri bzw. sinistri
Harnblase und Ureter (Pars pelvica)	▶ V. a. Nll. iliaci interni ▶ Auch Nll. iliaci externi (und communes)
Urethra	▶ Nll. inguinales ▶ Nll. iliaci
Hoden und Nebenhoden	▶ Nll. lumbales
Prostata	▶ Nll. iliaci int. und ext.
Penis	▶ Nll. inguinales ▶ Nll. iliaci
Ovar, Tuba uterina	▶ Nll. iliaci ▶ Nll. lumbales ▶ Nll. sacrales ▶ Nll. inguinales
Uterus	▶ Nll. iliaci ▶ Nll. sacrales ▶ Nll. lumbales
Vagina	Oberes und mittleres Drittel: ▶ Nll. iliaci ▶ Nll. sacrales Unteres Drittel: ▶ Nll. inguinales
Vulva	▶ Nll. inguinales

■ Tab. 1: Regionäre Lymphknoten von Rektum, Harnsystem und Geschlechtsorganen.

ovarii zu den Nll. lumbales. Der andere **Teil der Tube, Uterus** sowie der **obere und mittlere Abschnitt der Vagina** drainieren in die Nll. iliaci interni und Nll. sacrales. Von Ovar, Tube und Fundus uteri besteht eine weitere Abflussmöglichkeit entlang des Lig. teres uteri in die Nll. inguinales superficiales. Der **untere Abschnitt der Vagina** führt die Lymphe den Nll. inguinales superficiales zu. Von den **äußeren weiblichen Geschlechtsorganen,** also Mons pubis (Schamberg), Labia majora und minora pudendi (große bzw. kleine Schamlippen), Klitoris (Kitzler) sowie Vestibulum vaginae (Scheidenvorhof) mit Drüsen fließt die Lymphe in die Nll. inguinales superficiales und profundi.

Sammellymphknoten

Viele Lymphknotengruppen sind sowohl regionäre als auch Sammellymphknoten. Aus den Nll. inguinales fließt die Lymphe weiter in die Nll. iliaci externi und von dort in die Nll. iliaci communes. Der zweite große Lymphabflussweg im Becken erfolgt von den Nll. sacrales über die Nll. iliaci interni ebenfalls in die Nll. iliaci communes.

▶ Somit stellen die **Nll. iliaci communes** eine wichtige Sammelstation für die Lymphe aus der gesamten unteren Extremitäten und den meisten Beckenorganen dar.
▶ Die Nll. iliaci communes führen die Lymphe den **Nll. lumbales** zu, die als letzte große Sammelstation für die Lymphe des gesamten Urogenitalsystems, der unteren Extremität sowie der Bauch- und Beckenwand dienen.
▶ Die Nll. lumbales sind um die Aorta abdominalis und die V. cava inferior herum angeordnet. Entsprechend unterscheidet man eine rechte Gruppe, die **Nll. lumbales dextri,** um die V. cava inferior, eine linke Gruppe, die **Nll. lumbales sinistri,** um die Aorta abdominalis, sowie eine intermediäre Gruppe, die **Nll. lumbales intermedii** (klinisch interaortokavale Lymphknoten), zwischen V. cava inferior und Aorta abdominalis.
▶ Die Nll. lumbales dextri untergliedert man nach ihrer Lage weiter in **Nll. precavales, Nll. cavales laterales** und **Nll. retrocavales** (klinisch präkavale,

parakavale und retrokavale Lymphknoten).
▶ Die Nll. lumbales sinistri untergliedert man nach ihrer Lage weiter in **Nll. preaortici, Nll. aortici laterales** und **Nll. retroaortici** (klinisch präaortale, paraaortale und retroaortale Lymphknoten).

Lymphstämme

Von den Nll. lumbales fließt die Lymphe in die paarigen **Trunci lumbales** (dexter und sinister). Gemeinsam mit dem unpaaren Truncus intestinalis vereinigen sich die Trunci lumbales in einer häufig erweiterten Stelle, der Cisterna chyli, in Höhe des Hiatus aorticus zum **Ductus thoracicus** (s. a. S. 4, S. 44). Dieser führt die Lymphe im linken Venenwinkel wieder dem Blutkreislauf zu.

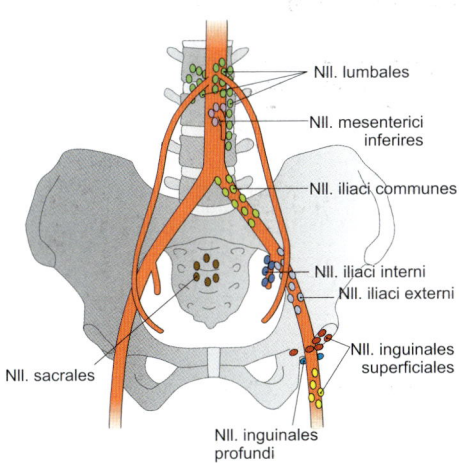

■ Abb. 2: Übersicht über die Beckenlymphknoten.

Zusammenfassung

Der Lymphabfluss aus den Beckenorganen und dem Harnsystem erfolgt über drei größere Lymphknotenansammlungen (Hauptabflusswege):

✖ **Nll. lumbales:** Niere, Nebenniere, Ureter (Pars abdominalis), Hoden, Nebenhoden, Ovar, Teile der Tube;
✖ **Nll. iliaci:** Ureter (Pars pelvica), Harnblase, Ductus deferens, Gl. vesiculosa, Prostata, Teile der Tube, Uterus, Abschnitte der Vagina, mittlerer Abschnitt des Rektums;
✖ **Nll. inguinales:** Urethra, äußere Genitale, unterer Abschnitt der Vagina, kaudaler Teil des Canalis analis.

Nerven und Nervengeflechte

Im Becken befinden sich der **Plexus sacralis** und die **vegetativen Nerven und Nervengeflechte.**

Somatische Innervation

Der **Plexus sacralis** wurde weitestgehend bei der unteren Extremität besprochen (s. S. 34–37). In diesem Kapitel werden der N. pudendus und der N. coccygeus dargestellt (▮ Abb. 1 auf S. 68).

▶ Der **N. pudendus (S2–S4)** ist der unterste Ast des Plexus sacralis. Er entsteht aus einem eigenen kleinen Geflecht, das vielfach als **Plexus pudendus** bezeichnet wird. Der N. pudendus verlässt das kleine Becken durch das Foramen infrapiriforme. Er zieht um die Spina ischiadica bzw. das Lig. sacrospinale und durch das Foramen ischiadicum minus gemeinsam mit den Vasa pudenda interna in die Fossa ischioanalis. Dort verläuft er in einer Faszienduplikatur des M. obturatorius internus (Canalis pudendalis = Alcock-Kanal) zum Symphysen-Unterrand und gibt zahlreiche Äste ab (▮ Tab. 1). Lähmungen des N. pudendus (z. B. bei Dammverletzungen während der Geburt) führen zum Funktionsverlust des Becken-

bodens mit Harn- und Stuhlinkontinenz sowie zu Störungen der Geschlechtsfunktion. Im Rahmen von vaginalen Entbindungen kann zur Aufhebung der Schmerzempfindung eine Leitungsanästhesie des N. pudendus (sog. Pudendusblock) durchgeführt werden.

▶ Der kleine **N. coccygeus (S5 + Co1)** geht aus dem eigenständigen **Plexus coccygeus** hervor, der von den aus dem Hiatus sacralis austretenden Rr. anteriores der Rückenmarksegmente S5 + Co1 gebildet wird. Er innerviert mit seinen sensiblen Endästen, den Nn. anococcygei, die Haut zwischen Anus und Steißbein.

Vegetative Innervation

Die allgemein-viszeroefferenten (-visceromotorischen) Nervenfasern (▮ Abb. 1) werden meist begleitet von allgemein-viszeroafferenten (-viszerosensiblen) Nervenfasern.

Organisation und Verlauf des Sympathikus

Die Organisation des Sympathikus wurde in vorhergehenden Kapiteln besprochen (s. S. 8, s. S. 58, s. S. 46). Der

Truncus sympathicus besteht im Becken aus 4–5 Ganglia sacralia und endet mit dem median gelegenen, unpaaren Ganglion impar, an dem die beiden Grenzstränge zusammenlaufen.

▶ **Präganglionäre Strecke:** Die präganglionären sympathischen Nervenfasern, die die Organe des Beckens versorgen, gelangen aus den **Rückenmarksegmenten Th10–L2** zum einen als **Nn. splanchnici minor und imus** und als **Nn. splanchnici lumbales** über den Plexus aorticus abdominalis, den Plexus hypogastricus superior und den N. hypogastricus zum Plexus hypogastricus inferior sowie zum anderen als **Nn. splanchnici sacrales** direkt in den Plexus hypogastricus inferior.

▶ **Umschaltung und postganglionäre Strecke:** Die präganglionären Fasern werden überwiegend im **Plexus hypogastricus inferior** auf das 2. Neuron umgeschaltet, teils auch in den Ganglien des Plexus aorticus abdominalis. Im Plexus hypogastricus inferior verbinden sich die postganglionären sympathischen Nervenfasern mit prä- oder postganglionären parasympathischen Nervenfasern und ziehen dann zum **Erfolgsorgan.**

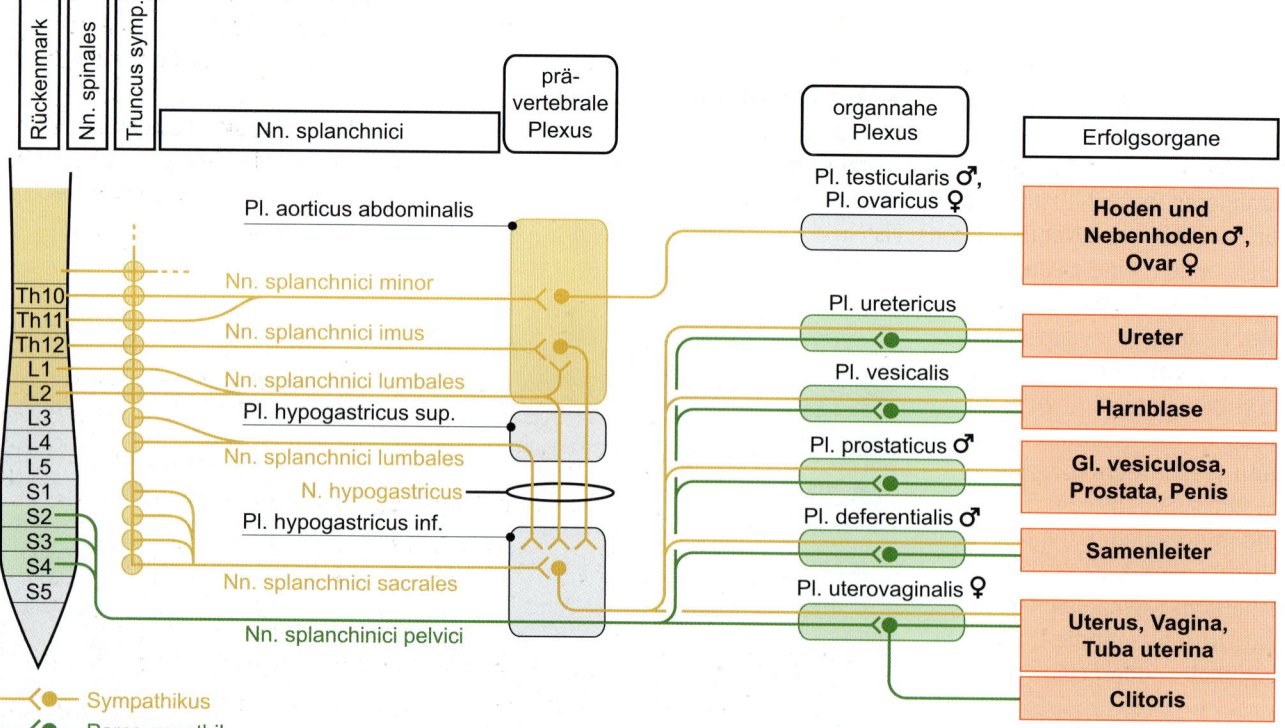

▮ Abb. 1: Schematische Darstellung der Nerven und Nervengeflechte zur vegetativen Innervation der Beckenorgane.

Systematik	Innervationsgebiete
N. pudendus (S2 – S4)	Siehe Text
Rr. musculares	**M:** M. levator ani, M. coccygeus
Nn. rectales inf.	**M:** M. sphincter ani ext. **S:** Analhaut
Nn. perineales	**M:** M. ischiocavernosus, M. bulbospongiosus, Mm. transversus perinei prof. und superf. **S:** Haut der Dammregion
▶ Nn. scrotales post. (♂), Nn. labiales post. (♀)	**S:** dorsale Skrotalhaut (♂) bzw. hintere Bereiche der Labia majora und minora (♀)
N. dorsalis penis (♂), N. dorsalis clitoridis (♀)	**S:** Haut von Penis, Glans, Preputium (♂) bzw. Klitoris (♀)

■ Tab. 1: Äste des N. pudendus.

▶ Eine Ausnahme bilden **Hoden** und **Nebenhoden** bzw. **Ovar,** die aufgrund des Deszensus die postganglionären sympathischen Nervenfasern aus dem Plexus aorticus abdominalis erhalten, die mit der A. testicularis bzw. ovarica ins Becken gelangen. Die entsprechenden präganglionären sympathischen Nervenfasern stammen aus den Nn. splanchnici minor und imus.

Organisation und Verlauf des Parasympathikus

Die Organisation des Parasympathikus wurde bereits besprochen (s. S. 8, S. 58, S. 46). An der Innervation der Beckenorgane ist nur der **sakrale Anteil** des Parasympathikus beteiligt. Aus den **Rückenmarksegmenten S2 – S4** ziehen präganglionäre parasympathische Nervenfasern als **Nn. splanchnici pelvici** zum **Plexus hypogastricus inferior,** um dort in den **Ganglia pelvica** (nicht dargestellt in ■ Abbildung 1) oder in kleinen **Ganglien der Organwand** umgeschaltet zu werden.

Vegetative Innervation der Organe

Harnsystem
▶ Die Nieren und der proximale Abschnitt des Ureters werden über den Plexus renalis innerviert (s. S. 58).
▶ Der Hauptanteil der Pars abdominalis und die Pars pelvica des Ureters, die Harnblase sowie die Urethra erhalten

die postganglionären sympathischen Nervenfasern aus den Ganglien der Plexus mesentericus inferior und hypogastricus inferior, die parasympathischen Nervenfasern aus den Nn. splanchnici pelvici (S2–S4).
▶ Der **Sympathikus** bewirkt die Erschlaffung des M. detrusor vesicae und die Kontraktion des M. sphincter urethrae internus.
▶ Eine Aktivierung des **Parasympathikus** führt zur Kontraktion des M. detrusor vesicae, zur Erschlaffung des M. sphincter urethrae internus und somit zur Miktion.
▶ Diese vegetative Innervation unterliegt der Steuerung durch ein übergeordnetes Zentrum, dem sog. **pontinen Miktionszentrum.** Geht die zentrale Steuerung in Folge einer Querschnittslähmung verloren, ist die Kontrolle der Harnblasenfunktion beeinträchtigt.

Männliches Geschlechtssystem
▶ Hoden und Nebenhoden werden sympathisch aus dem Plexus aorticus abdominalis über den Plexus testicularis entlang der A. testicularis innerviert (Effekt: Vasokonstriktion).
▶ Alle anderen Organe des männlichen Geschlechtssystems erhalten sympathische und parasympathische Nervenfasern aus dem Plexus hypogastricus inferior, aus dem der Plexus prostaticus und der Plexus deferentialis abzweigen.
▶ Vom **Plexus prostaticus** ziehen Fasern zur Prostata, zu den Gll. bulbourethrales, zur Gl. vesiculosa und zum Penis sowie parasympathische Fasern als Nn. cavernosi penis zu den Schwellkörpern.

▶ Die Aktivierung des **Sympathikus** führt erstens zur Sekretabgabe in den Drüsen, zweitens über den Plexus deferentialis zur Kontraktion des Ductus deferens, sowie drittens zur Ejakulation.
▶ Der **Parasympathikus** bewirkt die Erektion des Penis.
▶ Im Rahmen einer Entfernung der Prostata (Prostatektomie) bei einem Prostatakarzinom kann es zur Schädigung des Plexus prostaticus und in der Folge zur Impotenz kommen.

Weibliches Geschlechtssystem
▶ Das Ovar wird sympathisch aus dem Plexus aorticus abdominalis über den Plexus ovaricus entlang der A. ovarica innerviert (Effekt: Vasokonstriktion).
▶ Alle weiteren weiblichen Geschlechtsorgane werden vegetativ aus dem Plexus hypogastricus inferior innerviert, dessen Äste beidseits des Uterus den stark ausgeprägten **Plexus uterovaginalis** (Frankenhäuser-Plexus) bilden. Die Umschaltung der sympathischen Fasern erfolgt teils in den Ganglia mesenterica, teils im Plexus hypogastricus inferior. Die parasympathischen Fasern werden entweder in den Ganglia pelvica im Plexus hypogastricus inferior oder organnah umgeschaltet.
▶ Der Effekt des **Sympathikus** ist die Kontraktion von Tuba uterina und Vagina, eine Vasokonstriktion sowie abhängig vom Hormonstatus die Kontraktion des Uterus.
▶ Der **Parasympathikus** bewirkt eine Vasodilatation, die Flüssigkeitsabgabe in die Vagina sowie über Nn. cavernosi clitoridis eine Erektion der Klitoris.

Zusammenfassung
✖ Der **N. pudendus** innerviert motorisch den Beckenboden, sensibel den Dammbereich und das äußere Genitale.
✖ Die **sympathische** Innervation der Beckenorgane erfolgt aus den Rückenmarksegmenten Th10 – L2 über die Nn. splanchnici minor und imus sowie die Nn. splanchnici lumbales und sacrales. Die präganglionären Fasern werden in den prävertebralen Ganglien vor und neben der Aorta abdominalis oder im Plexus hypogastricus inferior auf das 2. Neuron umgeschaltet.
✖ **Parasympathisch** werden die Beckenorgane über die Nn. splanchnici pelvici (S2 – S4) innerviert. Die Umschaltung erfolgt entweder in den Ganglia pelvica des Plexus hypogastricus inferior oder in organnahen Ganglien.

Synopse der Leitungsbahnen

Gefäß-Nerven-Straßen an den Beckenwänden

Die beiden Beckenwände haben drei Öffnungen, durch die Gefäße und Nerven zwischen Beckenhöhle und unterer Extremität verlaufen (▮ Tab. 1).

Straße	Begrenzungen/Topographie	Durchtretende Strukturen
Foramen ischiadicum majus	▶ Incisura ischiadica major ▶ Lig. sacrospinale ▶ Os sacrum ▶ Unterteilung durch den M. piriformis in das Foramen suprapiriforme (oberhalb) und das Foramen infrapiriforme (unterhalb)	Foramen suprapiriforme: ▶ N. gluteus sup. ▶ A. und V. glutea sup. Foramen infrapiriforme: ▶ N. gluteus inf. ▶ A. und V. glutea inf. ▶ N. ischiadicus ▶ N. cutaneus femoris post. ▶ N. pudendus ▶ A. und V. pudenda int.
Foramen ischiadicum minus	▶ Incisura ischiadica minor ▶ Lig. sacrospinale ▶ Lig. sacrotuberale	▶ N. pudendus ▶ A. und V. pudenda int.
Canalis obturatorius	Kleine Aussparung in der Membrana obturatoria, die das Foramen obturatum verschließt	▶ N. obturatorius ▶ A. und V. obturatoria

▮ Tab. 1: Gefäß-Nerven-Straßen an den Beckenwänden.

Fossa ischioanalis

Die **Fossa ischioanalis** (▮ Abb. 1) ist ein pyramidenförmiger Raum in der hinteren Dammregion seitlich des M. sphincter ani externus, der durch einen Fettkörper ausgefüllt ist. Sie wird **lateral** begrenzt durch Tuber ischiadicum und M. obturatorius internus, **medial** und kranial durch den M. levator ani. Den **Boden** bilden das Diaphragma urogenitale und die Fascia perinei. In der lateralen Wand verlaufen in einer Faszienduplikatur des M. obtuatorius internus, dem **Canalis pu-**

dendalis (Alcock-Kanal), A. und V. pudenda interna (s. S. 62) sowie der N. pudendus (s. S. 66). Die Fossa ischioanalis reicht dorsal bis zum M. gluteus maximus und Lig. sacrotuberale.

Lacuna musculorum und Lacuna vasorum

Das Leistenband (**Lig. inguinale**), das von der Spina iliaca anterior superior zum Tuberculum pubicum zieht, begrenzt mit dem oberen Beckenrand eine Durchtrittsstelle für Muskeln und Nerven. Diese Durchtrittsstelle wird durch den bindegewebigen Arcus iliopectineus in die laterale **Lacuna musculorum** und die mediale **Lacuna vasorum** unterteilt (▮ Abb. 2).

> Die Lacuna musculorum enthält von lateral: N. cutaneus femoris lateralis, M. iliopsoas und Bursa iliopectinea, N. femoralis.
> Die Lacuna vasorum enthält von lateral: R. femoralis des N. genitofemoralis, A. femoralis, V. femoralis, Lymphgefäße und gelegentlich einen Lymphknoten (sog. Rosenmüller-Lymphknoten).

Die Lacuna vasorum wird medial begrenzt vom Lig. lacunare, das sich in das Lig. pectineum als untere Begrenzung der Lacuna vasorum fortsetzt. Zwischen V. femoralis und Lig. lacunare liegt das bindegewebige Septum femorale (innere Bruchpforte bei einer Schenkelhernie, Hernia femoralis).

Leistenkanal (Canalis inguinalis)

Der 4–5 cm lange **Leistenkanal** (Canalis inguinalis, ▮ Tab. 2, ▮ Abb. 3) durchsetzt oberhalb des Lig. inguinale die Bauchwand von dorsolateral nach ventromedial.

▶ Er beginnt mit dem inneren Leistenring, **Anulus inguinalis profundus,** lateral der Plica umbilicalis lateralis (mit Vasa epigastrica inferiora) in der Fossa inguinalis lateralis. Der Anu-

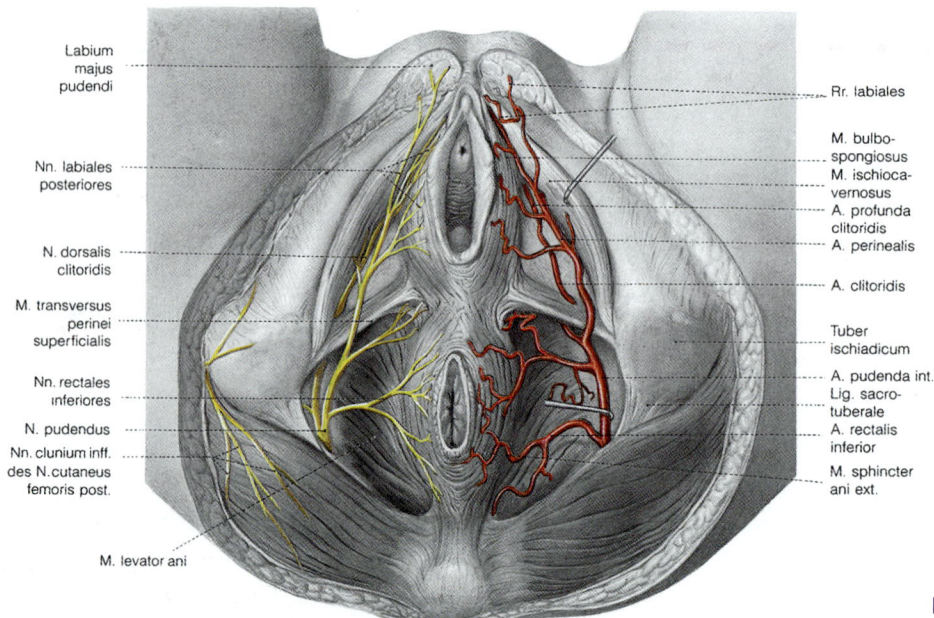

▮ Abb. 1: Dammregion mit Fossa ischioanalis bei der Frau. Das Fettgewebe ist ausgeräumt. [7]

lus inguinalis profundus wird von Fascia transversalis und Peritoneum verschlossen.

▶ Der äußere Leistenring, **Anulus inguinalis superficialis,** stellt die Öffnung in der Externusaponeurose dar, die durch Fasern der Externusaponeurose (Crus mediale und laterale, Fibrae intercrurales) begrenzt wird.

▶ Dem Leistenkanal folgen **indirekte Leistenhernien** (Herniae inguinales indirectae), die somit die beiden Leistenringe durchbrechen und die angeboren oder erworben sein können.

▶ **Direkte Leistenhernien** (Herniae inguinales directae) durchbrechen die Fossa inguinalis medialis und den Anulus inguinalis superficialis und sind stets erworben.

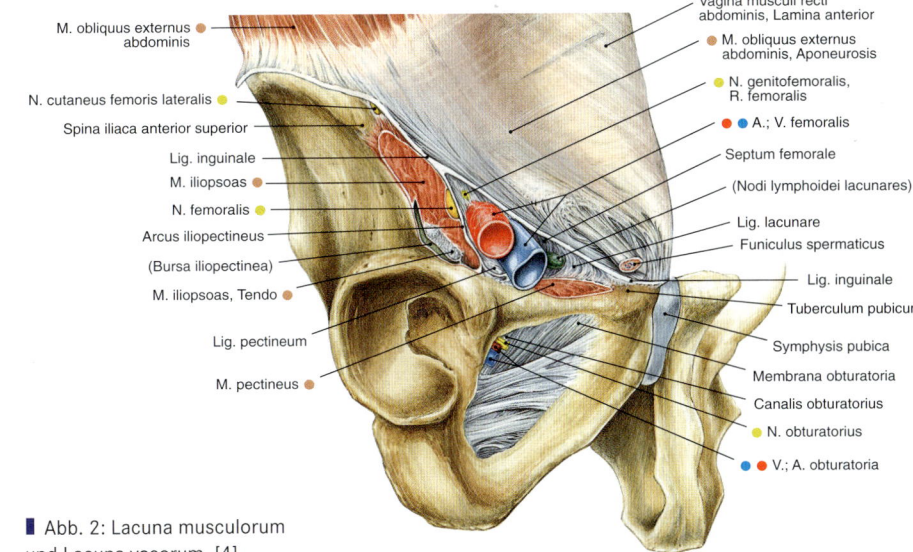

■ Abb. 2: Lacuna musculorum und Lacuna vasorum. [4]

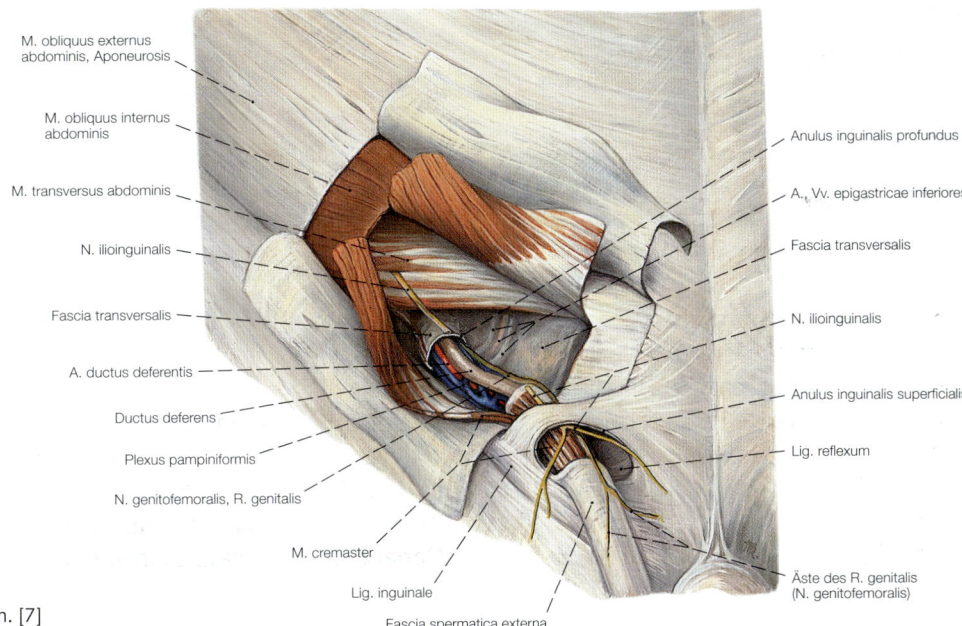

■ Abb. 3: Leistenkanal beim Mann. [7]

Begrenzungen	Inhalte beim Mann	Inhalte bei der Frau
Kaudaler Boden:	▶ N. ilioinguinalis	▶ N. ilioinguinalis
▶ Lig. inguinale	▶ Funiculus spermaticus mit	▶ R. genitalis des N. genito-
▶ Lig. reflexum	→ R. genitalis des N. genitofemoralis	femoralis
Kraniales Dach:	→ Ductus deferens	▶ Lig. teres uteri
▶ M. obliquus int. abdominis	→ A., V. ductus deferentis	▶ A./V. ligamenti teretis uteri
▶ M. transversus abdominis	→ A. testicularis	▶ Lymphgefäße
Ventrale Wand: Aponeurose des	→ Plexus pampiniformis	
M. obliquus ext. abdominis	→ A., V. cremasterica	
Dorsale Wand: Fascia transversalis	→ Vegetative Nervenfasern	
mit Lig. interfoveolare und Peritoneum	→ Lymphgefäße	

■ Tab. 2: Begrenzungen und Inhalte des Leistenkanals.

Zusammenfassung

✖ Beckenhöhle und untere Extremität sind über Gefäß-Nerven-Straßen miteinander verbunden.

✖ Durch die Lacuna vasorum verlaufen: von **i**nnen **V.** femoralis, **A.** femoralis, **N.** genitofemoralis (R. femoralis), Merkwort **IVAN.**

✖ Durch die Lacuna musculorum treten N. femoralis und N. cutaneus femoris lateralis.

✖ Der Leistenkanal stellt eine Schwachstelle der Bauchwand dar.

Arterien und Venen I

Arterien

Die **arterielle Versorgung von Kopf und Hals** erfolgt über Äste der A. subclavia und der A. carotis communis, die rechts aus dem Truncus brachiocephalicus, links direkt aus dem Aortenbogen hervorgehen. Sofern nicht explizit angegeben, entsprechen die bei der Beschreibung des Verlaufs genannten Strukturen dem Versorgungsgebiet der Arterie.

▶ Die **A. subclavia** (▮ Abb. 1, s. S. 14) entlässt Äste zur Versorgung von Gehirn, Kopf, Hals, Brustwand und oberer Extremität. **Astfolge: A. vertebralis** (zum Gehirn mit Ästen zur Nacken- und autochthonen Rückenmuskulatur, s. S. 92), A. thoracica interna (zur Brustwand, s. S. 12), **Truncus thyrocervicalis** (▮ Tab. 1) und Truncus costocervicalis. Der **Truncus costocervicalis** entspringt hinter dem M. scalenus anterior nach dorsokaudal und teilt sich in die A. cervicalis profunda zur tiefen Nackenmuskulatur sowie die A. intercostalis suprema (s. S. 12).

▶ Die **A. carotis communis** verläuft ohne Abgabe von Ästen in der **Vagina carotica** (s. S. 90) zusammen mit der V. jugularis interna und dem N. vagus unter dem M. sternocleidomastoideus nach kranial. Am Vorderrand des M. sternocleidomastoideus (Puls tastbar) tritt sie in das **Trigonum caroticum** (▮ Abb. 2) und teilt sich dort am Oberrand des Schildknorpels i. H. HWK 4 in die A. carotis externa und die A. carotis interna (zum Gehirn, s. S. 92). Die Teilungsstelle ist zum **Sinus caro-**

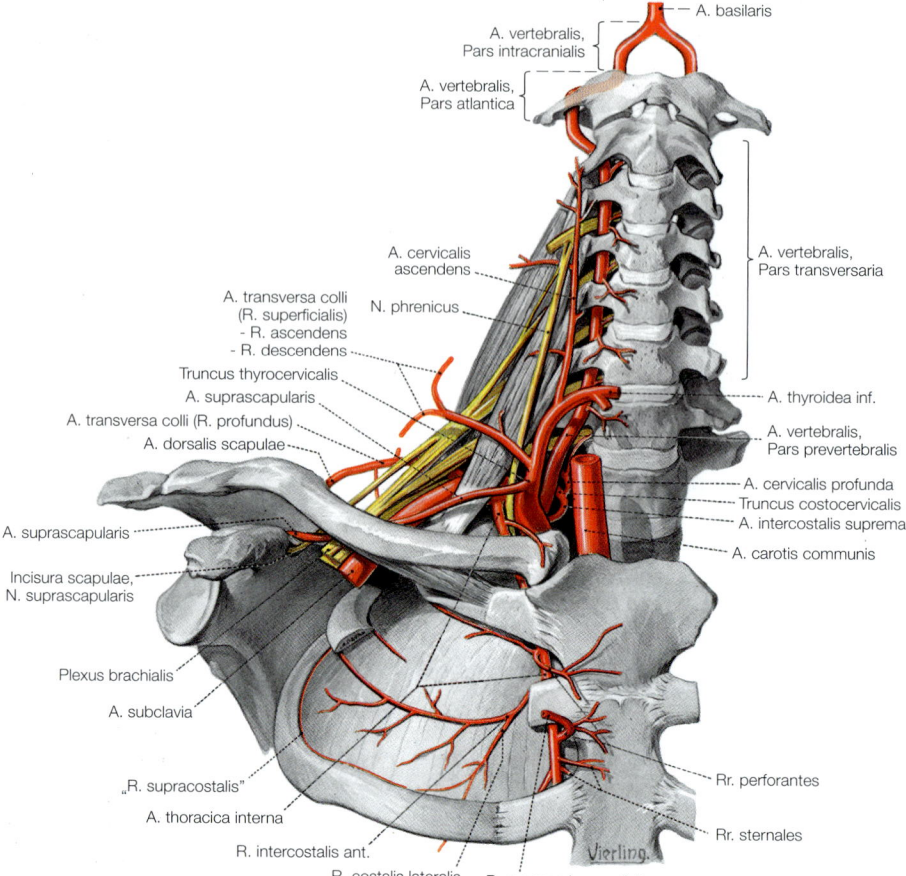

▮ Abb. 1: A. subclavia und ihre Äste. [2]

A. basilaris
A. vertebralis, Pars intracranialis
A. vertebralis, Pars atlantica
A. cervicalis ascendens
A. transversa colli (R. superficialis) - R. ascendens - R. descendens
Truncus thyrocervicalis
A. suprascapularis
A. transversa colli (R. profundus)
A. dorsalis scapulae
A. suprascapularis
Incisura scapulae, N. suprascapularis
Plexus brachialis
A. subclavia
„R. supracostalis"
A. thoracica interna
R. intercostalis ant.
R. costalis lateralis
N. phrenicus
A. thyroidea inf.
A. vertebralis, Pars prevertebralis
A. cervicalis profunda
Truncus costocervicalis
A. intercostalis suprema
A. carotis communis
Rr. perforantes
Rr. sternales
R. mammarius medialis
A. vertebralis, Pars transversaria

ticus erweitert, in dem Pressorezeptoren den Blutdruck und Chemorezeptoren (**Glomus caroticum**) die Blutgaskonzentrationen messen und diese Informationen über den N. glossopharyngeus (IX. Hirnnerv) zum Hirnstamm weiterleiten.

▶ Die **A. carotis externa** (▮ Abb. 2) liegt beim Ursprung meist ventral und medial der A. carotis interna, zieht ober-flächlich durch das Trigonum caroticum zur Fossa retromandibularis und unterkreuzt dabei den N. hypoglossus, den Venter posterior des M. digastricus und den M. stylohyoideus. Auf ihrem Weg gibt sie **3 vordere** (▮ Tab. 2), **1 medialen** (▮ Tab. 3) und **2 hintere** (▮ Tab. 4) Äste ab. Die 3 vorderen Äste können einen gemeinsamen Ursprung haben (Truncus thyrolinguofacialis). Die A. carotis externa verläuft dann durch die Gl. parotidea und teilt sich **in der Parotisloge** i. H. des Collum mandibulae in ihre beiden **Endäste** (A. maxillaris und A. temporalis superficialis, ▮ Tab. 5 auf S. 72).

> Merkspruch für die Astfolge der A. carotis externa: Theo (A. thyroidea superior) Lingen (A. lingualis) fabriziert (A. facialis) phantastische (A. pharyngea ascendens) Ochsenschwanzsuppe (A. occipitalis) aus (A. auricularis posterior) toten (A. temporalis superficialis) Mäusen (A. maxillaris).

Systematik	Topographie und wichtigste Versorgungsgebiete
Truncus thyrocervicalis	Ursprung am medialen Rand des M. scalenus ant.
▶ A. thyroidea inf.	Setzt den Verlauf des Stammes nach kranial fort. Biegt dann nahezu rechtwinklig nach medial. Zieht vor der A. vertebralis und hinter der Vagina carotica zum unteren Schilddrüsenpol, den sie von dorsal erreicht. Kleinere Äste: → Rr. pharyngeales, oesophageales und tracheales.
→ A. laryngea inf.	Zum Kehlkopf.
▶ A. cervicalis ascendens	Zu den Mm. scaleni und zur prävertebralen Halsmuskulatur. → Rr. spinales zum Rückenmark.
▶ A. suprascapularis	Zur dorsalen Schulterblattmuskulatur (s. S. 14).
▶ A. transversa cervicis	Verläuft in variabler Weise durch das seitliche Halsdreieck nach laterodorsal und teilt sich in einen → R. superficialis zum M. trapezius und einen → R. profundus (= A. dorsalis scapulae, s. S. 14).

▮ Tab. 1: Äste des Truncus thyrocervicalis.

Systematik	Topographie und wichtigste Versorgungsgebiete
A. thyroidea sup.	Zieht in einem Bogen nach medial und kaudal zum Oberrand und zur Vorderfläche der Schilddrüse (→ Rr. glandulares). Gibt weiterhin 3 Äste, → Rr. infrahyoideus, cricothyroideus (Verletzungsgefahr bei Koniotomie) und sternocleidomastoideus, zu den entsprechenden Muskeln ab.
▶ A. laryngea sup.	Durchbricht zusammen mit dem N. laryngeus sup. (R. internus) die Membrana thyrohyoidea zur Innenseite des Kehlkopfs.
A. lingualis	Entspringt in Höhe des großen Zungenbeinhorns. Dringt hinter dem M. hyoglossus in die Zunge ein, wo sie zwischen M. genioglossus und M. longitudinalis inf. verläuft. Gibt unterwegs den → R. suprahyoideus zum Zungenbein und → Rr. dorsales linguae zum Zungenrücken ab.
▶ A. sublingualis	Zieht zwischen M. mylohyoideus und Gl. submandibularis nach ventral. Anastomosiert mit der ↔ A. submentalis.
▶ A. profunda linguae	Endast zur Zungenspitze.
A. facialis	Verläuft im Trigonum submandibulare bedeckt von der Gl. submandibularis am Unterkieferrand, überkreuzt diesen ventral des Masseteransatzes nach kranial (Puls tastbar!) und zieht geschlängelt weiter zum Mundwinkel und zum medialen Augenwinkel.
▶ A. palatina ascendens	Verläuft in der Seitenwand des Pharynx aufwärts zum weichen Gaumen und zur Tonsilla palatina (→ R. tonsillaris).
▶ Rr. glandulares	Zur Gl. Submandibularis.
▶ A. submentalis	Gelangt an der Unterfläche des M. mylohyoideus zum Kinn. Anastomosiert mit der ↔ A. sublingualis.
▶ Aa. labiales inf. und sup.	Zur Unter- bzw. Oberlippe.
▶ A. angularis	Endast zum medialen Augenwinkel, der mit der ↔ A. dorsalis nasi (aus der A. ophthalmica, s. S. 98) anastomosiert (Umgehungskreislauf beim Verschluss der A. carotis interna).

▮ Tab. 2: Vordere Äste der A. carotis externa.

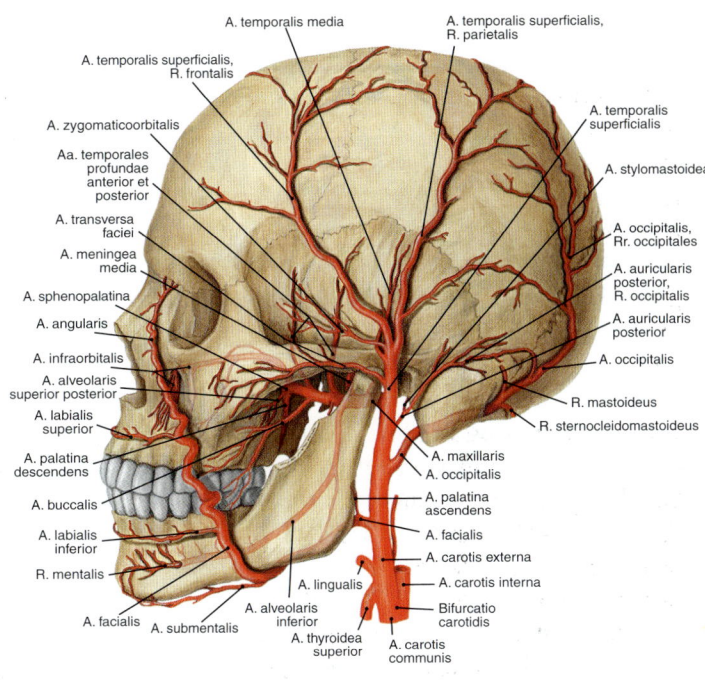

▮ Abb. 2: Äste der A. carotis externa. [3]

Systematik	Topographie und wichtigste Versorgungsgebiete
A. pharyngea ascendens	Zieht in der Seitenwand des Pharynx, den sie mit → Rr. pharyngeales versorgt, aufwärts bis zur Schädelbasis.
▶ A. tympanica inf.	Gelangt durch den Canaliculus tympanicus in die Paukenhöhle.
▶ A. meningea post.	Tritt durch das Foramen jugulare in die hintere Schädelgrube zur Dura mater.

▮ Tab. 3: Medialer Ast der A. carotis externa.

Systematik	Topographie und wichtigste Versorgungsgebiete
A. occipitalis	Entspringt i. H. der A. facialis. Gelangt unter dem M. sternocleidomastoideus (→ Rr. sternocleidomastoidei) zur Medialseite des Proc. mastoideus, wendet sich dorsalwärts, durchbohrt den M. trapezius und zieht am Hinterhaupt aufwärts (→ Rr. occipitales).
▶ R. mastoideus	Zieht durch das Foramen mastoideum in die hintere Schädelgrube zur Dura mater.
▶ R. auricularis	Zur Hinterfläche der Ohrmuschel.
A. auricularis post.	Steigt vor dem Proc. mastoideus (→ Rr. mastoidei) und hinter der Ohrmuschel (→ R. auricularis) aufwärts. → R. parotideus zur Gl. parotidea).
▶ R. occipitalis	Anastomosiert mit ↔ Rr. occipitales der A. occipitalis.
▶ A. stylomastoidea	Verläuft mit dem N. facialis im Canalis facialis und versorgt diesen.
→ A. tympanica post.	Zieht mit der Chorda tympani zur Paukenhöhle.

▮ Tab. 4: Hintere Äste der A. carotis externa.

Arterien und Venen II

Arterien (Fortsetzung)

Systematik	Topographie und wichtigste Versorgungsgebiete
A. temporalis superf.	Zieht zwischen Kiefergelenk und äußerem Gehörgang zur Schläfe. Äste: → Rr. parotidei zur Parotis, → Rr. auriculares ant. zur Ohrmuschel, → A. transversa faciei unterhalb des Jochbogens zur Wange, → A. zygomaticoorbitalis zur seitlichen Orbitawand, → A. temporalis media zum M. temporalis.
► Rr. frontalis und parietalis	Häufig geschlängelte Endäste oberhalb des Jochbogens zur Stirn bzw. Schläfe.
A. maxillaris	Lässt in ihrem Verlauf drei Abschnitte erkennen.
– Pars mandibularis	Erster Abschnitt nach fast rechtwinkligem Abgang aus der A. carotis ext. Verläuft an der Innenseite des Ramus mandibulae in der Fossa retromandibularis, dann in der Fossa infratemporalis.
► A. auricularis prof.	Zu Kiefergelenk, äußerem Gehörgang und Trommelfell.
► A. tympanica ant.	Gelangt mit der Chorda tympani durch die Fissura petrotympanica zur Paukenhöhle.
► A. alveolaris inf.	Zieht nach Abgabe des → R. mylohyoideus (zum M. mylohyoideus) in den Canalis mandibulae zur Versorgung des Unterkiefers (Knochen, Zähne und Zahnfleisch). Ihr Endast tritt als → A. mentalis durch das Foramen mentale zum Kinn und zur Unterlippe.
► A. meningea media	Größte Hirnhautarterie. Tritt durch das Foramen spinosum in die mittlere Schädelgrube. Teilt sich in → R. frontalis (Anastomose mit ↔ A. lacrimalis) und → R. parietalis. Versorgt Dura mater und die Kalotte der vorderen und mittleren Schädelgrube. Bei einem Schädel-Hirn-Trauma kann sie einreißen und eine epidurale Blutung verursachen (s. S. 100). Gibt die → A. tympanica sup. zur Paukenhöhle ab.
– Pars pterygoidea	Verläuft zwischen oder hinter dem M. pterygoideus lat. in der Fossa infratemporalis.
► Kaumuskeläste	A. masseterica, Aa. temporales prof. ant. und post. sowie Rr. pterygoidei zu den entsprechenden Kaumuskeln.
► A. buccalis	Auf dem M. buccinator zur Wange. Anastomosen mit der ↔ A. facialis und der ↔ A. transversa faciei.
– Pars pterygopalatina	Der Endabschnitt der A. maxillaris liegt in der Fossa pterygopalatina.
► A. alveolaris sup. post.	Versorgt die Kieferhöhle sowie die hinteren Oberkieferzähne und zugehöriges Zahnfleisch.
► A. infraorbitalis	Gelangt durch die Fissura orbitalis inf. in die Orbita und in den Canalis infraorbitalis, durch das Foramen infraorbitale zum Gesicht. Versorgt über → Aa. alveolares sup. ant. die vorderen Oberkieferzähne und zugehöriges Zahnfleisch.
► A. palatina descendens	Zieht in den Canalis palatinus major. Teilt sich dort in → Aa. palatinae minores (durch die Foramina palatina minora zum weichen Gaumen und Gaumenmandel) sowie die → A. palatina major (durch das Foramen palatinum majus zum harten Gaumen).
► A. sphenopalatina	Verläuft durch das Foramen sphenopalatinum zur Nasenhöhle. Versorgt mit → Aa. nasales post. lat. den Großteil der Seitenwand der Nasenhöhle und mit → Rr. septales post. den Großteil des Nasenseptums. Kann bei unstillbarem (hinteren) Nasenbluten in der Fossa pterygopalatina unterbunden werden. Anastomose mit ↔ Aa. ethmoidales.

❚ Tab. 5: Endäste der A. carotis externa.

Venen

Die **venöse Drainage der Kopf- und Halsregion** (❚ Abb. 3, ❚ Abb. 4) gliedert sich in ein oberflächliches und ein tiefes System. Sie erfolgt überwiegend über die drei Drosselvenen: **V. jugularis interna, V. jugularis externa** und **V. jugularis anterior,** wobei die V. jugularis interna mit ihren Zuflüssen zum **tiefen System,** die Vv. jugulares externa und anterior mit ihren Zuflüssen zum **oberflächlichen System** (❚ Abb. 4) gerechnet werden. Das oberflächliche System unterliegt einer großen Variabilität. In der Regel mündet die V. jugularis anterior in die V. jugularis externa, die wiederum in die V. jugularis interna drainiert. Die V. jugularis interna fließt im sog. **Venenwinkel** hinter dem Sternoklavikulargelenk mit der V. subclavia zur V. brachiocephalica zusammen. Die linke und rechte V. brachiocephalica vereinigen sich hinter dem rechten 1. Rippenknorpel im Mediastinum superius zur V. cava superior (s. S. 40).

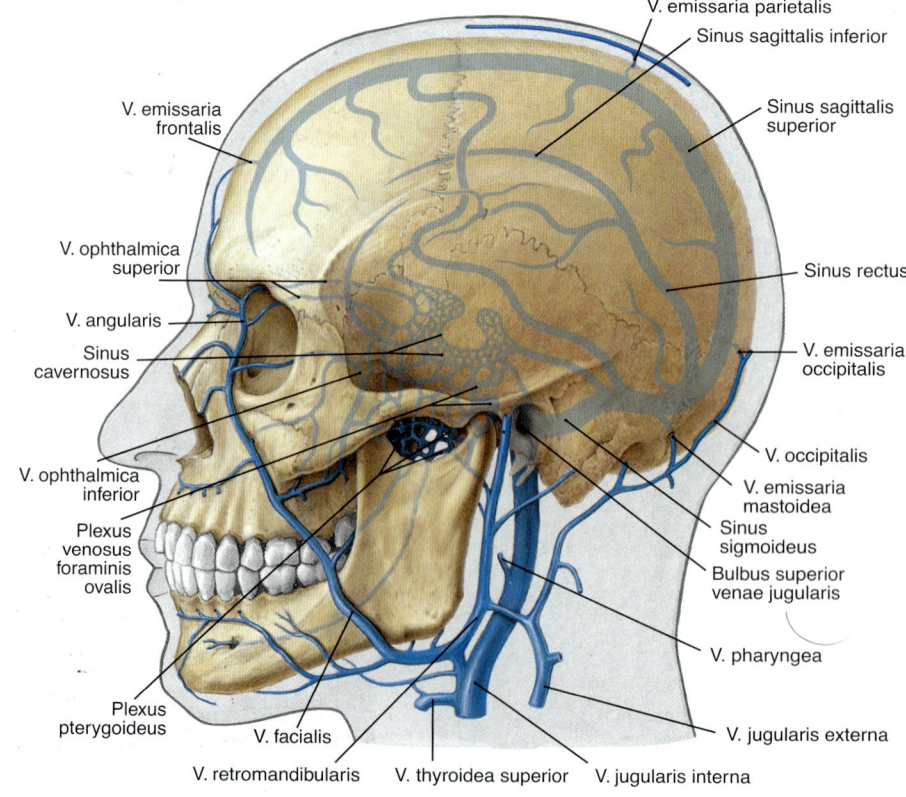

❚ Abb. 3: Venen des Kopfes und des Gehirns (durchscheinend). [3]

Tiefes System (V. jugularis interna)

Die **V. jugularis interna** (▌ Abb. 3) beginnt im **Foramen jugulare** als Fortsetzung des Sinus sigmoideus (s. S. 94). Der erweiterte Anfangsabschnitt **(Bulbus superior venae jugularis)** nimmt außerdem noch den Plexus basilaris auf (s. S. 94). Die V. jugularis interna gelangt dann in das Spatium lateropharyngeum und gemeinsam mit der A. carotis communis und dem N. vagus in der **Vagina carotica** zum Venenwinkel. Vor dem Zusammenfluss mit der V. subclavia ist die V. jugularis interna zum Bulbus inferior venae jugularis erweitert. Im Verlauf nimmt sie folgende **wichtige Zuflüsse** auf:

▶ **Vv. pharyngeae** aus dem Plexus pharyngeus der Rachenwand.
▶ **V. facialis:** Die V. facialis beginnt als V. angularis am medialen Augenwinkel (klinisch bedeutende Anastomose zur ↔ V. ophthalmica superior, s. S. 94, s. S. 100). Sie gelangt dorsal der A. facialis um den Mandibularand in das Trigonum caroticum, wo sie vor ihrer Mündung in die V. jugularis interna oft noch die V. retromandibularis aufnimmt. Die V. facialis sammelt das venöse Blut des Gesichts und der Zunge und erhält über die V. profunda faciei Blut aus dem Plexus pterygoideus.
▶ **V. retromandibularis:** Die V. retromandibularis liegt bedeckt von der Gl. parotidea dorsal des Ramus mandibulae. Sie erhält u. a. Zuflüsse aus den Vv. temporales superficiales und über Vv. maxillares aus dem Plexus pterygoideus. Die Zuflüsse des um die Kaumuskeln herum liegenden **Plexus pterygoideus** entsprechen weitestgehend den Ästen der A. maxillaris. Er hat neben den genannten Verbindungen zur V. facialis und V. retromandibularis auch eine Verbindung zum Sinus cavernosus über die V. ophthalmica inferior.
▶ **Vv. thyroideae superior und media** von der Schilddrüse.

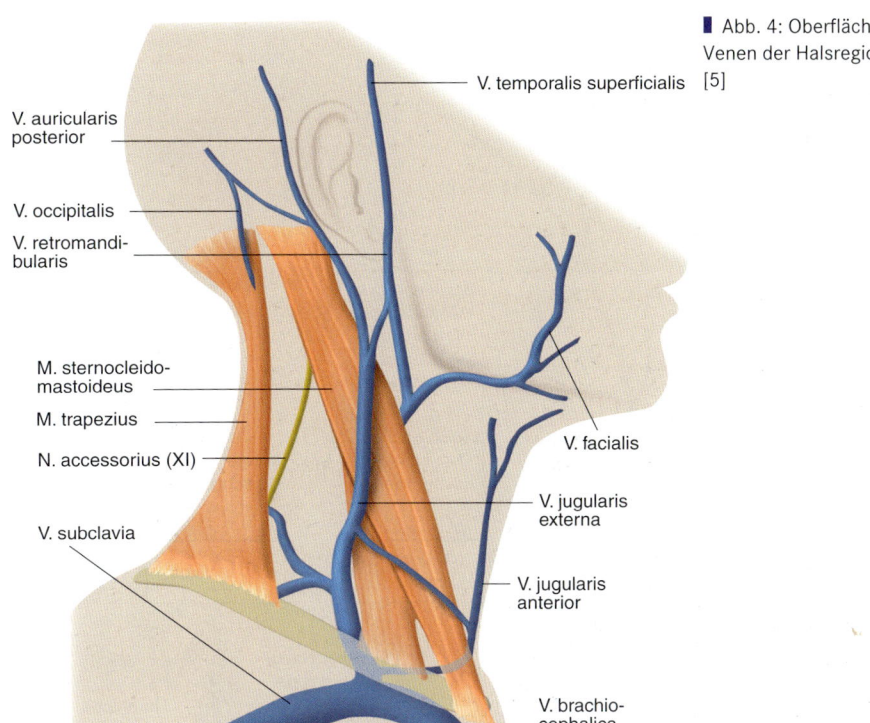

▌ Abb. 4: Oberflächliche Venen der Halsregion. [5]

- V. temporalis superficialis
- V. auricularis posterior
- V. occipitalis
- V. retromandibularis
- M. sternocleidomastoideus
- M. trapezius
- N. accessorius (XI)
- V. subclavia
- V. facialis
- V. jugularis externa
- V. jugularis anterior
- V. brachiocephalica

Die V. jugularis interna eignet sich aufgrund ihrer relativ guten Zugänglichkeit, ihrer kurzen Distanz zum Herzen und ihres großen Durchmessers zur Platzierung eines zentralen Venenkatheters (ZVK), über den Medikamente schnell und sicher verabreicht werden können.

Oberflächliches System

▶ Die **V. jugularis externa** (▌ Abb. 4) entsteht hinter der Ohrmuschel aus dem Zusammenfluss der V. occipitalis und der V. auricularis posterior. Sie verläuft quer über den M. sternocleidomastoideus zwischen Lamina superficialis fasciae cervicalis und Platysma abwärts. Am kaudalen Hinterrand des M. sternocleidomastoideus tritt sie durch die Fascie und mündet in die V. jugularis interna oder V. subclavia.
▶ Die **V. jugularis anterior** (▌ Abb. 4) entsteht in Höhe des Zungenbeins aus kleineren Venen (z. B. V. submentalis). Sie verläuft hinter dem Platysma auf dem M. sternothyroideus abwärts und mündet in der Regel in die V. jugularis externa. Häufig stehen die Venen beider Seiten oberhalb des Sternums durch einen Arcus venosus jugularis in Verbindung.

Der Arcus venosus jugularis kann bei Tracheotomien verletzt werden (Blutungen!). Eine beidseitige Erweiterung der Vv. jugulares externa und anterior kann Zeichen einer Rechtsherzinsuffizienz oder einer oberen Einflussstauung (s. S. 60) sein.

Zusammenfassung

✖ Die **arterielle Versorgung** der Kopf- und Halsregion erfolgt über Äste der A. subclavia und der A. carotis externa.

✖ Die **venöse Drainage** von Kopf und Hals erfolgt überwiegend über die drei Drosselvenen: V. jugularis interna, V. jugularis externa und V. jugularis anterior.

Lymphgefäße und Lymphknoten

■ Abb. 1: Schematische Darstellung der Lymphknotenstationen und Hauptabflusswege im Kopf- und Halsbereich.

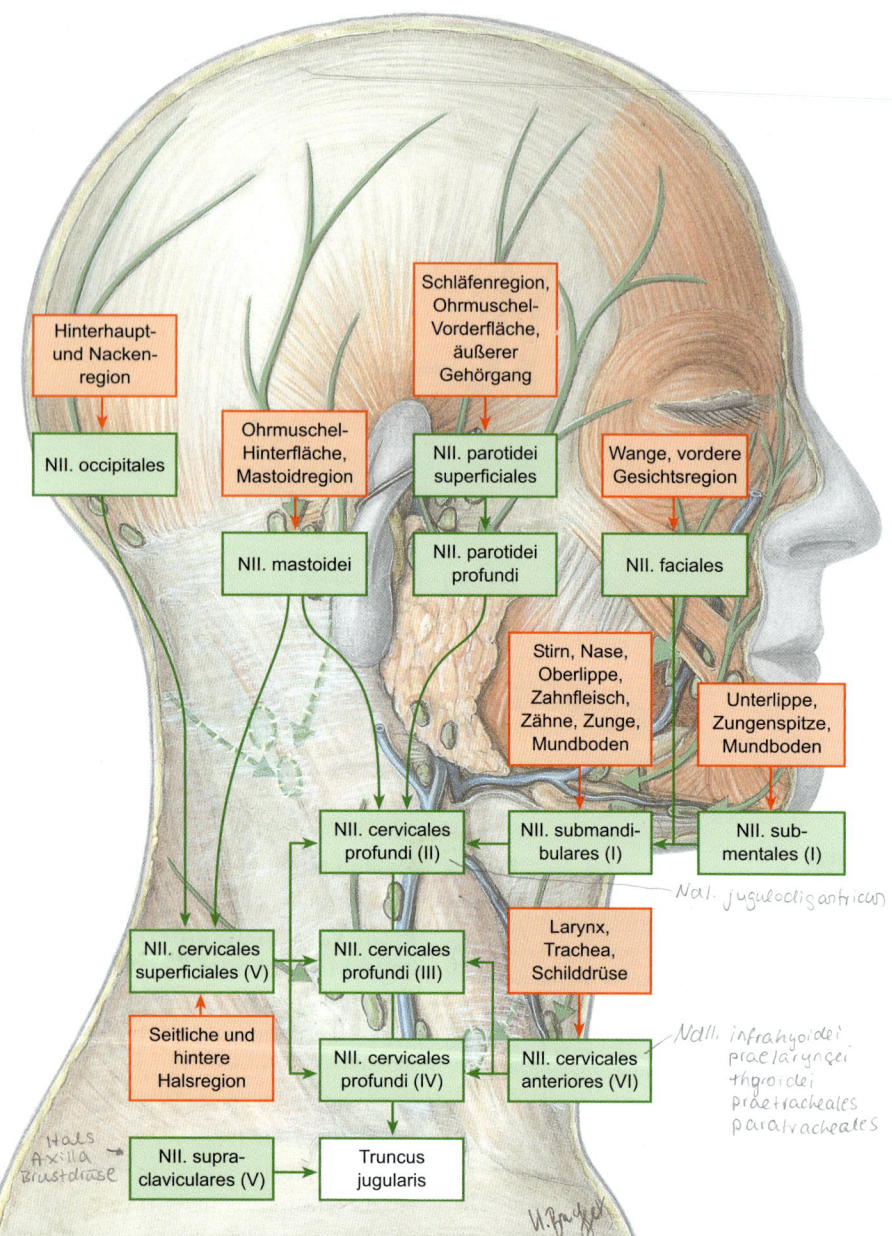

Lymphabfluss und regionäre Lymphknoten

Die **Lymphe aus dem Kopf- und Halsbereich** fließt überwiegend zunächst in regionäre Lymphknoten, die die Lymphe einer umschriebenen Region drainieren (■ Abb. 1). Beachte: Im Kopf- und Halsbereich muss zwischen der eben genannten anatomischen Definition regionärer Lymphknoten und der Klassifikation der Lymphknoten bei Kopf- und Halstumoren unterschieden werden. Bei der **Klassifikation von Kopf- und Halstumoren** zählen nämlich nicht nur die regionären Lymphknoten der vom Tumor befallenen Region, sondern auch alle anderen regionären

Lymphknoten und Sammellymphknoten im Kopf- und Halsbereich als „regionäre Lymphknoten" im Sinne der Klassifikation. Die Klassifikation unterscheidet also bei der Beurteilung von Lymphknotenmetastasen nicht zwischen verschiedenen Tumorlokalisationen. Ausnahme ist die **Schilddrüse,** für die sowohl die zervikalen als auch die oberen mediastinalen Lymphknoten (■ Abb. 2 auf S. 48) als regionäre Lymphknoten eingestuft werden.

> Verdickte Halslymphknoten sind ein häufiger Untersuchungsbefund und bedürfen der weiteren Abklärung. Ursache können Infekte, Entzündungen oder Tumormetastasen sein.

Sammellymphknoten und Lymphstämme

Der Großteil der Lymphe fließt von den regionären Lymphknoten in die **Nll. cervicales profundi.** Ein kleinerer Anteil der Lymphe drainiert zunächst in die Nll. cervicales superficiales und Nll. cervicales anteriores, dann auch überwiegend weiter in die Nll. cervicales profundi.

▶ Die **Nll. cervicales profundi** liegen überwiegend entlang der V. jugularis interna. Man spricht daher auch von der sog. **Jugulariskette.**
▶ Die **Nll. cervicales superficiales** sind entlang des N. accessorius lokalisiert, sog. **Accessoriuskette.**

▶ Die **NII. cervicales anteriores** in der vorderen Halsregion untergliedern sich weiter in die NII. infrahyoidei, praelaryngei, thyroidei, praetracheales und paratracheales.

Die efferenten Lymphgefäße der NII. cervicales profundi verbinden sich zum **Truncus jugularis,** der rechts in den Ductus lymphaticus dexter, links in den Ductus thoracicus mündet.
Die zervikalen Lymphknoten werden aus onkochirurgischer Sicht in **6 Level** unterteilt:

▶ **Level I:** NII. submentales und NII. submandibulares;
▶ **Level II:** obere Gruppe der NII. cervicales profundi mit dem prominenten NI. jugulodigastricus (erhält Lymphe u. a. aus den Tonsillen);
▶ **Level III:** mittlere Gruppe der NII. cervicales profundi;
▶ **Level IV:** untere Gruppe der NII. cervicales profundi;
▶ **Level V:** NII. cervicales superficiales, NII. supraclaviculares;
▶ **Level VI:** NII. cervicales anteriores.

Die NII. supraclaviculares erhalten nicht nur Lymphe aus dem Halsbereich, sondern auch aus der Axilla und der Brustdrüse. Außerdem können Metastasen aus Tumoren des Bauchraums (v. a. Magen, Leber und Ovar) durch Reflux aus dem Ductus thoracicus in die linken NII. supraclaviculares (sog. Virchow-Drüse) gelangen und so zu einer tastbaren Vergrößerung der Lymphknoten führen.

Im Bereich der Halsbasis liegen der rechte und linke **Venenwinkel,** in denen die Lymphe des gesamten Körpers wieder dem Blutkreislauf zugeführt wird. In den linken Venenwinkel mündet der **Ductus thoracicus** (s. S. 44), der kurz vor der Mündung die linken

Trunci jugularis, subclavius und bronchomediastinalis aufnimmt. In den rechten Venenwinkel drainiert der **Ductus lymphaticus dexter,** der aus der Vereinigung der rechten Trunci jugularis, subclavius und bronchomediastinalis entsteht und nur etwa 1 cm lang ist. Im Bereich der Mündungen verhindert eine Klappe den Übertritt von venösem Blut in die Lymphstämme.

▶ Der **Truncus jugularis** sammelt die Lymphe aus dem Kopf- und Halsbereich (s. o.).
▶ Der **Truncus subclavius** drainiert die Lymphe der oberen Extremität (s. S. 18).
▶ Der **Truncus bronchomediastinalis** enthält die Lymphe aus dem Brustraum (s. S. 44) und teilweise von der Brustwand (s. S. 12).

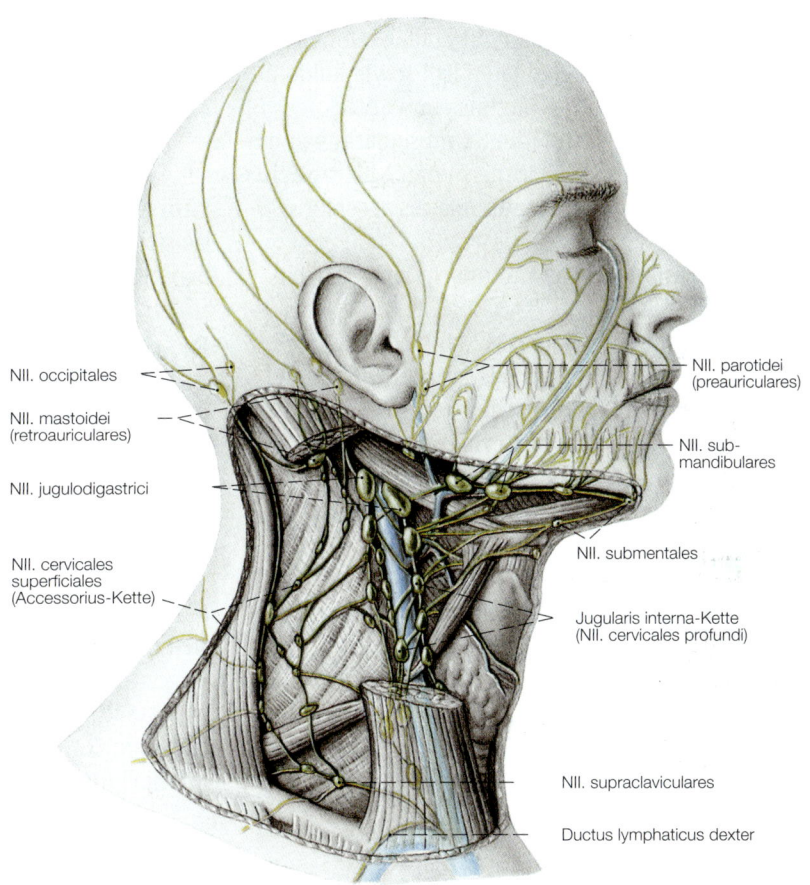

NII. occipitales
NII. mastoidei (retroauriculares)
NII. jugulodigastrici
NII. cervicales superficiales (Accessorius-Kette)
NII. parotidei (preauriculares)
NII. submandibulares
NII. submentales
Jugularis interna-Kette (NII. cervicales profundi)
NII. supraclaviculares
Ductus lymphaticus dexter

■ Abb. 2: Lymphknoten des Kopf- und Halsbereichs. [2]

Zusammenfassung

✖ Regionäre Lymphknoten drainieren die Lymphe begrenzter Regionen und leiten sie an Sammellymphknoten weiter.
✖ Die **NII. cervicales profundi** entlang der V. jugularis interna sammeln die Lymphe fast des gesamten Kopf- und Halsbereichs.
✖ Schließlich gelangt die Lymphe über den **Truncus jugularis** links in den Ductus thoracicus, rechts in den Ductus lymphaticus dexter.
✖ Der **Ductus thoracicus** führt als größter Lymphstamm des menschlichen Körpers ca. ¾ der gesamten Lymphflüssigkeit zum linken Venenwinkel.
✖ Der **Ductus lymphaticus dexter** sammelt die Lymphe des rechten oberen Körperquadranten und mündet in den rechten Venenwinkel.

Nerven und Nervengeflechte am Hals

Somatische Innervation

Plexus cervicalis (C1 – C4)

Die **Rr. anteriores** der Spinalnerven der Segmente **C1–C4** bilden den **Plexus cervicalis** (█ Abb. 1), der die somatische Innervation des Großteils der Halsregion übernimmt. Der Plexus cervicalis liegt lateral der Halswirbelsäule in der Tiefe unter dem M. sternocleidomastoideus, vor den Ursprüngen des M. scalenus medius und des M. levator scapulae.

▶ **M:** Von den Rr. anteriores und direkt aus dem Plexus cervicalis gehen **Rr. musculares** zu den **Mm. scaleni,** zur **prävertebralen Muskulatur** (M. longus colli, M. longus capitis, Mm. recti capitis anterior und lateralis), sowie zu den Mm. intertransversarii posteriores laterales und anteriores cervicis ab. Außerdem innervieren die Rr. musculares gemeinsam mit dem N. accessorius (XI. Hirnnerv) den **M. trapezius** und den **M. sternocleidomastoideus** (Plexus accessorio-cervicalis).

▶ **M, S:** Der **N. phrenicus** erhält motorische und sensible Fasern aus **C3–C5** (s. S. 46).

▶ **M:** Motorische Fasern aus C1 und C2 lagern sich dem N. hypoglossus an, verlassen diesen wieder und verbinden sich als **Radix superior** mit motorischen Fasern aus C2 und C3, der **Radix inferior,** zur **Ansa cervicalis** (█ Abb. 1). Diese innerviert den **M. geniohyoideus** und die **infrahyale Muskulatur** (M. sternohyoideus, M. sternothyroideus, M. thyrohyoideus, M. omohyoideus).

▶ **S:** Die sensiblen Hautäste (█ Abb. 2, █ Tab. 1) treten am Hinterrand des M. sternocleidomastoideus am **Punctum nervo-**sum (sog. Erb-Punkt) an die Oberfläche. Von hier aus breiten sie sich, die Lamina superficialis der Fascia cervicalis durchbrechend, fächerförmig aus.

Rr. posteriores der zervikalen Spinalnerven

Die **Rr. posteriores der zervikalen Spinalnerven** innervieren mit ihren lateralen Ästen die autochthone Rückenmuskulatur und mit ihren medialen Ästen die darüber gelegene Haut segmental. Die oberen drei Rr. posteriores (C1–C3, █ Abb. 3) haben eine eigene Bezeichnung:

▶ **N. suboccipitalis** (C1): Der rein motorische Nerv zweigt sich im von den tiefen kurzen Nackenmuskeln umrahmten Trigonum suboccipitale in mehrere Äste zur umliegenden Muskulatur auf: **tiefe kurze Nackenmuskeln** (Mm. recti capitis major und minor, Mm. obliqui capitis superior und inferior), und **M. semispinalis capitis.**

„Ohne Tunsi alles scheiße"

Systematik	Topographie	Innervationsgebiete
N. occipitalis minor (C2)	Verläuft am Hinterrand des M. sternocleidomastoideus nach kranial.	**S:** Haut der seitlichen Hinterhauptregion
N. auricularis magnus (C2 + C3)	Verläuft den M. sternocleidomastoideus überquerend nach kranial. Teilt sich in → R. anterior und → R. posterior.	**S:** Haut vor und hinter dem Ohr.
N. transversus colli (C2 + C3)	Überkreuzt den M. sternocleidomastoideus nach ventromedial. Anastomose mit dem ↔ R. colli n. facialis.	**S:** Haut der vorderen Halsregion.
Nn. supraclaviculares (C3 + C4)	Verlaufen fächerförmig nach kaudal (Rr. mediales, intermedii et laterales).	**S:** Haut über der Klavikula und der Schulter bis zur 2. Rippe.

█ Tab. 1: Nerven des Punctum nervosum.

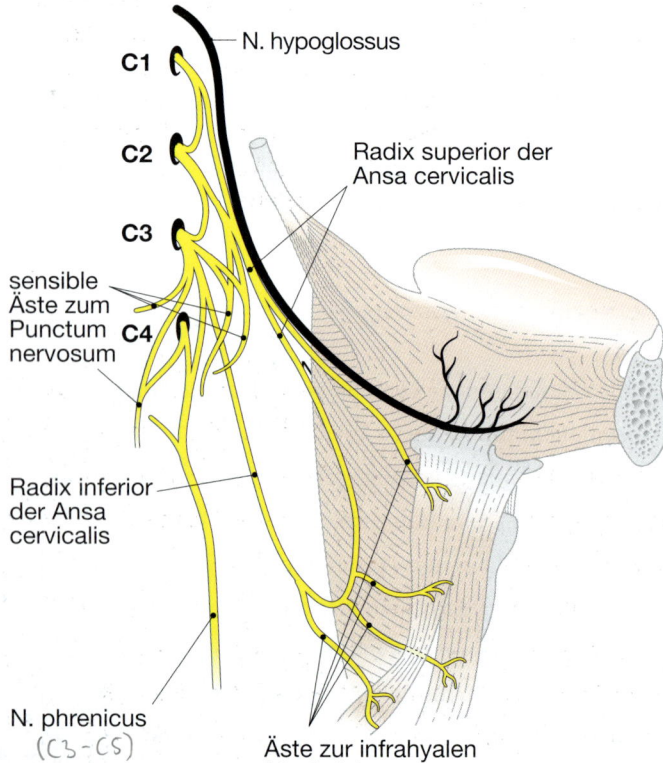

N. hypoglossus

C1

C2

Radix superior der Ansa cervicalis

C3

sensible Äste zum Punctum nervosum

C4

Radix inferior der Ansa cervicalis

N. phrenicus (C3–C5)

Äste zur infrahyalen Muskulatur

█ Abb. 1: Plexus cervicalis. [11]

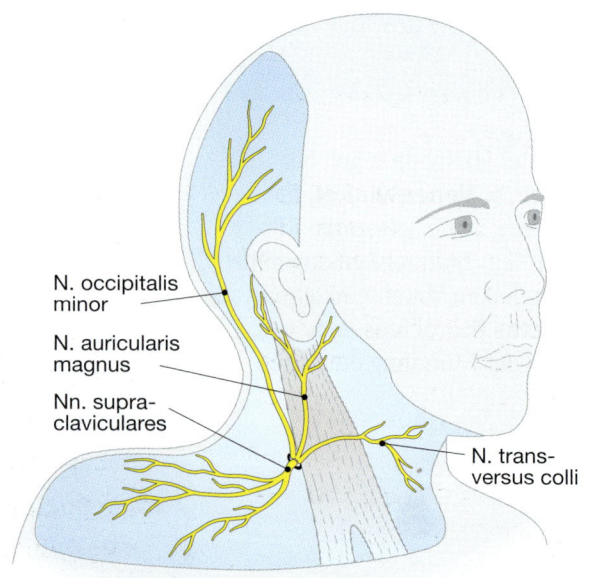

N. occipitalis minor

N. auricularis magnus

Nn. supra-claviculares

N. transversus colli

█ Abb. 2: Nerven des Punctum nervosum und ihr sensibles Innervationsgebiet (blau schattiert). [11]

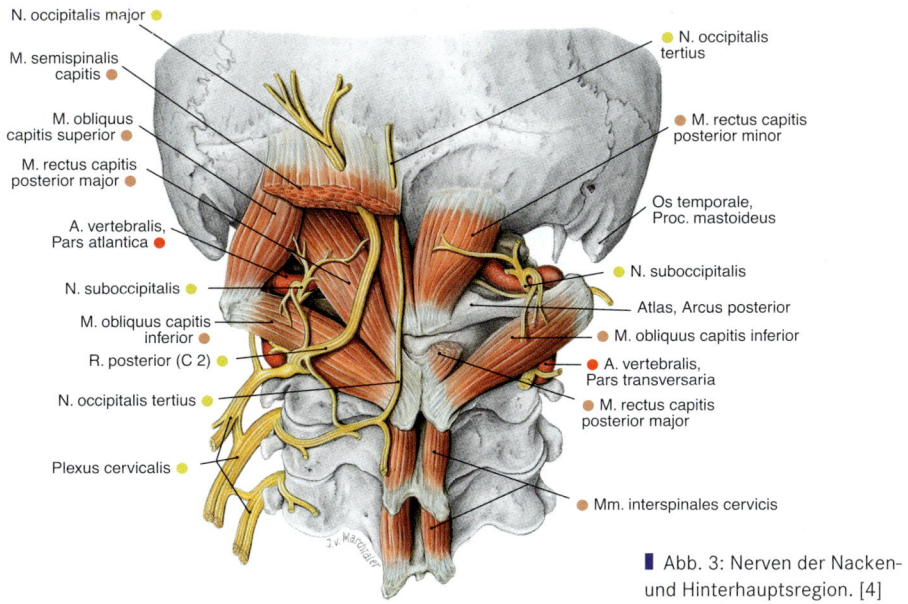

N. occipitalis major

M. semispinalis capitis

M. obliquus capitis superior

M. rectus capitis posterior major

A. vertebralis, Pars atlantica

N. suboccipitalis

M. obliquus capitis inferior

R. posterior (C 2)

N. occipitalis tertius

Plexus cervicalis

N. occipitalis tertius

M. rectus capitis posterior minor

Os temporale, Proc. mastoideus

N. suboccipitalis

Atlas, Arcus posterior

M. obliquus capitis inferior

A. vertebralis, Pars transversaria

M. rectus capitis posterior major

Mm. interspinales cervicis

■ Abb. 3: Nerven der Nacken- und Hinterhauptsregion. [4]

M: M. semispinalis, M. longissimus, M. splenius

▶ **N. occipitalis major** (C2): Sein sensibler medialer Ast durchbricht die Mm. semispinalis capitis und trapezius zur Innervation der Haut von Nacken und Hinterhaupt, wo er mit dem ↔ N. occipitalis minor verbunden ist.

▶ **N. occipitalis tertius** (C3): Sein sensibler medialer Ast beteiligt sich nach Durchtritt durch die Mm. semispinalis capitis und trapezius an der Innervation der Nackenhaut.

Vegetative Innervation

Die **parasympathische Innervation der Halsorgane** erfolgt über den **N. vagus** (X. Hirnnerv, s. S. 88).

Organisation und Verlauf des Sympathikus

Der **Truncus sympathicus** liegt im Halsbereich direkt vor der prävertebralen Muskulatur unter der Lamina prevertebralis der Fascia cervicalis. Die präganglionären Fasern zur Innervation von Kopf und Hals stammen aus den Rückenmarksegmenten C8–Th7 und gelangen über die präganglionären Rr. interganglionares des Truncus sympathicus in die **3 sympathischen Halsganglien:**

▶ **Ganglion cervicale inferius:** Es liegt vor dem 1. Rippenköpfchen und ist oft mit dem 1. Brustganglion zum **Gan-**glion cervicothoracicum (stellatum) verschmolzen.

▶ **Ganglion cervicale medium:** inkonstant, liegt i. H. HWK 6.

▶ **Ganglion cervicale superius:** Es liegt i. H. HWK 2 und bildet nach Umschaltung die Plexus carotici internus und externus um die Aa. carotidae interna bzw. externa. Vom **Plexus caroticus internus** ziehen mit dem N. nasociliaris Fasern überwiegend durch das Ganglion ciliare (ohne Umschaltung) zu den Mm. dilatator pupillae, tarsales und orbitalis sowie als N. petrosus profundus zum und durch das Ganglion pterygopalatinum (ohne Umschaltung) zur Gl. lacrimalis und zu den Gll. nasales, palatinae und pharyngeales. Vom **Ple-**xus caroticus externus gelangen Fasern durch das Ganglion oticum (ohne Umschaltung) zur Gl. parotidea sowie durch das Ganglion submandibulare (ohne Umschaltung) zu den Gll. submandibularis und sublingualis.

Die drei Halsganglien entlassen die **Nn. cardiaci cervicales** superior, medius und inferior zum Plexus cardiacus (s. S. 46). Über Rr. communicantes stehen die Halsganglien mit den zervikalen Spinalnerven in Verbindung.

> Bei einer Unterbrechung der sympathischen Verlaufsstrecke durch Raumforderungen (z. B. infiltrierender Tumor der Lungenspitze = Pancoast-Tumor) oder Lokalanästhetika (sog. Steilatumblockade, z. B. bei chronischen Schmerzen am Kopf, Hals oder Arm) ist das Horner-Syndrom (auch Horner-Trias) zu beobachten: Miosis durch Ausfall des M. dilatator pupillae, Ptosis durch Ausfall der Mm. tarsales, und Enophthalmus durch Ausfall des M. orbitalis.

Hirnnerven

Neben dem **N. vagus** (X. Hirnnerv, s. S. 88), der bis zum Abdomen zieht, haben noch der **N. glossopharyngeus** (IX. Hirnnerv, s. S. 86), der **N. accessorius** (XI. Hirnnerv, s. S. 88) und der **N. hypoglossus** (XII. Hirnnerv, s. S. 88) eine Verlaufsstrecke im Halsbereich. Gemeinsam ist diesen vier Hirnnerven der Verlauf durch das **Trigonum caroticum.**

Zusammenfassung

✖ Der **Plexus cervicalis (C1–C4)** innerviert **sensibel** mit seinen am Punctum nervosum (Erb-Punkt) an die Oberfläche tretenden Ästen die Haut der vorderen Halsregion, des Ohrbereichs und von Teilen der Schulterregion.

✖ **Motorisch** versorgt er die Mm. scaleni, die prävertebrale Muskulatur, den M. geniohyoideus und die infrahyale Muskulatur.

✖ Außerdem entlässt er den **N. phrenicus (C3–C5).**

✖ Die **Rr. posteriores** der zervikalen Spinalnerven innervieren die autochthone Rückenmuskulatur und die darüber gelegene Haut (Hinterkopf, Nacken, dorsaler Hals) segmental.

✖ Der **Truncus sympathicus** besteht im Halsbereich aus drei Ganglien.

Hirnnerven und Hirnnervenkerne im Überblick

Es gibt **12 Hirnnervenpaare** (▌ Tab. 1), die in der Reihenfolge ihres Austritts (▌ Abb. 1) aus dem Hirnstamm mit römischen Zahlen durchnummeriert werden **(Nn. I–XII).** Die Hirnnerven zählen zum peripheren Nervensystem (s. S. 6). Die ersten beiden Hirnnerven, der N. olfactorius (I) und der N. opticus (II), sind Ausstülpungen des zentralen Nervensystems (ZNS) und daher genau genommen keine peripheren Nerven. Diese beiden Nerven werden zusammen mit dem N. vestibulocochlearis (VIII) als Sinnesnerven im Zusammenhang des ZNS und der Sinnesorgane besprochen (s. S. 98). Die Ursprungs- bzw. Projektionsorte der Hirnnerven sind die Hirnnervenkerne im Hirnstamm: **Nuclei originis** (▌ Tab. 2) als Ursprungskerne der efferenten Hirnnervenfasern und **Nuclei terminationis** (▌ Tab. 3) als Projektionskerne der afferenten Hirnnervenfasern, deren Perikarya in sensiblen Kopfganglien liegen (vergleichbar mit den Spinalganglien der Spinalnerven). Die meisten Hirnnerven sind mit mehreren Kernen verbunden. Manche Kerne sind dabei Ursprungs- bzw. Projektionsorte für mehrere Hirnnerven.

Die Hirnnervenkerne lassen sich den **7 Faserqualitäten** zuordnen (▌ Tab. 1, ▌ Tab. 2, vgl. S. 6). Die allgemein-visceromotorischen Fasern der Hirnnerven sind stets parasympathisch, da die 1. sympathischen Neurone nur im thorakolumbalen Rückenmark liegen. Die Hirnnervenkerne sind entsprechend ihrer Qualität in **4 kranio-kaudalen Kernsäulen** angeordnet (▌ Abb. 2, ▌ Abb. 3): Prinzipiell liegen die somatomotorischen Kerne am weitesten medial; nach lateral folgen die allgemein- und speziell-visceromotorischen Kerne und

dann die allgemein- und speziell-viscerosensiblen Kerne; am weitesten lateral befinden sich die allgemein- und speziell-somatosensiblen Kerne.

Hirnnerv	Qualitäten	Wichtigste Innervationsgebiete	Verweis
N. olfactorius (I)	S-VS	Riechschleimhaut	s. S. 98
N. opticus (II)	S-S	Netzhaut	s. S. 98
N. oculomotorius (III)	M, VM	Innere und äußere Augenmuskulatur	s. S. 82
N. trochlearis (IV)	M	Äußere Augenmuskulatur	s. S. 84
N. trigeminus (V)	S-VM, S	Kaumuskulatur, Gesichtshaut	s. S. 80
N. abducens (VI)	M	Äußere Augenmuskulatur	s. S. 84
N. facialis (VII)	VM, S-VM, S-VS	Mimische Muskulatur, Geschmacksorgan, Drüsen	s. S. 84
N. vestibulocochlearis (VIII)	S-S	Gleichgewichts- und Hörorgan	s. S. 98
N. glossopharyngeus (IX)	VM, S-VM, S, VS, S-VS	Schlundmuskulatur, Gl parotis	s. S. 86
N. vagus (X)	VM, S-VM, S, VS, S-VS	Schlundmuskulatur, Kehlkopf, innere Organe	s. S. 88
N. accessorius (XI)	S-VM	Mm. trapezius und sternocleidomastoideus	s. S. 88
N. hypoglossus (XII)	M	Zungenmuskulatur	s. S. 88

▌ Tab. 1. Übersicht über die Hirnnerven.

M – VM – VS – S

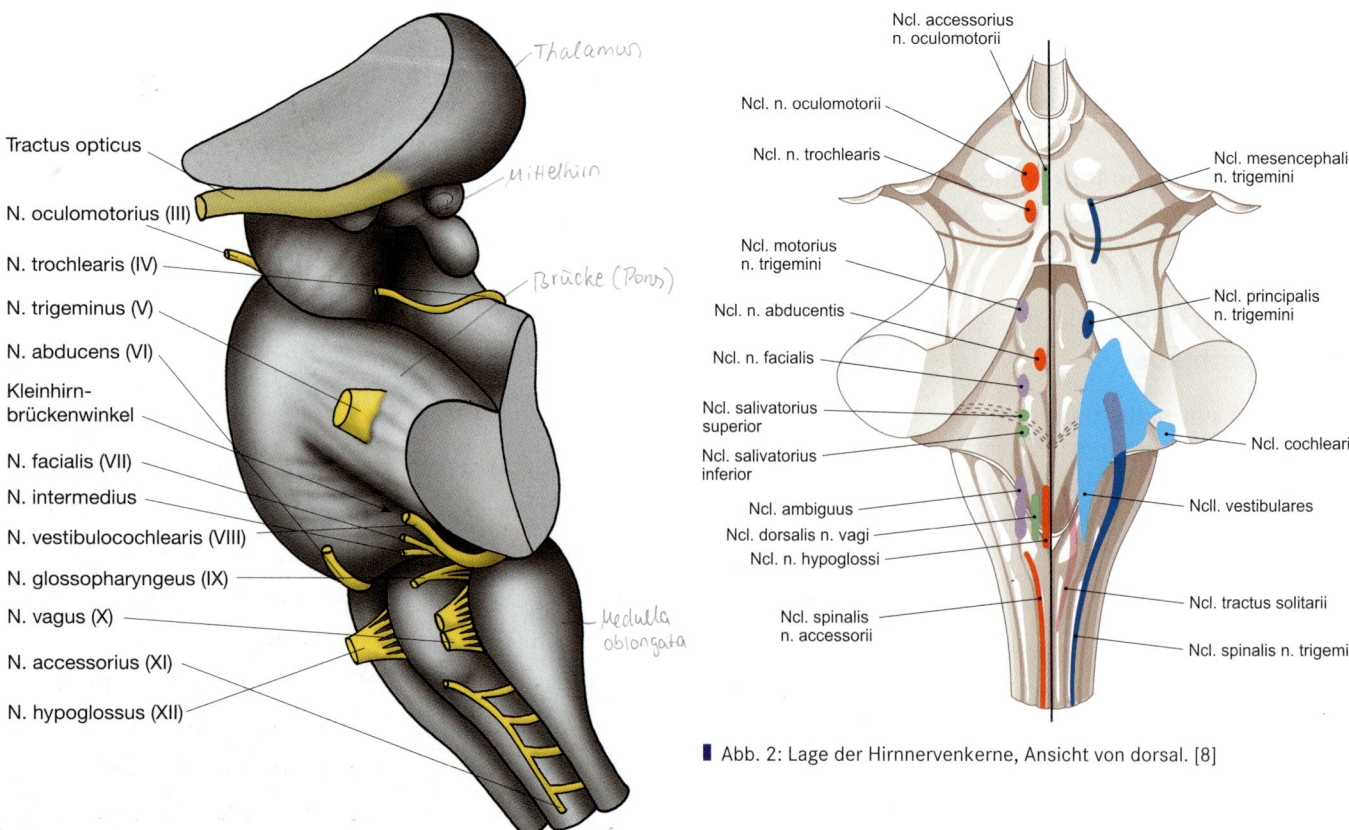

▌ Abb. 1: Hirnstamm mit Austritt der Hirnnerven, Ansicht von lateral. [5]

▌ Abb. 2: Lage der Hirnnervenkerne, Ansicht von dorsal. [8]

Hirnnervenkerne	Lage	Topographie	Nerven
Somatomotorisch (M) _rot_			
Ncl. n. oculomotorii	Mes	Ventral des Aqueductus mesencephalicus i. H. der Colliculi sup.	N. III
Ncl. n. trochlearis	Mes	Ventral des Aqueductus mesencephalicus i. H. der Colliculi inf.	N. IV
Ncl. n. abducentis	Pons	Am Boden der Rautengrube	N. VI
Ncl. n. hypoglossi	MO	Am Boden der Rautengrube nahe der Mittellinie	N. XII
Allgemein-viszeromotorisch (VM) _grün_			
Ncl. accessorius n. oculomotorii	Mes	Mediodorsal des Ncl. n. oculomotorii, nahezu in der Mittellinie	N. III
Ncl. salivatorius sup.	Pons	Etwas kaudal des Ncl. n. facialis	N. VII
Ncl. salivatorius inf.	Pons/ MO	An der Grenze von Pons und Medulla oblongata	N. IX
Ncl. dorsalis n. vagi	MO	Im Bereich des Trigonum n. vagi der Rautengrube	N. X
Speziell-viszeromotorisch (S-VM) _lila_			
Ncl. motorius n. trigemini	Pons	I. H. des Pedunculus cerebellaris sup.	N. V
Ncl. n. facialis	Pons	In der kaudalen Pons	N. VII
Ncl. ambiguus	MO	In der ventrolateralen Formatio reticularis	Nn. IX, X
Ncl. n. accessorii	RM	In den Vorderhörnern der Rückenmarksegmente C1–C7	N. XI

■ Tab. 2: Nuclei originis und dazugehörige Hirnnerven. Mes = Mesencephalon, MO = Medulla oblongata, RM = Rückenmark.

Hirnnervenkerne	Lage	Topographie	Nerven
Allgemein-somatosensibel (S) _dunkelblau_			
Ncl. mesencephalicus n. trigemini	Mes/ Pons	Lateral des zentralen Höhlengraus	N. V
Ncl. principalis n. trigemini	Pons	In der oberen rostralen Pons	N. V
Ncl. spinalis n. trigemini	Pons/ MO	Im lateralen Rand von Pons und Medulla oblongata	Nn. V, IX, X
Speziell-somatosensibel (S-S) _hellblau_			
Ncll. cochleares	Pons	Weit lateral am Boden der Rautengrube i. H. der Recessus laterales	N. VIII
Ncll. vestibulares	Pons/ MO	Medial der Cochleariskerne in Pons und Medulla oblongata	N. VIII
Allgemein- und speziell-viszerosensibel (VS, S-VS) _rosa_			
Ncll. tractus solitarii	MO	Erstrecken sich über die gesamte Medulla oblongata	Nn. VII, IX, X

■ Tab. 3: Nuclei terminationis und dazugehörige Hirnnerven. Mes = Mesencephalon, MO = Medulla oblongata.

Hirnnerven V, VII, VIII, IX, X, XI, XII

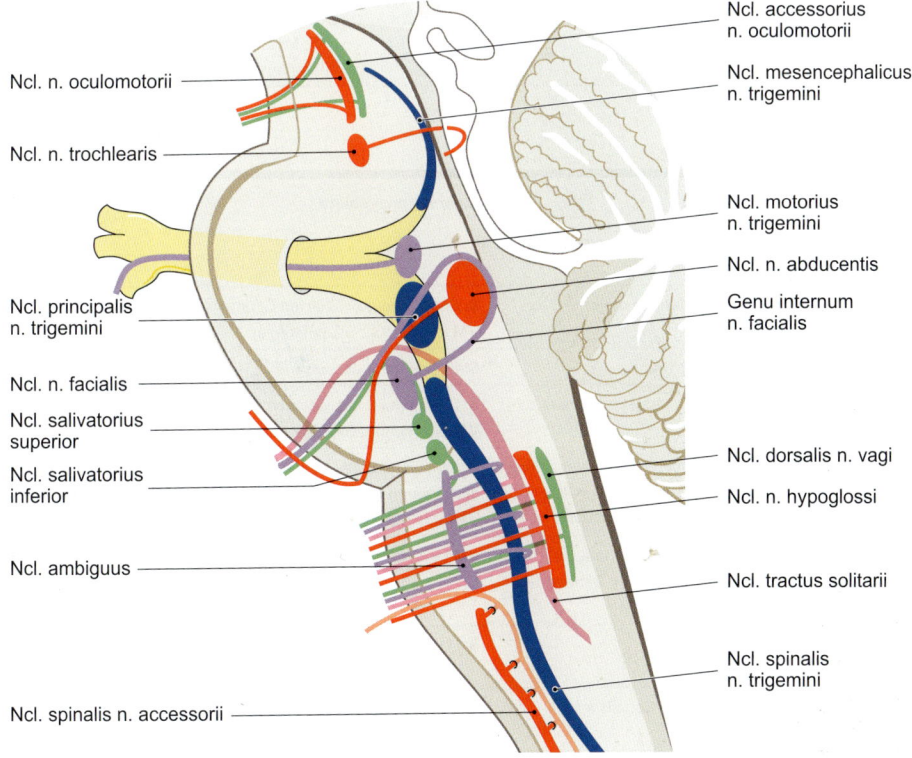

Ncl. accessorius n. oculomotorii

Ncl. mesencephalicus n. trigemini

Ncl. n. oculomotorii

Ncl. n. trochlearis

Ncl. motorius n. trigemini

Ncl. n. abducentis

Genu internum n. facialis

Ncl. principalis n. trigemini

Ncl. n. facialis

Ncl. salivatorius superior

Ncl. salivatorius inferior

Ncl. dorsalis n. vagi

Ncl. n. hypoglossi

Ncl. ambiguus

Ncl. tractus solitarii

Ncl. spinalis n. trigemini

Ncl. spinalis n. accessorii

■ Abb. 3: Lage der Hirnnervenkerne, Mediansagittalschnitt. [8]

Zusammenfassung

✖ Die 12 Hirnnerven sind, mit Ausnahme der ersten beiden Hirnnerven, mit den Hirnnervenkernen im Hirnstamm als Ursprungs- und Projektionsorte verbunden.

✖ Die Hirnnervenkerne lassen sich den 7 Faserqualitäten zuordnen und sind entsprechend ihrer Qualität in 4 kranio-kaudalen Kernsäulen angeordnet.

N. trigeminus (V)

Der **N. trigeminus (V)** ist mit vier **Ursprungs- bzw. Projektionskernen** verbunden:

▶ **Ncl. mesencephalicus n. trigemini (S):** Er enthält Perikarya pseudounipolarer Neurone, deren periphere Fortsätze propriozeptive Impulse u. a. aus der Kaumuskulatur erhalten und deren zentrale Fortsätze zum Ncl. motorius n. trigemini ziehen.

▶ **Ncl. principalis n. trigemini (S):** Epikritische Sensibilität des Gesichts.
▶ **Ncl. spinalis n. trigemini (S):** Protopathische Sensibilität des Gesichts.
▶ **Ncl. motorius n. trigemini (S-VM):** Muskulatur des 1. Kiemenbogens.

Die sensiblen und die speziell-viszeromotorischen Fasern bilden zwei Wurzeln:

▶ **Austritt aus dem Hirnstamm:** an der Lateralseite der Pons mit einer dicken **Radix sensoria** (sog. Portio major, **S**) und einer dünneren **Radix motoria** (sog. Portio minor, **S-VM**);
▶ **Peripherer Verlauf:** Der **N. trigeminus (V)** geht kurz nach seinem Austritt in das **Ganglion trigeminale** (Gasseri) über, das am Boden der mittleren Schädelgrube in einer Duratasche liegt. Es enthält die Perikarya der pseudounipolaren Neurone, die in die Ncll. principalis und spinalis n. trigemini projizieren.

Systematik	Topographie	Innervationsgebiete
N. frontalis	Zieht außerhalb des Anulus tendineus communis zum Orbitadach.	
▶ N. supraorbitalis	→ R. lateralis durch das Foramen supraorbitale, → R. medialis durch die Incisura frontalis.	**S:** Stirnhaut
▶ N. supratrochlearis	Verlässt die Orbita medial des Foramen supraorbitale.	**S:** Haut und Bindehaut des medialen Augenwinkels und Oberlids
N. lacrimalis	Liegt außerhalb des Anulus tendineus communis. Erhält parasympathische (sekretorische) Fasern aus dem Ganglion pterygopalatinum über den N. zygomaticus (R. communicans cum nervo zygomatico). Zieht auf dem M. rectus lat. zur Tränendrüse.	**S:** Haut und Bindehaut des lateralen Augenwinkels und Oberlids **VM** (aus N. VII): Tränendrüse
N. nasociliaris	Zieht durch den Anulus tendineus communis zur medialen Orbitawand.	
▶ R. communicans cum ganglio ciliari	Sensible Wurzel für das Ganglion ciliare, das Nn. ciliares breves entlässt.	**S:** Augapfel
▶ Nn. ciliares longi	Führen sympathische Fasern aus dem Plexus caroticus internus zum M. dilatator pupillae.	**S:** Augapfel
▶ N. ethmoidalis post.	Tritt durch das Foramen ethmoidale post.	**S:** Schleimhaut der hinteren Siebbeinzellen und der Keilbeinhöhle
▶ N. ethmoidalis ant.	Zieht durch das Foramen ethmoidale ant. in die vordere Schädelgrube und von dort durch die Lamina cribrosa in die Nasenhöhle (→ Rr. nasales lat. et med.). Endet als → R. nasalis ext.	**S:** Schleimhaut der vorderen Siebbeinzellen und des vorderen Drittels der Nasenhöhle, Haut der Nasenspitze
▶ N. infratrochlearis	Endast des N. V_1. Verlässt die Orbita am medialen Augenwinkel.	**S:** Medialer Augenwinkel (Oberlid, Tränensack), Haut des Nasenrückens

▌ Tab. 1: Äste des N. ophthalmicus (V_1).

Systematik	Topographie	Innervationsgebiete
Rr. ganglionares	Sensible Wurzel für das Ganglion pterygopalatinum. Den sensiblen Fasern lagern sich sympathische und parasympathische Fasern an.	
▶ N. palatinus major	Gelangt aus der Fossa pterygopalatina durch den Canalis palatinus major und das Formamen palatinum majus zum Gaumen.	**S:** Schleimhaut des harten Gaumens, palatinales Zahnfleisch **VM** (aus N. VII): Gll. palatinae
→ Rr. nasales post. inf.	Ziehen durch kleine knöcherne Öffnungen zur lateralen Nasenwand.	**S:** Schleimhaut des unteren Nasengangs
▶ Nn. palatini minores	Gelangen durch die Canales palatini minores und die Foramina palatina minora zum Gaumen.	**S:** Schleimhaut des weichen Gaumens, Tonsilla palatina **VM** (aus N. VII): Gll. palatinae
▶ Rr. nasales post. sup. lat. et med.	Treten durch das Foramen sphenopalatinum in die Nasenhöhle. Rr. mediales geben den N. nasopalatinus ab, der durch den Canalis incisivus zum harten Gaumen zieht.	**S:** Schleimhaut des oberen und mittleren Nasengangs sowie der hinteren 2/3 des Nasenseptums, obere Schneidezähne **VM** (aus N. VII): Gll. nasales
N. zygomaticus	Nimmt parasympathische Fasern vom Ganglion pterygopalatinum auf und gibt diese nach Durchtritt durch die Fissura orbitalis inf. an den N. lacrimalis zur Tränendrüse ab.	**VM** (aus N. VII, über den N. lacrimalis): Tränendrüse
▶ Rr. zygomaticotemporalis und zygomaticofacialis	Ziehen durch die gleichnamigen Foramina zur Schläfe.	**S:** Haut der vorderen Schläfenregion und der Wange
N. infraorbitalis	Gelangt nach Durchtritt durch die Fissura orbitalis inf. über den Canalis infraorbitalis und durch das Foramen infraorbitale zum Gesicht.	**S:** Haut vom Unterlid bis zur Oberlippe
▶ Rr. alveolares sup. post., medii und ant.	Abgang vor Eintritt in die Orbita (Rr. posteriores) bzw. im Canalis infraorbitalis (Rr. medii und anteriores). Verlaufen durch den Sinus maxillaris zum Oberkiefer (→ Plexus dentalis sup.)	**S:** Oberkieferzähne und zugehöriges Zahnfleisch (Rr. post. 3 Molaren, Rr. medii Prämolaren, Rr. ant. Eck- und Schneidezähne)

▌ Tab. 2: Äste des N. maxillaris (V_2).

Aus dem Ganglion gehen die 3 großen **Äste** des N. trigeminus (V) hervor: **N. ophthalmicus (V₁)**, **N. maxillaris (V₂)** und **N. mandibularis (V₃)**. Lernhilfe: Alle 3 großen Äste geben einen sensiblen Ast zu den Hirnhäuten ab, treten (durch verschiedene Löcher) aus dem Schädel aus und teilen sich in 3 sensible Äste, der N. mandibularis (V₃) in 4 sensible Äste. Der N. V₃ enthält zusätzlich alle motorischen Fasern:

▶ Der **N. ophthalmicus (V₁)** (▮ Abb. 1)

zieht durch die laterale Wand des Sinus cavernosus. Er gibt den → R. meningeus recurrens (= R. tentorius) zu den Hirnhäuten der mittleren Schädelgrube und des Tentorium cerebelli **(S)** ab. Dann teilt er sich in seine 3 sensiblen Äste (▮ Tab. 1), die durch die Fissura orbitalis superior in die Orbita gelangen.

▶ Der **N. maxillaris (V₂)** (▮ Abb. 2) zieht ebenfalls durch die laterale Wand des Sinus cavernosus. Sein → R. meningeus versorgt die Hirnhäute der vorderen

und mittleren Schädelgrube. Durch das Foramen rotundum gelangt er in die Fossa pterygopalatina, wo er sich in seine 3 sensiblen Äste (▮ Tab. 2) aufteilt.

▶ Der **N. mandibularis (V₃)** (▮ Abb. 3) gelangt durch das Foramen ovale in die Fossa infratemporalis. Dort teilt er sich nach Abgabe seines → R. meningeus, der durch das Foramen spinosum zu den Hirnhäuten der mittleren Schädelgrube zieht, in seine 4 sensiblen Äste und seine Muskeläste auf (▮ Tab. 3).

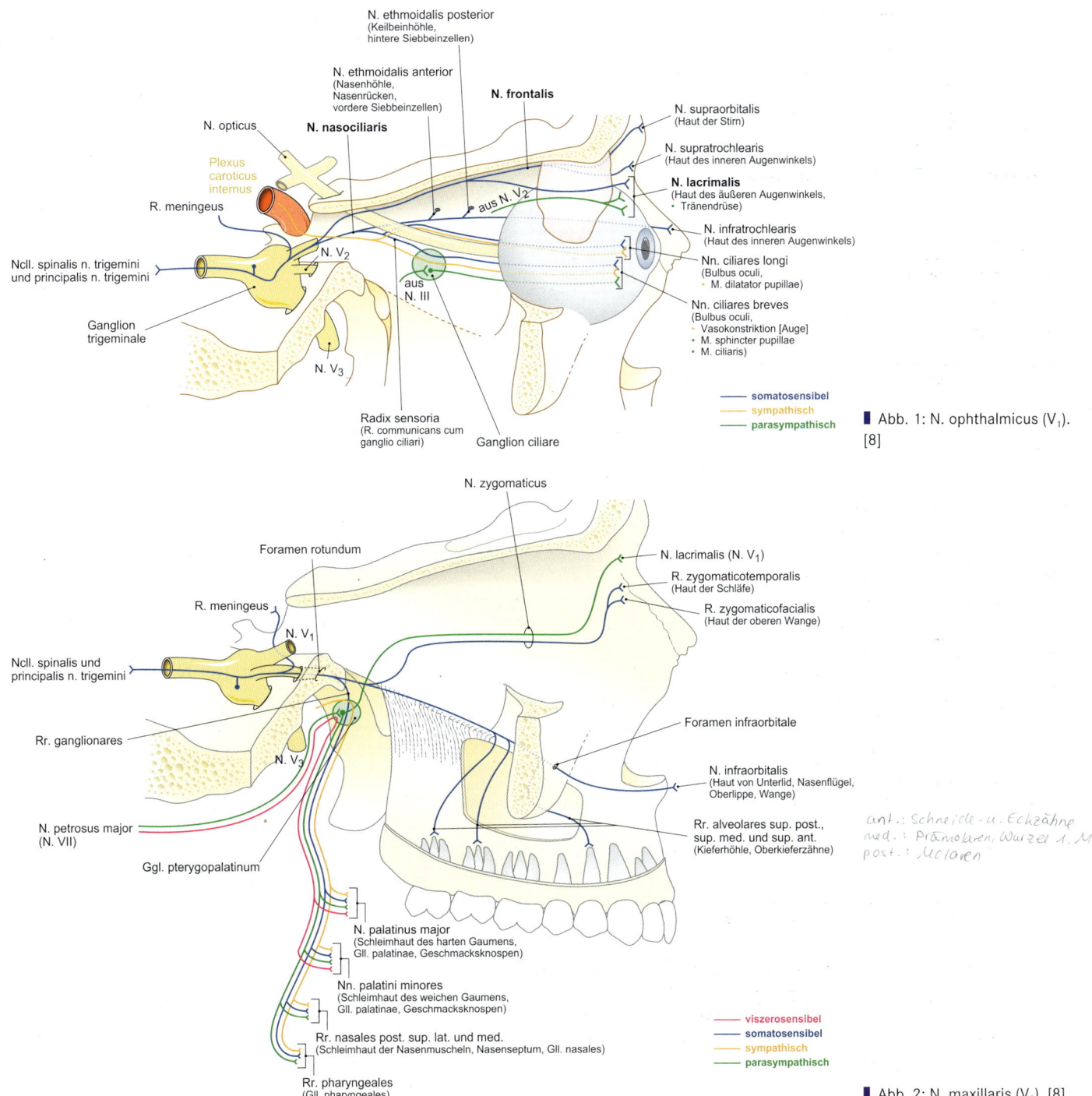

N. ethmoidalis posterior
(Keilbeinhöhle, hintere Siebbeinzellen)

N. ethmoidalis anterior
(Nasenhöhle, Nasenrücken, vordere Siebbeinzellen)

N. frontalis

N. supraorbitalis
(Haut der Stirn)

N. supratrochlearis
(Haut des inneren Augenwinkels)

N. lacrimalis
(Haut des äußeren Augenwinkels, Tränendrüse)

N. opticus

N. nasociliaris

Plexus caroticus internus

R. meningeus

aus N. V₂

N. infratrochlearis
(Haut des inneren Augenwinkels)

Ncll. spinalis n. trigemini und principalis n. trigemini

N. V₂

Nn. ciliares longi
(Bulbus oculi, M. dilatator pupillae)

aus N. III

Nn. ciliares breves
(Bulbus oculi, Vasokonstriktion [Auge], M. sphincter pupillae, M. ciliaris)

Ganglion trigeminale

N. V₃

Radix sensoria
(R. communicans cum ganglio ciliari)

Ganglion ciliare

somatosensibel
sympathisch
parasympathisch

▮ Abb. 1: N. ophthalmicus (V₁). [8]

N. zygomaticus

Foramen rotundum

N. lacrimalis (N. V₁)

R. zygomaticotemporalis
(Haut der Schläfe)

R. meningeus

R. zygomaticofacialis
(Haut der oberen Wange)

N. V₁

Ncll. spinalis und principalis n. trigemini

Foramen infraorbitale

Rr. ganglionares

N. V₃

N. infraorbitalis
(Haut von Unterlid, Nasenflügel, Oberlippe, Wange)

N. petrosus major
(N. VII)

Rr. alveolares sup. post., sup. med. und sup. ant.
(Kieferhöhle, Oberkieferzähne)

ant.: Schneide- u. Eckzähne
med.: Prämolaren, Wurzel 1. M
post.: Molaren

Ggl. pterygopalatinum

N. palatinus major
(Schleimhaut des harten Gaumens, Gll. palatinae, Geschmacksknospen)

Nn. palatini minores
(Schleimhaut des weichen Gaumens, Gll. palatinae, Geschmacksknospen)

Rr. nasales post. sup. lat. und med.
(Schleimhaut der Nasenmuscheln, Nasenseptum, Gll. nasales)

Rr. pharyngeales
(Gll. pharyngeales)

viszerosensibel
somatosensibel
sympathisch
parasympathisch

▮ Abb. 2: N. maxillaris (V₂). [8]

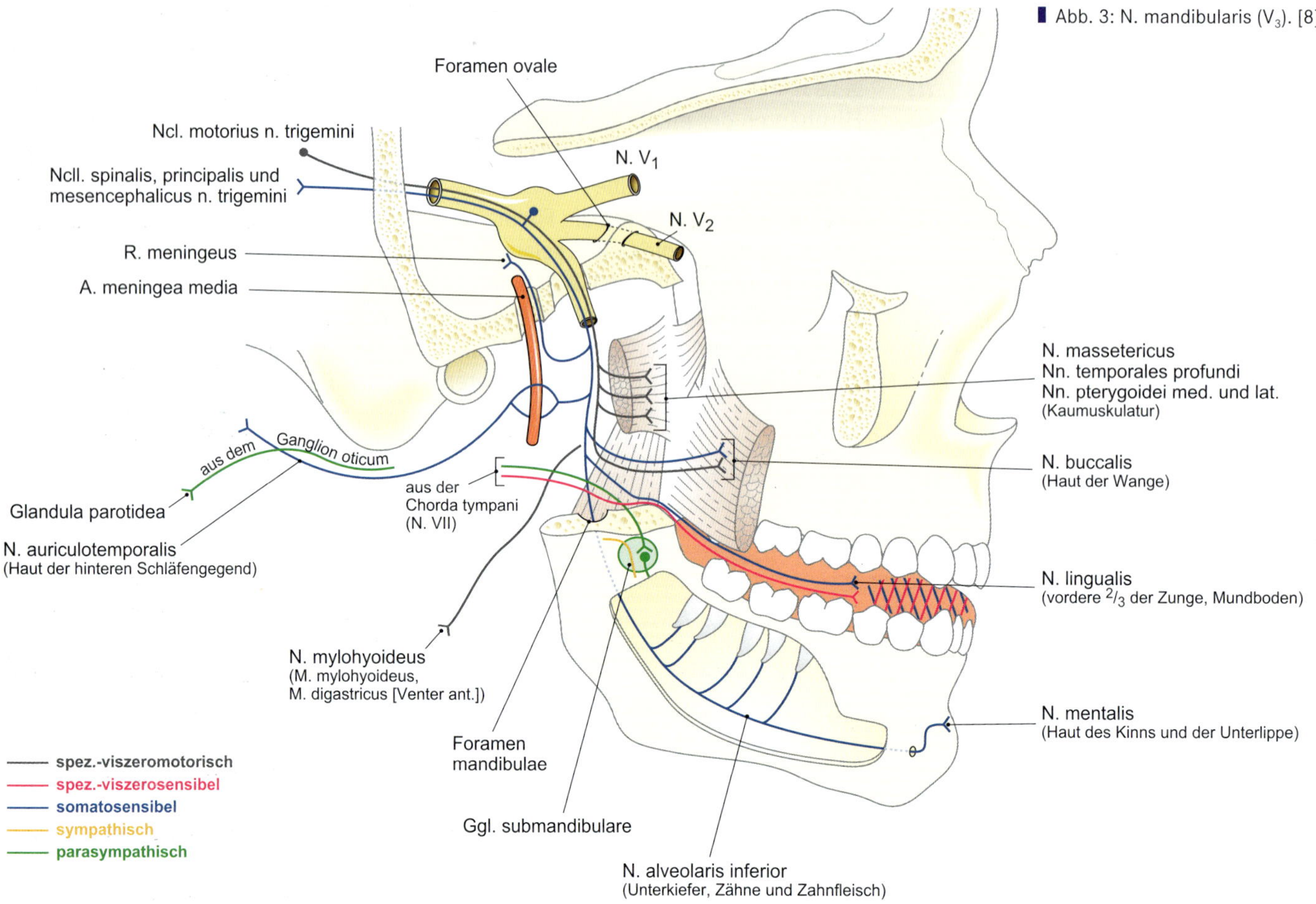

Abb. 3: N. mandibularis (V₃). [8]

Foramen ovale

Ncl. motorius n. trigemini

Ncll. spinalis, principalis und
mesencephalicus n. trigemini

N. V₁

N. V₂

R. meningeus

A. meningea media

N. massetericus
Nn. temporales profundi
Nn. pterygoidei med. und lat.
(Kaumuskulatur)

aus dem Ganglion oticum

N. buccalis
(Haut der Wange)

aus der
Chorda tympani
(N. VII)

Glandula parotidea

N. auriculotemporalis
(Haut der hinteren Schläfengegend)

N. lingualis
(vordere 2/3 der Zunge, Mundboden)

N. mylohyoideus
(M. mylohyoideus,
M. digastricus [Venter ant.])

N. mentalis
(Haut des Kinns und der Unterlippe)

Foramen
mandibulae

Ggl. submandibulare

——— spez.-viszeromotorisch
——— spez.-viszerosensibel
——— somatosensibel
——— sympathisch
——— parasympathisch

N. alveolaris inferior
(Unterkiefer, Zähne und Zahnfleisch)

N. trigeminus (V, Fortsetzung)

Klinik

Läsionen betreffen selten den ganzen N. trigeminus (V):

▶ **Zentrale Läsionen:** Die einzelnen Kerngebiete (s. o.) können selektiv oder sogar nur partiell betroffen sein. Dies kann sich (ipsilateral) als Lähmung der Kaumuskulatur oder als selektiver Ausfall der epikritischen oder der protopathischen Sensibilität äußern. Die Fasern der protopathischen Sensibilität enden im Ncl. spinalis n. trigemini in somatotoper Anordnung (▮ Abb. 4, linke Bildhälfte): Ein Abschnitt des Kerns versorgt ein konzentrisches Areal der Gesichtshaut. Um das Ausmaß einer Läsion dieses Kerns zu bestimmen, testet man daher die protopathische Sensibilität entlang konzentrischer Linien (sog. Sölder-Linien).

▶ **Periphere Läsionen** äußern sich u. a. in Sensibilitätsausfällen im Innervationsgebiet des betroffenen Hauptasts (▮ Abb. 4, rechte Bildhälfte, ▮ Tab. 4).

▶ **Trigeminusneuralgie:** Die Ursache dieser häufigsten Erkrankung des N. trigeminus ist nicht völlig verstanden. Es kommt durch Überempfindlichkeit immer wieder zu plötzlichen heftigen Schmerzen im sensiblen Innervationsgebiet des betroffenen Trigeminusasts, der durch kleinste Berührungsreize ausgelöst werden kann, charakteristischerweise

durch Druck auf den entsprechenden Nervenaustrittspunkt (▮ Abb. 4).

N. oculomotorius (III)

▶ **Ursprungskerne:** Ncl. n. oculomotorii **(M)**, Ncl. accessorius n. oculomotorii (Edinger-Westphal, **VM**).
▶ **Austritt aus dem Hirnstamm:** in der Fossa interpeduncularis des Mesencephalon.
▶ **Peripherer Verlauf** (▮ Abb. 5): Der **N. oculomotorius**

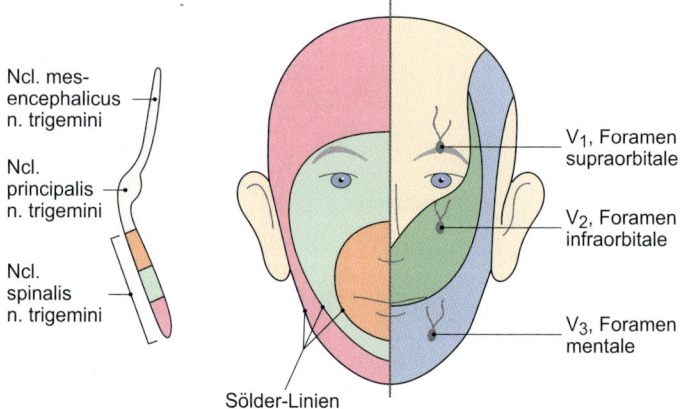

Ncl. mes-encephalicus
n. trigemini

Ncl.
principalis
n. trigemini

Ncl.
spinalis
n. trigemini

V₁, Foramen
supraorbitale

V₂, Foramen
infraorbitale

V₃, Foramen
mentale

Sölder-Linien

▮ Abb. 4: Linke Bildhälfte: Somatotope Gliederung der protopathischen Sensibilität. Rechte Bildhälfte: Innervationsgebiete und Nervenaustrittspunkte der drei Trigeminusäste. [8]

Systematik	Topographie	Innervationsgebiete
Kaumuskeläste	N. massetericus, Nn. temporales prof., N. pterygoideus lat., N. pterygoideus med.	**S-VM:** Mm. masseter, temporalis, pterygoidei lat. und med., tensor tympani, tensor veli palatini
N. buccalis	Durchbohrt den M. buccinator.	**S:** Haut und Schleimhaut der Wange, bukkales Zahnfleisch
N. alveolaris inf.	Gelangt zwischen den Mm. pterygoidei nach kaudal, dann durch das Foramen mandibulae (hier zahnärztliche Leitungsanästhesie) in den Canalis mandibulae (→ Plexus dentalis inf.), den er durch das Foramen mentale als → N. mentalis verlässt.	**S:** Unterkieferzähne und zugehöriges Zahnfleisch, Haut des Kinns, Haut und Schleimhaut der Unterlippe
▶ N. mylohyoideus	Abgang vor Eintritt in den Canalis mandibulae.	**S-VM:** M. mylohyoideus, M. digastricus (Venter ant.)
N. lingualis	Gelangt zwischen den Mm. pterygoidei an die Innenfläche des Ramus mandibulae. Verläuft vor dem N. alveolaris inf. abwärts und im Bogen oberhalb der Gl. submandibularis zum Zungenrand. Erhält aus der Chorda tympani des N. VII präganglionäre parasympathische Fasern, die er wieder an das Ganglion submandibulare abgibt, sowie Geschmacksfasern.	**S:** Vordere ²/₃ der Zunge, Schleimhaut des Mundbodens und der Schlundenge **S-VS** (aus N. VII): Vordere ²/₃ der Zunge
N. auriculotemporalis	Umschlingt die A. meningea media. Zieht hinter dem Collum mandibulae und vor dem äußeren Gehörgang aufwärts in die Schläfengegend. Nimmt parasympathische Fasern aus dem Ganglion oticum auf, die er bei seinem Verlauf durch die Glandula parotidea abgibt.	**S:** Haut der hinteren Schläfenregion und des äußeren Gehörgangs, Trommelfell **VM** (aus N. IX): Gl. parotidea

▮ Tab. 3: Äste des N. mandibularis (V₃).

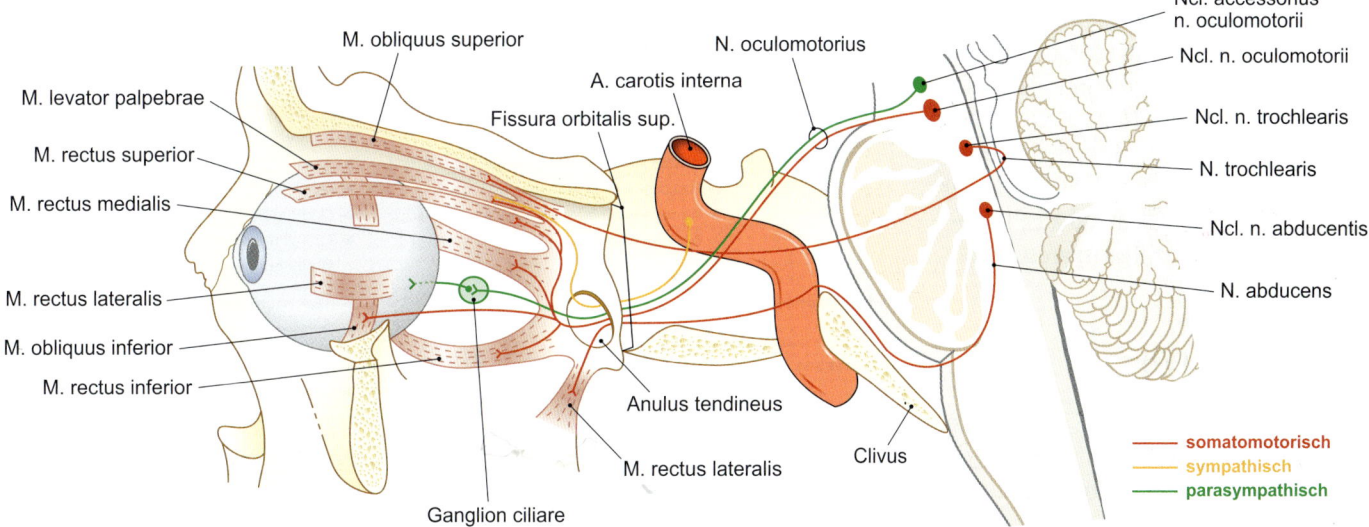

▮ Abb. 5: Augenmuskelnerven (Nn. III, IV und VI). [8]

Nerv	Typische Ursachen	Typisches klinisches Bild
N. ophthalmicus (V₁)	▶ Thrombose des Sinus cavernosus ▶ Schädelbasisbrüche ▶ Tumoren der Schädelbasis	▶ Sensibilitätsverlust der Stirnhaut ▶ Ausfall des Kornealreflexes
N. maxillaris (V₂)		▶ Sensibilitätsverlust vom Unterlid bis zur Oberlippe
N. mandibularis (V₃)	▶ Iatrogen (Zahnarzt)	▶ Sensibilitätsverlust der Unterkieferregion ▶ Lähmung der Kaumuskulatur ▶ Ausfall des Masseter-Reflexes

▮ Tab. 4: Periphere Läsionen des N. trigeminus (V).

Systematik	Topographie	Innervationsgebiete
N. oculomotorius (III)	Siehe Text	
▶ R. superior	Zu den oberen äußeren Augenmuskeln.	**M:** M. levator palpebrae sup., M. rectus sup.
▶ R. inferior	Zu den mittleren/unteren Augenmuskeln.	**M:** Mm. recti med. und inf., M. obliquus inf.
→ R. ad ganglion ciliare (Radix oculomotoria)	Die parasympathischen Fasern werden im Ganglion ciliare umgeschaltet.	**VM:** M. sphincter pupillae (Pupillenverengung), M. ciliaris (Akkomodation)

▮ Tab. 5: Äste des N. oculomotorius.

(III) verläuft nach Durchtritt durch die Dura mater in der lateralen Wand des Sinus cavernosus. Er gelangt durch die Fissura orbitalis superior innerhalb des Anulus tendineus communis in die Orbita, wo er sich aufzweigt (▮ Tab. 5).
▶ **Läsionen** (▮ Tab. 6, ▮ Abb. 6): komplette Okulomotoriusparese oder isolierte Okulomotoriusparese (Lähmung entweder der inneren oder der äußeren Augenmuskeln).

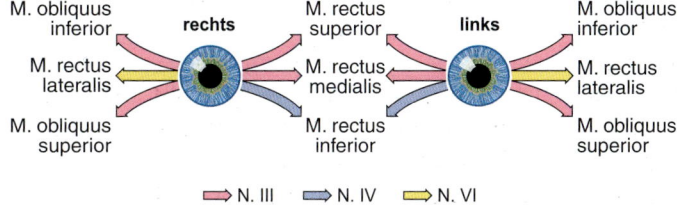

▮ Abb. 6: Zugrichtungen der äußeren Augenmuskeln. [8]

N. trochlearis (IV)

▶ **Ursprungskern:** Ncl. n. trochlearis **(M)**.

▶ **Besonderheit:** Alle Fasern des N. trochlearis (IV) kreuzen innerhalb des Mesencephalon zur Gegenseite.

▶ **Austritt aus dem Hirnstamm:** nach der Faserkreuzung als einziger Hirnnerv dorsal aus dem Mesencephalon unmittelbar kaudal der Colliculi inferiores.

▶ **Peripherer Verlauf** (▌ Abb. 5): Der N. trochlearis (IV) wendet sich in der Cisterna ambiens um die Crura cerebri nach ventral und erscheint am Vorderrand der Pons. Nach Durchtritt durch die Dura mater gelangt er in die laterale Wand des Sinus cavernosus und durch die Fissura orbitalis superior außerhalb des Anulus tendineus communis zum M. obliquus superior **(M)**.

▶ **Läsionen** (▌ Tab. 6, ▌ Abb. 6): Läsionen des Kerns wirken sich aufgrund der Faserkreuzung kontralateral aus, Läsionen des Nervs (Trochlearisparese) hingegen ipsilateral.

N. abducens (VI)

▶ **Ursprungskern:** Ncl. n. abducentis **(M)**.

▶ **Austritt aus dem Hirnstamm:** am Unterrand der Pons direkt oberhalb der Pyramiden.

▶ **Peripherer Verlauf** (▌ Abb. 5): Der N. abducens (VI) durchbricht die Dura mater bereits am Clivus und gelangt in einem intraduralen Kanal zum Sinus cavernosus. Er zieht mitten durch den Sinus cavernosus lateral der A. carotis interna. Dann tritt er durch die Fissura orbitalis superior innerhalb des Anulus tendineus communis in die Orbita zum M. rectus lateralis **(M)**.

▶ **Läsionen** (▌ Tab. 6, ▌ Abb. 6): Der N. abducens (VI) ist aufgrund seines Verlaufs der am häufigsten betroffene Augenmuskelnerv (Abduzensparese).

N. facialis (VII)

Der N. facialis (VII) ist mit drei **Ursprungs- bzw. Projektionskernen** verbunden:

▶ **Ncl. n. facialis (S-VM):** Muskulatur des 2. Kiemenbogens. Seine Fasern ziehen dorsal um den Ncl. n. abducentis herum **(inneres Fazialisknie)** und bilden so den Colliculus facialis der Rautengrube. Als Besonderheit erhalten die Neurone für die mimische Augen- und Stirnmuskulatur neben den kontralateralen kortikonukleären Fasern auch Fasern aus dem ipsilateralen Kortex (s. Klinik)!

Nerv	Typische Ursachen von Läsionen	Typisches klinisches Bild
N. oculomotorius (III)	▶ Thrombose des Sinus cavernosus ▶ Schädelbasisbrüche ▶ Basale Hirnhautentzündung ▶ Tumoren der Schädelbasis ▶ Kompression durch Aneurysmen der Hirnbasisarterien	▶ Blick nach unten außen ▶ Doppelbilder ▶ Ptosis ▶ Mydriasis ▶ Akkomodationsausfall ▶ Ausfall des konsensuellen und direkten Pupillenreflexes
N. trochlearis (IV)		▶ Blick nach oben innen ▶ Doppelbilder
N. abducens (VI)		▶ Blick nach innen ▶ Doppelbilder v. a. bei Kopfdrehung zur ipsilateralen Seite

▌ Tab. 6: Klinik der Augenmuskelnerven (Nn. III, IV und VI). Kombinierte Augenmuskelparesen treten relativ häufig auf.

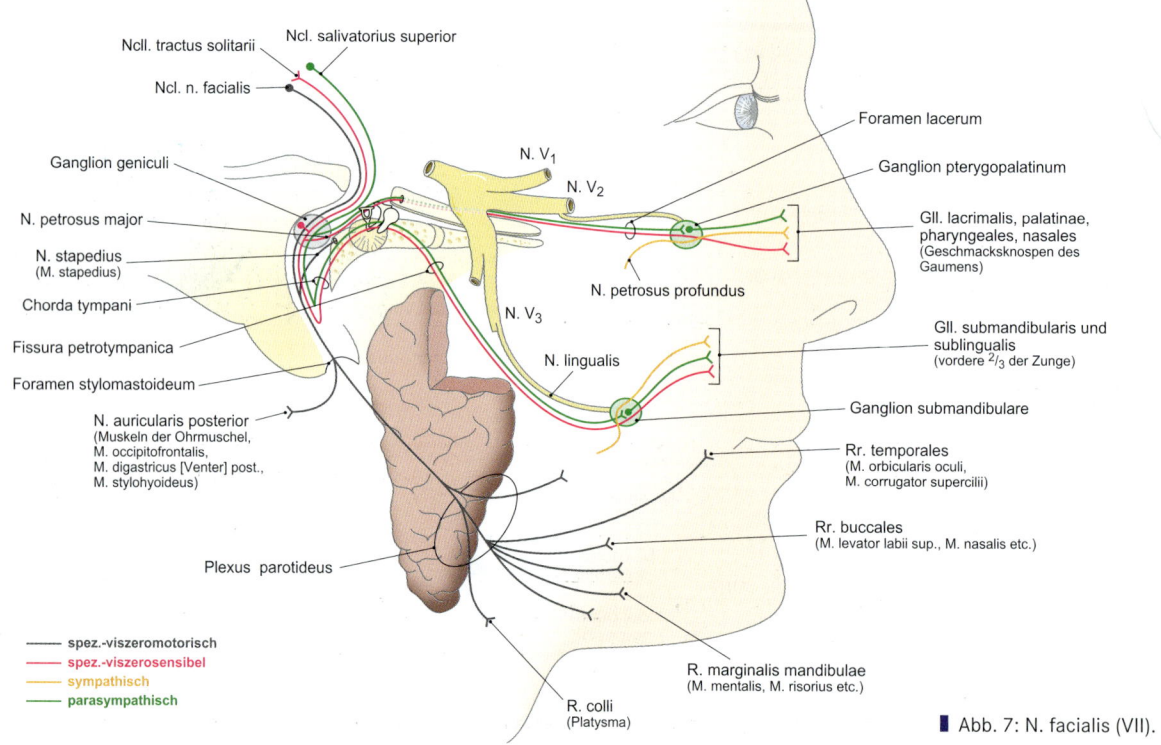

spez.-viszeromotorisch
spez.-viszerosensibel
sympathisch
parasympathisch

Ncll. tractus solitarii
Ncl. salivatorius superior
Ncl. n. facialis
Ganglion geniculi
N. petrosus major
N. stapedius (M. stapedius)
Chorda tympani
Fissura petrotympanica
Foramen stylomastoideum
N. auricularis posterior (Muskeln der Ohrmuschel, M. occipitofrontalis, M. digastricus [Venter] post., M. stylohyoideus)
Plexus parotideus
R. colli (Platysma)
R. marginalis mandibulae (M. mentalis, M. risorius etc.)
N. V₁
N. V₂
N. V₃
N. petrosus profundus
N. lingualis
Foramen lacerum
Ganglion pterygopalatinum
Gll. lacrimalis, palatinae, pharyngeales, nasales (Geschmacksknospen des Gaumens)
Gll. submandibularis und sublingualis (vordere 2/3 der Zunge)
Ganglion submandibulare
Rr. temporales (M. orbicularis oculi, M. corrugator supercilii)
Rr. buccales (M. levator labii sup., M. nasalis etc.)

▌ Abb. 7: N. facialis (VII). [8]

Systematik	Topographie	Innervationsgebiete
N. petrosus major	Zieht vom äußeren Fazialisknie durch den Canalis n. petrosi majoris in die mittlere Schädelgrube. Gelangt über das Foramen lacerum in den Canalis pterygoideus, in dem er gemeinsam mit dem sympathischen N. petrosus prof. als N. canalis pterygoidei zum Ganglion pterygopalatinum zieht (Umschaltung der parasympathischen Fasern).	**VM** (über Äste des N. V_2): Gll. lacrimalis, nasales, palatinae, pharyngeales **S-VS** (über Äste des N. V_3): Geschmacksknospen des Gaumens
N. stapedius	Abgang im unteren Teil des Canalis facialis.	**S-VM:** M. stapedius
Chorda tympani	Zieht kurz vor dem Ende des Canalis facialis rückläufig durch einen eigenen Knochenkanal zur Paukenhöhle, die sie ohne knöchernen Schutz hinter dem Trommelfell zwischen Hammergriff und langem Amboss-Schenkel durchquert. Lagert sich nach Durchtritt durch die Fissura petrotympanica dem N. lingualis (aus N. V_3) an.	**VM** (über den N. lingualis, Umschaltung im Ganglion submandibulare): Gll. submandibularis und sublingualis **S-VS** (über N. lingualis): Vordere $^2/_3$ der Zunge
N. auricularis post.	Abgang kurz nach Austritt aus dem Canalis facialis.	**S-VM:** M. occipitofrontalis, Ohrmuskeln
Rr. digastricus und stylohyoideus	Kleine Muskeläste.	**S-VM:** M. digastricus (Venter post.), M. stylohyoideus
Plexus intraparotideus	Die motorischen Endäste zur mimischen Muskulatur zweigen sich fächerförmig in der Gl. parotidea auf: Rr. temporales, Rr. zygomatici, Rr. buccales, R. marginalis mandibulae, R. colli.	**S-VM:** Mimische Muskulatur einschließlich M. buccinator und Platysma

▌ Tab. 7: Äste des N. facialis (VII).

▶ **Ncl. salivatorius superior (VM):** Die präganglionären parasympathischen Fasern werden im Ganglion pterygopalatinum und im Ganglion submandibulare umgeschaltet.
▶ **Ncll. tractus solitarii** (oberer Kernabschnitt, **S-VS**): Geschmack.

Der N. facialis hat zwei Anteile:

▶ **Austritt aus dem Hirnstamm:** am Unterrand der Pons im Kleinhirnbrückenwinkel mit dem **Fazialisanteil** (S-VM) und dem separaten **Intermediusanteil** (N. intermedius, VM und S-VS).
▶ **Peripherer Verlauf** (▌ Abb. 7): Die beiden Anteile vereinigen sich zum **N. facialis (VII)** und gelangen mit dem N. VIII durch den Porus und Meatus acusticus internus in den **Canalis facialis.** Dort biegt er scharf nach hinten und lateral um (**äußeres Fazialisknie,** mit dem Ganglion geniculi). Im **Ganglion geniculi** liegen die Perikarya der speziell-viszerosensiblen pseudounipolaren

Neurone. Während seines Abstiegs im Canalis facialis gibt er mehrere Äste ab (▌ Tab. 7) und tritt dann durch das Foramen stylomastoideum in die Gl. parotidea ein, in der er sich in seine motorischen Endäste aufteilt (**Plexus intraparotideus,** ▌ Tab. 7).

Klinik

Man unterscheidet:

▶ **Zentrale Läsionen:** Läsionen der kortikonukleären Fasern, z. B. durch Infarkte der Capsula interna. Da die mimische Augen- und Stirnmuskulatur von beiden Gehirnhälften versorgt wird, ist im Unterschied zu peripheren Läsionen nur die untere kontralaterale Gesichtshälfte von den motorischen Ausfällen betroffen (▌ Tab. 8).
▶ **Periphere Läsionen:** Läsionen des Ncl. n. facialis oder des N. facialis meist unbekannter Ursache. Neben dem Ausfall der gesamten ipsilateralen Gesichtsmuskulatur kommt es abhängig vom

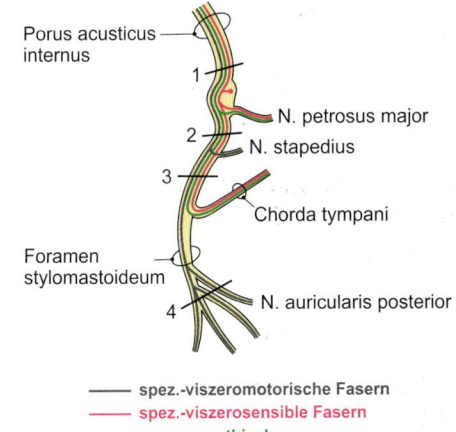

Porus acusticus internus — N. petrosus major — N. stapedius — Chorda tympani — Foramen stylomastoideum — N. auricularis posterior

—— spez.-viszeromotorische Fasern
—— spez.-viszerosensible Fasern
—— parasympathisch

▌ Abb. 8: Verschiedene Läsionsorte des N. facialis. [8]

Läsionsort zu weiteren Ausfällen (▌ Abb. 8, ▌ Tab. 9).

Die Chorda tympani kann bei Mittelohrentzündungen aufgrund ihres ungeschützten Verlaufs geschädigt werden. Es kommt zur Mundtrockenheit und zu Störungen der Geschmacksempfindung bei intakter mimischer Muskulatur.

Diagnostik der mimischen Muskulatur	Z	P
Stirn runzeln	+	–
Augen zusammenkneifen	+	–
Nase rümpfen	–	–
Wangen aufblasen	–	–
Zähne zeigen	–	–

▌ Tab. 8: Zentrale (Z) und periphere (P) Fazialisparesen unterscheiden sich durch die unterschiedlichen Ausfälle der mimischen Muskulatur (+ = möglich, – = nicht möglich).

Klinisches Bild (ipsilateral)	Läsionsort (s. Abb. 8)			
	1	2	3	4
Lähmung der gesamten mimischen Muskulatur, Ausfall des Kornealreflexes (M. orbicularis oculi)	+	+	+	+
Störungen der Geschmacksempfindung in den vorderen $^2/_3$ der Zunge	+	+	+	–
Hyperakusis durch Ausfall des M. stapedius	+	+	–	–
Störungen der Tränen- und Speichelsekretion	+	–	–	–

▌ Tab. 9: Klinik bei peripheren Fazialisparesen (+ = ja, – = nein) abhängig vom Läsionsort (s. Abb. 8).

N. glossopharyngeus (IX)

Der N. glossopharyngeus (IX) ist mit vier **Ursprungs- bzw. Projektionskernen** verbunden:

▶ **Ncl. ambiguus (S-VM):** Muskulatur des 3. Kiemenbogens.
▶ **Ncl. salivatorius inferior (VM):** Die präganglionären parasympathischen Fasern werden im Ganglion oticum umgeschaltet.
▶ **Ncl. tractus solitarii (S-VS, VS):** Speziell-viszerosensible Geschmacksfasern projizieren in den oberen Kernabschnitt **(S-VS)**, allgemein-viszerosensible Fasern von der Karotisbifurkation in den mittleren und unteren Kernabschnitt **(VS).**
▶ **Ncl. spinalis n. trigemini (S):** Protopathische Sensibilität aus dem Kopfbereich.

Der N. glossopharyngeus verläuft bis zum Foramen jugulare zusammen mit den Nn. X und XI:

▶ **Austritt aus dem Hirnstamm:** im Sulcus posterolateralis hinter der Olive aus der Medulla oblongata.
▶ **Peripherer Verlauf** (❚ Abb. 9): Der N. glossopharyngeus (IX) tritt durch den vorderen Teil des Foramen jugulare, in dem er noch das **Ganglion superius** bildet, und kurz darunter das größere **Ganglion inferius.** Die beiden sensiblen Ganglien enthalten die Perikarya der

❚ Abb. 9: N. glossopharyngeus (IX). [8]

somato- und viszerosensiblen pseudounipolaren Neurone. Der Nerv verläuft dann eine kurze Strecke im Spatium lateropharyngeum, bevor er in einem Bogen zwischen M. stylopharyngeus und M. styloglossus zur Zungenwurzel zieht (Äste ❚ Tab. 10).

Klinik

Eine isolierte **Schädigung des N. glossopharyngeus** ist selten. Zumeist sind die Nn. X und XI im Bereich des Foramen jugulare auch betroffen, z. B. bei Schädelbasisbrüchen oder Tumoren der

Systematik	Topographie	Innervationsgebiete
N. tympanicus	Zieht vom Ganglion inferius durch den Canalis tympanicus in die Paukenhöhle, wo er mit sympathischen Fasern aus dem Plexus caroticus int. den Plexus tympanicus bildet.	**S:** Schleimhaut von Paukenhöhle und Tuba auditiva, Innenseite des Trommelfells
▶ N. petrosus minor	Führt präganglionäre parasympathische Fasern aus dem Plexus tympanicus durch den Canalis n. petrosi minoris in der Vorderfläche der Felsenbeinpyramide und durch die Fissura sphenopetrosa (oder das Foramen lacerum) zum Ganglion oticum (Jacobson-Anastomose: N. IX ↔ Ganglion oticum).	**VM** (über den N. auriculotemporalis): Gl. parotidea
R. m. stylopharyngei		**S-VM:** M. stylopharyngeus
Rr. pharyngei	Bilden mit dem N. X und sympathischen Fasern den Plexus pharyngeus. Dieser versorgt Schlundschnürer (Mm. constrictores pharyngis), Schlundheber (Mm. salpingopharyngeus und palatopharyngeus) und Muskeln des weichen Gaumens (Mm. levator veli palatini, uvulae und palatoglossus).	**S-VM** (über den Plexus pharyngeus mit N. X): Schlundschnürer, Schlundheber, Muskeln des weichen Gaumens **S:** Rachenschleimhaut (vorwiegend Naso- und Oropharynx)
R. sinus carotici	Zu den Pressorezeptoren im Sinus caroticus (Blutdruck-Messung) und den Chemorezeptoren im Glomus caroticum (Messung des O_2- und CO_2-Partialdrucks).	**VS:** Sinus caroticus, Glomus caroticum
Rr. tonsillares		**S:** Tonsilla palatina, Schlundenge
Rr. linguales	Speziell-viszerosensible (Geschmack) und allgemein-somatosensible Endäste des N. IX.	**S-VS, S:** Hinteres Zungendrittel

❚ Tab. 10: Äste des N. glossopharyngeus (IX).

	Ganglion ciliare	Ganglion pterygopalatinum	Ganglion submandibulare	Ganglion oticum
Lokalisation	Orbita (lateral des N. II)	Fossa pterygopalatina	Über der Gl. submandibularis	Fossa infratemporalis
Radix parasympathica	Fasern aus dem Ncl. accessorius n. oculomotorii für die Mm. sphincter pupillae und ciliaris gelangen über den R. inferior des N. III zum Ganglion.	Fasern aus dem Ncl. salivatorius sup. ziehen im N. petrosus major des N. VII zum Ganglion.	Fasern aus dem Ncl. salivatorius sup. verlaufen in der Chorda tympani des N. VII, dann kurz mit dem N. lingualis des N. V_3 zum Ganglion.	Fasern aus dem Ncl. salivatorius inf. gelangen im N. tympanicus des N. IX und dann im N. petrosus minor zum Ganglion.
Radix sympathica	Fasern aus dem Plexus caroticus int. für den M. dilatator pupillae	Fasern aus dem Plexus caroticus int. über den N. petrosus prof.	Fasern aus dem Plexus caroticus ext.	Fasern aus dem Plexus caroticus ext. entlang der A. meningea media
Radix sensoria	Vom N. nasociliaris des N. V_1 für den Augapfel	Über Rr. ganglionares des N. V_2	Äste des N. lingualis (aus N. V_3)	Äste des N. mandibularis (V_3)
Innervationsgebiete	Über Nn. ciliares breves: Augapfel mit inneren Augenmuskeln	Über Äste des N. V_2: Gl. lacrimalis, Gll. nasales, palatinae, pharyngeales	Gll. submandibularis und sublingualis	Über den N. auriculotemporalis des N. V_3: Gl. parotidea

■ Tab. 11: Kopfganglien.

Schädelbasis. Eine Läsion des N. glossopharyngeus äußert sich wie folgt:

▶ **Schluckstörungen:** Beim Trinken läuft Flüssigkeit aus der Nase,
▶ **Ausfall des Würgereflexes,**
▶ **Kulissenphänomen:** Uvula weicht beim A-Sagen zur gesunden Seite ab,
▶ **Störungen der Geschmacksempfindung** im hinteren Zungendrittel.

Kopfganglien

Die **präganglionären parasympathischen Fasern** der Nn. oculomotorius (III), facialis (VII) und glossopharyngeus (IX) werden in den **Kopfganglien** umgeschaltet (■ Tab. 11, ■ Abb. 10). Neben dieser parasympathischen Wurzel **(Radix parasympathica)** gibt es noch eine Radix sympathica und eine

Radix sensoria, deren Fasern ohne Umschaltung durch die Kopfganglien hindurchziehen. Die **Radix sympathica** enthält postganglionäre sympathische Fasern aus den zervikalen Grenzstrangganglien (s. S. 76), die **Radix sensoria** die peripheren Fortsätze somatosensibler pseudounipolarer Neurone, deren Perikarya im Ganglion trigeminale liegen.

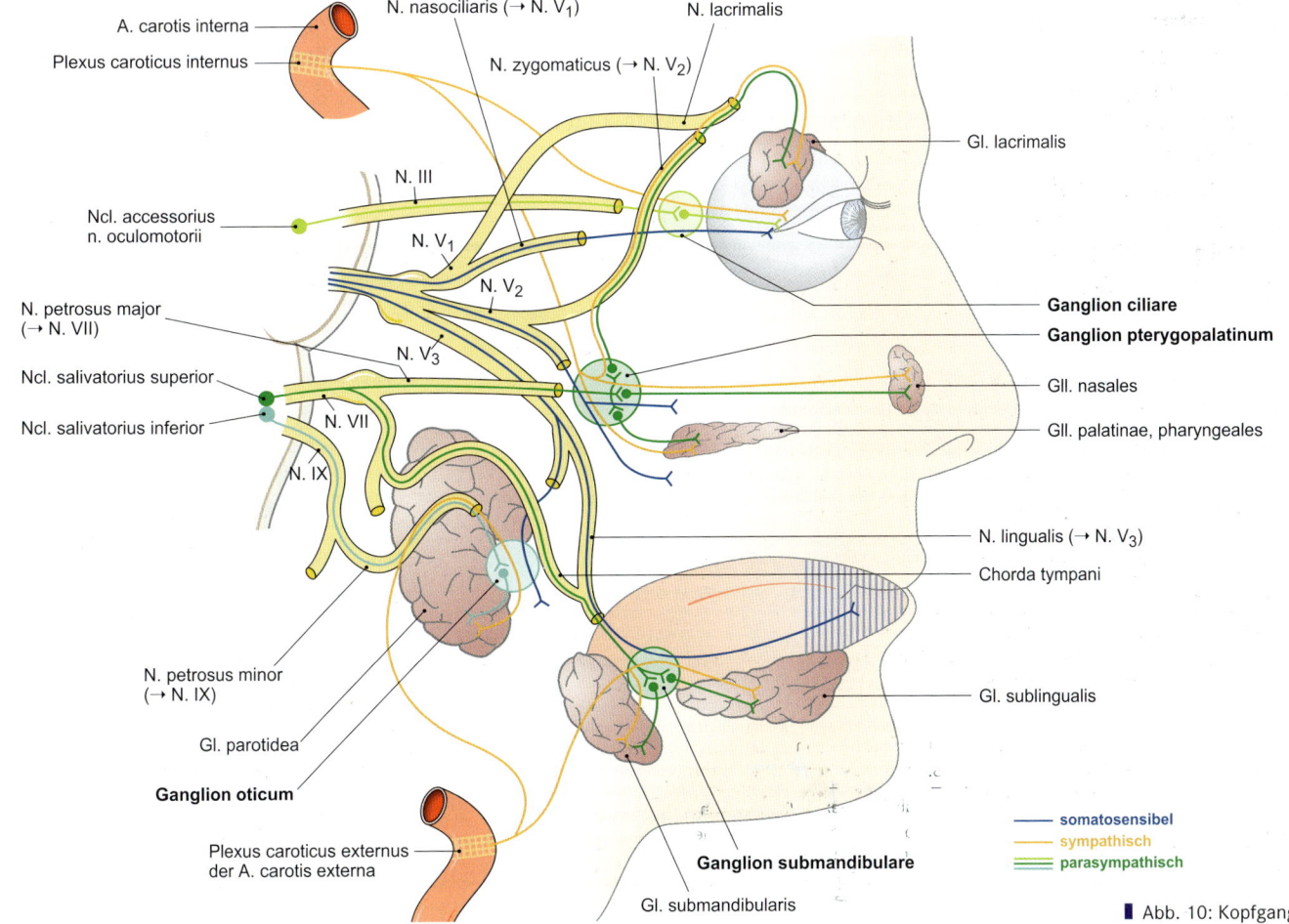

N. nasociliaris (→ N. V_1)
N. lacrimalis
A. carotis interna
Plexus caroticus internus
N. zygomaticus (→ N. V_2)
Gl. lacrimalis
N. III
Ncl. accessorius n. oculomotorii
N. V_1
N. V_2
N. petrosus major (→ N. VII)
N. V_3
Ganglion ciliare
Ganglion pterygopalatinum
Gll. nasales
Ncl. salivatorius superior
Ncl. salivatorius inferior
N. VII
N. IX
Gll. palatinae, pharyngeales
N. lingualis (→ N. V_3)
Chorda tympani
N. petrosus minor (→ N. IX)
Gl. parotidea
Gl. sublingualis
Ganglion oticum
Plexus caroticus externus der A. carotis externa
Ganglion submandibulare
Gl. submandibularis

— somatosensibel
— sympathisch
═ parasympathisch

■ Abb. 10: Kopfganglien. [8]

N. vagus (X)

Der N. vagus (X) ist mit vier **Ursprungs- bzw. Projektions- kernen** verbunden:

▶ **Ncl. ambiguus (S-VM):** Muskulatur des 4. Kiemen- bogens.
▶ **Ncl. dorsalis n. vagi (VM):** Die präganglionären parasym- pathischen Fasern werden in verschiedenen organnahen Ganglien am Hals sowie im Thorax und Abdomen bis zum Canon-Böhm-Punkt am Colon transversum umgeschaltet.
▶ **Ncl. tractus solitarii (S-VS, VS):** Speziell-viszerosensible Geschmacksfasern projizieren in den oberen Kernabschnitt **(S-VS),** allgemein-viszerosensible Fasern (der größte Anteil des N. X) von der Karotisbifurkation, dem Aortenbogen und den Organen am Hals sowie im Thorax und Abdomen bis zum Canon-Böhm-Punkt projizieren in den mittleren und unteren Kernabschnitt **(VS).**
▶ **Ncl. spinalis n. trigemini (S):** Sensibilität der Hirnhäute der hinteren Schädelgrube sowie des äußeren Gehörgangs.

Der N. vagus verläuft bis zum Foramen jugulare zusammen mit den Nn. IX und XI:

▶ **Austritt aus dem Hirnstamm:** im Sulcus posterolateralis hinter der Olive aus der Medulla oblongata, kaudal des N. IX.
▶ **Peripherer Verlauf:** Der N. vagus (X) tritt durch den vorderen Teil des Foramen jugulare, in dem er das Ganglion superius bildet und die Radix cranialis des N. XI (R. internus) aufnimmt. Kurz darunter befindet sich das Ganglion inferius (nodosum). Das **Ganglion superius** enthält die Perikarya der somatoafferenten, das **Ganglion inferius** diejenigen der vis- zerosensiblen pseudounipolaren Neurone. Der Nerv zieht am Hals im Spatium lateropharyngeum innerhalb der Vagina carotica zum Thorax (Äste des Kopf- und Halsabschnitts ▪ Tab. 12, Brustabschnitt s. S. 46, Bauchabschnitt s. S. 58).

Klinik

Klinisch besonders wichtig sind **Läsionen des N. laryngeus recurrens,** die iatrogen bei Schilddrüsenoperationen oder links bei größeren Hiluslymphknoten im Rahmen eines Bron- chialkarzinoms sowie Aortenaneurysmen entstehen können. Der einseitige Funktionsverlust der inneren Kehlkopfmusku- latur (v. a. des einzigen Stimmritzenöffners, M. cricoaryteno- ideus posterior) führt zur **Heiserkeit,** der beidseitige zu schwerster **Atemnot.**
Eine komplette **Schädigung des N. vagus** ist selten, dann meist gemeinsam mit Läsionen der Nn. IX und XI im Bereich des Foramen jugulare (s. o.). Zusätzlich zum **Leitsymptom Heiserkeit** beobachtet man:

▶ **Schluckstörungen,**
▶ **Ausfall des Würgereflexes,**
▶ **Kulissenphänomen** (Uvula weicht beim A-Sagen zur gesunden Seite ab) stark ausgeprägt.

Relevante Störungen der vegetativen Funktionen treten bei einseitiger Schädigung selten auf. Es kann bei Schädigung des N. vagus dexter zur **Tachykardie** (v. a. Sinusknoten betrof- fen) bzw. bei Schädigung des N. vagus sinister zur **Tachy- arrhythmie** (v. a. AV-Knoten betroffen) kommen. Bei einer beidseitigen Schädigung kommt es zu lebensbedrohlichen Atem- und Kreislaufstörungen.

Systematik	Topographie	Innervationsgebiete
R. meningeus	Zieht vom Ganglion superius durch das Foramen jugulare zurück in die hintere Schädelgrube.	**S:** Hirnhäute der hinteren Schädelgrube
R. auricularis	Zieht vom Ganglion superius durch den Canaliculus mastoideus und die Fissura tympano- mastoidea zum äußeren Gehörgang.	**S:** Haut des äußeren Gehörgangs und der vorderen Ohrmuschel
R. lingualis	Enthält Geschmacksfasern für die Geschmacksknospen der Epiglottis.	**S-VS:** Epiglottis, Zungengrund
R. pharyngeus	Bildet mit dem N. IX und sympathischen Fasern den Plexus pharyngeus. Dieser versorgt Schlundschnürer (Mm. constrictores pharyngis), Schlundheber (Mm. salpingopharyngeus und palatopharyngeus) und Muskeln des weichen Gaumens (Mm. levator veli palatini, uvulae und palatoglossus).	**S-VM** (über den Plexus pharyngeus mit N. IX): Schlundschnürer, Schlundheber, Muskeln des weichen Gaumens **S:** Rachenschleimhaut (vorwiegend Laryngopharynx)
R. sinus carotici	Zu den Pressorezeptoren im Sinus caroticus (Blutdruck-Messung).	**VS:** Sinus caroticus
N. laryngeus sup.	Gelangt vom Ganglion inferius zwischen A. carotis int. und Pharynxwand zum Kehlkopf.	
▶ R. externus	Zieht zum einzigen äußeren Kehlkopfmuskel.	**S-VM:** M. cricothyroideus
▶ R. internus	Durchbricht die Membrana thyrohyoidea mit der A. laryngea sup. Wirft, unter dem Rec. piriformis verlaufend, die Plica n. laryngei sup. auf.	**S:** Schleimhaut des Kehlkopfs oberhalb der Stimmritze
Rr. cardiaci cervicales sup. und inf.	Die präganglionären parasympathischen Fasern werden in den Ganglia cardiaca des Plexus cardiacus umgeschaltet (s. S. 46).	**VM, VS:** Pressorezeptoren im Aortenbogen, Plexus cardiacus (s. S. 46)
N. laryngeus recurrens	Schlingt sich rechts um die A. subclavia dextra, links um den Aortenbogen lateral des Lig. arteriosum Botalli. Gelangt beidseits in die Rinne zwischen Trachea und Ösophagus, in der er nach kranial zum Kehlkopf zieht. Liegt dabei hinter der Schilddrüse zwischen Ästen der A. thyroidea inf. Endast zum Kehlkopf: → N. laryngeus inf.	**VM, VS:** Trachea, Ösophagus **S-VM:** Innere Kehlkopfmuskulatur **S:** Schleimhaut des Kehlkopfs unterhalb der Stimmritze

▪ Tab. 12: Äste des Kopf- und Halsabschnitts des N. vagus (X).

Typische Läsionen	Typisches klinisches Bild
Schädigung im lateralen Halsdreieck bei Operationen oder Lymphknotenbiopsien	Ausfall des M. trapezius: ▶ Schultertiefstand ▶ Schwierigkeiten, den Arm über die Horizontale (Elevation) zu heben
Schädigung im Bereich des Foramen jugulare, z. B. bei Schädelbasisbrüchen oder Tumoren der Schädelbasis (meist Nn. IX und X mitbetroffen)	Zusätzlich Ausfall des M. sternocleido-mastoideus: ▶ Schiefhaltung des Kopfes zur kontra-lateralen mit Gesichtswendung zur ipsilateralen Seite ▶ Kopfneigen zur gleichen Seite und Kopfwenden zur Gegenseite gegen Widerstand erschwert

■ Tab. 13: Klinik des N. accessorius (XI).

N. accessorius (XI)

▶ **Ursprungskern:** Ncl. n. accessorii (**S-VM**).
▶ **Austritt aus dem Hirnstamm:** mit seiner **Radix cranialis** (aus dem Ncl. ambiguus) im Sulcus posterolateralis hinter der Olive kaudal der Nn. IX u. X, mit seiner **Radix spinalis** (aus dem Ncl. n. accessorii) zwischen Vorder- und Hinterhorn aus dem zervikalen Rückenmark.
▶ **Peripherer Verlauf:** Der N. accessorius (XI) entsteht im Bereich des Foramen magnum aus der Vereinigung seiner beiden Wurzeln und zieht dann gemeinsam mit den Nn. IX und X durch das Foramen jugulare, wo er die Radix cranialis als R. internus an den N. X abgibt. Letzterer führt Neurone für die Kehlkopfmuskulatur. Die Radix spinalis verläuft als R. externus weiter zum M. sternocleidomastoideus (**S-VM**) und durch das laterale Halsdreieck zum M. trapezius (**S-VM**).
▶ **Läsionen** (■ Tab. 13).

N. hypoglossus (XII)

▶ **Ursprungskern:** Ncl. n. hypoglossi (**M**).
▶ **Austritt aus dem Hirnstamm:** vor der Olive und hinter der Pyramide im Sulcus anterolateralis der Medulla oblongata.
▶ **Peripherer Verlauf:** Der **N. hypoglossus (XII)** gelangt durch den Canalis n. hypoglossi in das Spatium lateropharyngeum, wo er transient motorische Fasern aus C1 und C2 (Radix superior der Ansa cervicalis) aufnimmt. Er zieht dann bogenförmig durch das Trigonum caroticum zur Zungenwurzel. Der Nerv liegt dabei zunächst zwischen A. carotis interna und V. jugularis interna, überkreuzt anschließend die A carotis externa und tritt dann zwischen M. hyoglossus und M. mylohyoideus zur Zungenmuskulatur, die er innerviert (**M:** innere Zungenmuskeln, Mm. genioglossus, hyoglossus und styloglossus).
▶ **Läsionen:** Bei einseitiger Lähmung des N. hypoglossus weicht die herausgestreckte **Zunge zur erkrankten Seite** ab, da die Kraft des gesunden M. genioglossus überwiegt. Außerdem fallen eine verwaschene Sprache und Schluckstörungen auf.

Zusammenfassung

Die **Innervationsgebiete der Hirnnerven** auf einen Blick:

✖ **N. olfactorius (I) – S-VS:** Riechschleimhaut,
✖ **N. opticus (II) – S-S:** Netzhaut,
✖ **N. oculomotorius (III) – M:** vier von sechs äußeren Augenmuskeln, M. levator palpeprae superioris, **VM:** Mm. sphincter pupillae und ciliaris,
✖ **N. trochlearis (IV) – M:** M. obliquus superior,
✖ **N. trigeminus (V) – S:** Gesichtshaut, Mund- und Nasenschleimhaut, Zähne, vordere $2/3$ der Zunge, Hirnhäute, **S-VM:** Kaumuskulatur, M. mylohyoideus, M. digastricus (Venter anterior), M. tensor veli palatini, M. tensor tympani,
✖ **N. abducens (VI) – M:** M. rectus lateralis,
✖ **N. facialis (VII) – S-VM:** mimische Muskulatur, M. stapedius, M. digastricus (Venter posterior), M. stylohyoideus, **S-VS (Geschmack):** vordere $2/3$ der Zunge, **VM:** Gll. submandibularis, sublingualis, lacrimalis, nasales, palatinae und pharyngeales,
✖ **N. vestibulocochlearis (VIII) – S-S:** Gleichgewichts- und Hörorgan,
✖ **N. glossopharyngeus (IX) – S-VM** (über Plexus pharyngeus mit N. X): Schlundschnürer, Schlundheber, Muskeln des weichen Gaumens, **S-VS (Geschmack):** hinteres Zungendrittel, **S:** Paukenhöhle, Tuba auditiva, Rachenschleimhaut, hinteres Zungendrittel, **VM:** Gl. parotidea, **VS:** Sinus caroticus, Glomus caroticum,
✖ **N. vagus (X) – S-VM** (über Plexus pharyngeus mit N. IX): Schlundschnürer, Schlundheber, Muskeln des weichen Gaumens, **S-VM:** Kehlkopfmuskulatur, **S-VS (Geschmack):** Epiglottis, **S:** Haut des äußeren Gehörgangs, Kehlkopf- und Rachenschleimhaut, **VM:** glatte Muskulatur und Drüsen der inneren Organe vom Hals bis zum Canon-Böhm-Punkt, **VS:** Sinus caroticus, innere Organe vom Hals bis zum Canon-Böhm-Punkt,
✖ **N. accessorius (XI) – S-VM:** Mm. sternocleidomastoideus und trapezius,
✖ **N. hypoglossus (XII) – M:** innere Zungenmuskeln, Mm. genioglossus, hyoglossus und styloglossus.

Synopse der Leitungsbahnen

Halsregionen

Der Halsbereich lässt sich in mehrere Regionen einteilen, orientierend an den unter der Haut gelegenen Muskeln (▌Abb. 1):

▶ Die **Regio cervicalis anterior** ventral des M. sternocleidomastoideus untergliedert sich weiter in Trigonum caroticum (▌Tab. 1), submandibulare, submentale und musculare. Das durch die beiden Bäuche des M. digastricus und den Unterkieferrand begrenzte **Trigonum submandibulare** beinhaltet u. a. die submandibulären Lymphknoten, die Gl. submandibularis, den N. hypoglossus, sowie A. und V. facialis. Im **Trigonum submentale** findet man v. a. die submentalen Lymphknoten. Im **Trigonum musculare** liegen die infrahyalen Muskeln, Schilddrüse, Larynx, Trachea und Ösophagus.
▶ Die **Regio sternocleidomastoidea** mit der Fossa supraclavicularis minor enthält den M. sternocleidomastoideus und u. a. die darunter gelegenen A. carotis communis, V. jugularis interna, N. vagus und juguläre Lymphknoten sowie kranial den N. accessorius und in der Tiefe den Anfangsabschnitt des N. phrenicus.
▶ Die **Regio cervicalis lateralis** (Trigonum colli laterale) zwischen M. sternocleidomastoideus und M. trapezius beinhaltet u. a. den N. accessorius, die Nn. supraclaviculares und weitere Äste des Plexus cervicalis sowie laterale Lymphknoten. In der **Fossa supraclavicularis major** (Trigonum omoclaviculare) befinden sich in der Tiefe die Skalenuslücke mit Plexus brachialis und A. subclavia (s. S. 26) sowie vor dem M. scalenus anterior die V. subclavia. Diese Strukturen haben Kontakt zur Lungenspitze, die von unten in das Trigonum omoclaviculare hineinragt.
▶ Die **Regio cervicalis posterior** schließlich ist die Region über dem M. trapezius.

Peripharyngealraum

Der Bindegewebsraum um den Pharynx herum heißt **Spatium peripharyngeum**, das durch das sog. Septum sagittale in zwei Räume unterteilt wird: das zwischen der dorsalen Pharynxwand und der Lamina prevertebralis der Fascia cer-

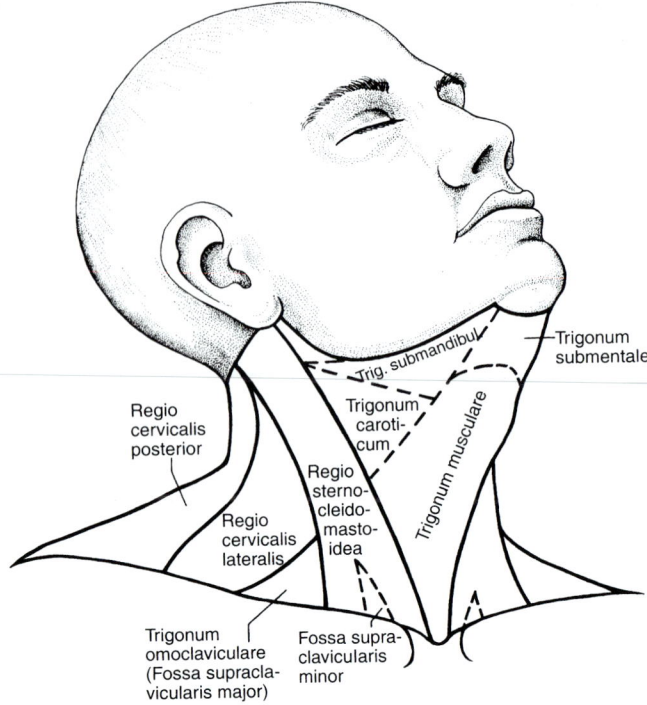

▌Abb. 1: Regionen des Halses. [9]

vicalis gelegene **Spatium retropharyngeum** sowie das lateral davon liegende Spatium lateropharyngeum (auch parapharyngeum). Das **Spatium lateropharyngeum** wird durch ein weiteres Septum in einen mit fettreichem Bindegewebe gefüllten vorderen Abschnitt und einen wichtige Leitungsbahnen beinhaltenden hinteren Abschnitt geteilt:

▶ **Begrenzungen:** dorsal Lamina prevertebralis der Fascia cervicalis, lateral Gl. parotidea.
▶ **Verbindungen:** kranial zur Fossa infratemporalis sowie über das Foramen jugulare, den Canalis caroticus und den Canalis n. hypoglossi zur Schädelhöhle, kaudal zum Mediastinum.
▶ **Inhalte:** N. glossopharyngeus (IX), N. accessorius (XI), N. hypoglossus (XII), Truncus sympathicus sowie die Vagina carotica mit N. vagus (X), A. carotis interna und V. jugularis interna.

Begrenzungen	Inhalte
▶ Kranial: Venter posterior des M. digastricus	▶ A. carotis communis mit Aufgabelung in die Aa. carotidae int. und ext. (Karotisbifurkation)
▶ Ventromedial: Venter superior des M. omohyoideus	▶ V. jugularis int. mit Zuflüssen
▶ Dorsolateral: Vorderrand des M. sternocleidomastoideus	▶ N. glossopharyngeus (IX), N. vagus (X), N. accessorius (XI), N. hypoglossus (XII)
	▶ N. laryngeus sup. (aus N. X)
	▶ R. colli n. facialis mit der Anastomose zum N. transversus colli
	▶ Radices superior und inferior der Ansa cervicalis
	▶ Truncus sympathicus mit Ganglion cervicale sup.
	▶ Juguläre Lymphknoten

▌Tab. 1: Trigonum caroticum.

Fossa infratemporalis	Fossa retromandibularis und Parotisloge
▶ Mm. pterygoidei	▶ Gl. parotidea (ihr tiefer Teil reicht in die Fossa retromandibularis)
▶ A. maxillaris, Pars pterygoidea mit Abgängen	▶ A. carotis ext. mit Aufzweigung in ihre Endäste (A. maxillaris und A. temporalis superf.)
▶ A. alveolaris inf., A. meningea media (aus der A. maxillaris, Pars mandibularis)	▶ A. maxillaris, Pars mandibularis mit Abgängen
▶ Plexus pterygoideus	▶ V. retromandibularis
▶ N. mandibularis (V_3) mit Ästen	▶ N. facialis
◆ Chorda tympani	▶ N. auriculotemporalis (aus V_3)
◆ Ganglion oticum	

▌Tab. 2: Inhalte der Fossae infratemporalis und retromandibularis.

Durchtrittsstelle (↔ Verbindung zur/zum)	Durchtretende Strukturen
Foramen rotundum (↔ mittlere Schädelgrube)	▶ N. maxillaris (V₂)
Fissura pterygomaxillaris (↔ Fossa infratemporalis)	▶ A. maxillaris ▶ Aa. alveolares sup. post. und gleichnamige Nervenäste
Canalis pterygoideus (↔ Foramen lacerum)	▶ N. petrosus major (präganglionäre parasympatische Fasern aus N. VII) ▶ N. petrosus prof. (postganglionäre sympathische Fasern)
Fissura orbitalis inferior (↔ Augenhöhle)	▶ A., V., N. infraorbitalis (N. aus V₂) ▶ N. zygomaticus (aus V₂) ▶ V. ophthalmica inf.
Foramen sphenopalatinum (↔ Nasenhöhle)	▶ A. sphenopalatina ▶ Rr. nasales post. sup. (aus V₂)
Canalis palatinus major (↔ Mundhöhle/Gaumen)	▶ N. palatinus major (aus V₂) ▶ A. palatina descendens ▶ A. palatina major
Canales palatini minores (↔ Mundhöhle/Gaumen)	▶ Nn. palatini minores (aus V₂) ▶ Aa. palatinae minores

▌ Tab. 3: Fossa pterygopalatina.

Wände	Angrenzende Strukturen
Paries labyrinthicus (mediale Wand)	▶ Promontorium (Vorwölbung der basalen Schneckenwindung) ▶ Fenestra vestibuli (ovales Fenster) ▶ Fenestra cochleae (rundes Fenster) ▶ Prominentia canalis facialis mit N. facialis ▶ Prominentia canalis semicircularis lateralis (lateraler Bogengang)
Paries membranaceus (laterale Wand)	▶ Trommelfell
Paries caroticus (ventrale Wand)	▶ Canalis caroticus mit A. carotis int. ▶ Öffnung der Tuba auditiva
Paries mastoideus (dorsale Wand)	▶ Antrum mastoideum (Aditus) ▶ Eminentia pyramidalis mit M. stapedius
Paries tegmentalis (Dach)	▶ Mittlere Schädelgrube (Tegmen tympani)
Paries jugularis (Boden)	▶ Fossa jugularis mit Bulbus superior v. jugularis int.

▌ Tab. 4: Paukenhöhle.

Die **Vagina carotica** ist ein Bindegewebsschlauch, der den Gefäß-Nerven-Strang des Halses mit A. carotis communis (bzw. kranial A. carotis interna), V. jugularis interna und N. vagus umgibt. Die Vagina carotica liegt im Spatium lateropharyngeum und zieht durch das Trigonum caroticum, wo sie vom N. hypoglossus durchquert wird. Nach medial hat sie Kontakt zur Schilddrüse (Gefährdung bei Schilddrüsenoperationen). Die A. thyroidea inferior gelangt dorsal um die Vagina carotica herum nach medial zur Schilddrüse.

Kopfregionen

▶ Die **Fossa infratemporalis** sowie die **Fossa retromandibularis** beinhalten wichtige Leitungsbahnen (▌ Tab. 2).
▶ Die **Fossa pterygopalatina** (Flügelgaumengrube) ist die Fortsetzung der Fossa infratemporalis nach medial. Sie befindet sich in der Tiefe zwischen Maxilla (ventral), Proc. pterygoideus (dorsal), Lamina perpendicularis des Os palatinum (medial) und Ala major des Os sphenoidale (kranial). Mit seiner strategisch günstigen Lage stellt dieser kleine Raum eine **wichtige Verteilerstation von Leitungsbahnen** zwischen mittlerer Schädelgrube, Orbita, Nasen- und Mundhöhle dar (▌ Tab. 3). Die Fossa pterygopalatina beinhaltet die sich in ihr aufzweigenden **A. maxillaris** und **N. maxillaris (V₂)** sowie das **Ganglion pterygopalatinum** (s. S. 88).

Paukenhöhle

Die **Paukenhöhle** (Cavitas tympani) besitzt **6 Wände,** an die wichtige Leitungsbahnen (N. facialis (VII), A. carotis interna, V. jugularis interna) und andere Strukturen angrenzen (▌ Tab. 4). Die Schleimhaut der Paukenhöhle wird über den

Plexus tympanicus innerviert, der sensible und parasympathische Fasern aus dem N. glossopharyngeus sowie sympathische Fasern aus dem Plexus caroticus internus enthält. Aus dem Plexus geht der N. petrosus minor hervor, der zum Ganglion oticum zieht und präganglionäre parasympathische Fasern für die Gl. parotidea enthält (s. S. 86). Die **arterielle Versorgung** erfolgt über die Aa. tympanicae anterior, posterior, inferior und superior aus verschiedenen Ästen der A. carotis externa (s. S. 70–73) sowie über die Aa. caroticotympanicae aus der A. carotis interna.

Zusammenfassung

✸ Der Halsbereich gliedert sich in vier Regionen (Regiones cervicales anterior, lateralis und posterior, Regio sternocleidomastoidea), die sich zum Teil weiter unterteilen.

✸ Im **Trigonum caroticum** liegen u. a. die Karotisbifurkation, die V. jugularis interna, die Hirnnerven IX, X, XI und XII sowie juguläre Lymphknoten.

✸ Die Kopfregionen Fossae infratemporalis, retromandibularis und pterygopalatina sind wichtige Verteilerstationen für Leitungsbahnen.

✸ Die **Paukenhöhle** hat wichtige Lagebeziehungen zu Leitungsbahnen und anderen Strukturen.

Arterien und Venen des Gehirns I

Große zuführende Arterien

A. carotis interna

Die **A. carotis interna** beginnt an der Karotisbifurkation am Oberrand des Schildknorpels. Ihr Verlauf gliedert sich in vier anatomische Abschnitte und unter klinischen Gesichtspunkten in 5 Segmente (C1 – C5):

1) **Pars cervicalis** im Spatium lateropharyngeum ohne Äste.
2) **Pars petrosa** (C5-Segment) im Canalis caroticus mit kleinen Ästen zur Paukenhöhle.
3) **Pars cavernosa** (C4-, C3-Segment) im Sinus cavernosus (S-förmiger Verlauf, sog. Karotissiphon) mit kleinen Ästen zu Meningen und zur Hypophyse. Bei einer pathologischen Aussackung (Aneurysma) der Pars cavernosa können die benachbarten Nn. III, IV, VI und V_1 geschädigt werden.
4) **Pars cerebralis** (C2-, C1-Segment) im Subarachnoidalraum mit vier Ästen und der Aufzweigung in ihre **Endäste** (Aa. cerebri anterior und media):
– → **A. hypophysialis superior:** zur Hypophyse.
– → **A. ophthalmica:** mit dem N. opticus durch den Canalis opticus in die Orbita (Versorgung von Auge und Teilen der Nase, s. S. 98).
– → **A. communicans posterior:** anastomosiert mit der ↔ A. cerebri posterior.
– → **A. choroidea anterior:** beteiligt an der Versorgung zahlreicher Strukturen, v. a. Plexus choroideus der Seitenventrikel, Hippocampus, Amygdala, Nucleus caudatus, Capsula interna (Crus posterius), Sehbahn.

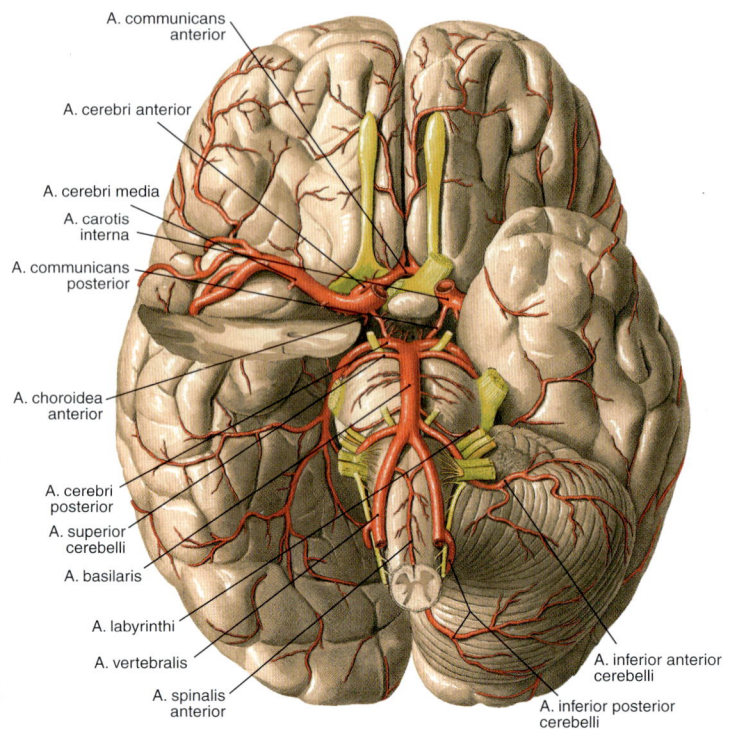

■ Abb. 1: Arterien des Gehirns. [3]

> Klinik: Die A. carotis interna ist häufig von Gefäßverkalkungen (Arteriosklerose) betroffen. Wegen ihres großen Versorgungsgebietes ist das klinische Bild beim Verschluss vielschichtig. V. a. beobachtet man kontralateral eine Halbseitenlähmung und Sensibilitätsstörungen, Sprachstörungen sowie Sehstörungen (Minderdurchblutung der A. ophthalmica).

A. vertebralis

Die **A. vertebralis** entspringt als erster Ast der A. subclavia aus deren konvexen Seite. Ihr Verlauf wird in vier Abschnitte unterteilt (■ Abb. 1 auf S. 70):

1) **Pars prevertebralis** vom Ursprung aus der A. subclavia bis zum Eintritt in das Foramen transversarium von HWK 6, begleitet von der gleichnamigen starken Vene, überkreuzt von der A. thyroidea inferior.
2) **Pars transversaria** durch die Foramina transversaria der HWK 6 – 2 mit Abgabe von Rr. spinales zum Rückenmark und Rr. musculares zur autochthonen Rückenmuskulatur.
3) **Pars atlantica** bogenförmig im Sulcus a. vertebralis hinter der Massa lateralis des Atlas nach medial, dann durch die Membrana atlantooccipitalis posterior zum Foramen magnum. Rr. musculares zur Nackenmuskulatur, und A. meningea posterior.
4) **Pars intracranialis** (■ Tab. 1).

Systematik	Topographie und wichtigste Versorgungsgebiete
A. vertebralis, Pars intracranialis	In der hinteren Schädelgrube. Nach Abgabe der zwei hier aufgeführten Äste vereinigen sich die beiden Aa. vertebrales zur A. basilaris.
▶ A. inferior posterior cerebelli	Versorgt große Anteile des Kleinhirns (z. B. Nucl. dentatus) und der Medulla oblongata (Umgebung der Oliva) sowie den Plexus choroideus des IV. Ventrikels. → A. spinalis post. zum Rückenmark (s. S. 98).
▶ A. spinalis ant.	Zum Rückenmark (s. S. 98).
▶ A. basilaris	Unpaar. Entsteht aus der Vereinigung beider Aa. vertebrales. Zieht mitten an der Pons aufwärts. Teilt sich nach Abgabe mehrerer paariger Äste in die beiden Aa. cerebri post.
→ A. inferior anterior cerebelli	Versorgt Teile von Kleinhirn (Unterfläche), Pons und Medulla oblongata.
→ A. labyrinthi	Gelangt mit den Nn. VII und VIII in das Innenohr.
→ Aa. pontis	Kleinere Äste zur Pons.
→ A. superior cerebelli	Zum Kleinhirn (Oberfläche).

■ Tab. 1: A. vertebralis, Pars intracranialis.

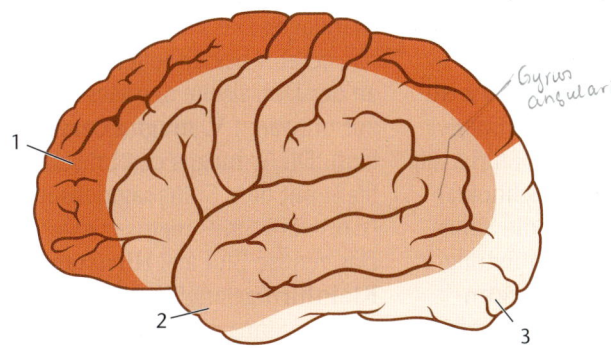

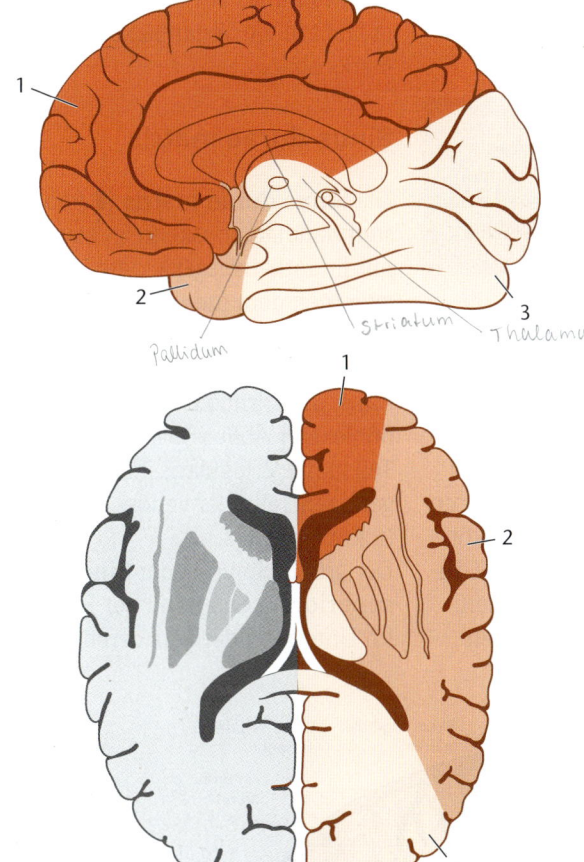

▌ Abb. 2: Versorgungsgebiete der Hirnarterien. (a) Lateralansicht,
(b) Medialansicht, (c) Horizontalschnitt; 1 = A. cerebri anterior, 2 = A. cerebri
media, 3 = A. cerebri posterior. [11]

[handschriftliche Notizen: Gyrus angularis; ↳ A. basilaris; Pallidum; Striatum; Thalamus; 1]

Große Hirnarterien

Es gibt **3 große Hirnarterien** (▌ Tab. 2, ▌ Abb. 1, ▌ Abb. 2):

▶ Die **A. cerebri anterior** ist einer der beiden Endäste der A. carotis interna. Sie zieht nach Abgabe der A. communicans anterior (Verbindung zur kontralateralen A. cerebri anterior) in den Interhemisphärenspalt zur Dorsalseite des Balkens. Dort teilt sie sich in die A. pericallosa und die A. callosomarginalis, die bis zur Grenze zwischen Parietal- und Okzipitallappen ziehen.

▶ Die **A. cerebri media** (stärkerer Endast) setzt den Verlauf der A. carotis interna fort, so dass Blutgerinnsel aus der A. carotis interna meist in die A. cerebri media gelangen (Folge: Mediainfarkt). Im Anfangsabschnitt gehen mehrere Aa. centrales anterolaterales (klinisch **Aa. lenticulostriatae**) ab, bevor die A. cerebri media nach lateral zwischen Temporallappen und Inselrinde in die Fossa lateralis gelangt. Ihre Äste breiten sich auf der lateralen Hemisphärenfläche aus und versorgen damit wichtige funktionelle Zentren. *70% Schlaganfälle*

▶ Die **A. cerebri posterior** geht am Vorderrand der Brücke aus der A. basilaris hervor. Sie gelangt um die Pedunculi cerebri herum nach dorsal zwischen Tentorium cerebelli, basalen Temporallappen und Okzipitallappen. Dort teilt sie sich in zwei Hauptäste, die Aa. occipitales lateralis und medialis.

Arterie	Versorgungsgebiet	Klinik beim Verschluss
A. cerebri anterior	▶ Mediale Hemisphärenfläche des Frontal- und Parietallappens bis zum Sulcus parietooccipitalis sowie den angrenzenden schmalen Streifen lateral der Fissura longitudinalis ▶ Teile des Crus anterius der Capsula interna und des Striatums	▶ Selten isoliert auftretender Verschluss ▶ Lähmung und Sensibilitätsstörungen am kontralateralen Bein und Fuß ▶ Persönlichkeitsveränderungen
A. cerebri media	▶ Inselrinde, laterale Hemisphärenfläche mit Ausnahme des Okzipitallappens ▶ Wichtige funktionelle Zentren: große Teile des Gyrus prä- und postcentralis, Broca- und Wernicke-Zentrum und Gyrus angularis ▶ Aa. centrales anterolaterales (klinisch Aa. lenticulostriatae): große Teile von Capsula interna, Striatum, Pallidum und Thalamus	▶ Häufigste betroffene Hirnarterie ▶ Kontralaterale kopf- und armbetonte Halbseitenlähmung und Sensibilitätsstörungen ▶ Falls dominante Hemisphäre betroffen: zusätzlich globale Aphasie, Alexie *sprechen / lesen* und Agraphie *schreiben* ▶ Aa. lenticulostriatae: Aufgrund des fast senkrechten Abgangs häufig arteriosklerotische Veränderungen und Rupturen → Infarkt der Capsula interna mit kontralateraler Halbseitenlähmung
A. cerebri posterior	▶ Basaler und medialer Temporallappen mit Hippocampus ▶ Gesamter Okzipitallappen mit Sehrinde und einem großen Teil der Sehstrahlung ▶ Großteil des Thalamus und Mittelhirns	▶ Sehstörungen (meist homonyme Hemianopsie zur Gegenseite) ▶ Thalamussyndrom (u. a. Schmerzen, Sensibilitätsausfall, Bewusstseinsstörung)

▌ Tab. 2: Versorgungsgebiete und Klinik der Hirnarterien.

Arterien und Venen des Gehirns II

Circulus arteriosus cerebri (Willisii)

An der Hirnbasis sind die beiden Aa. carotides internae und die A. basilaris über Anastomosen zwischen den 3 großen Hirnarterien zu einem Gefäßring, dem **Circulus arteriosus cerebri (Willisii)**, verbunden. Vorne anastomosieren rechte und linke A. cerebri anterior über die **A. communicans anterior.** Seitlich-hinten sind A. cerebri media und posterior beidseitig über die **Aa. communicantes posteriores** und damit das Karotisstromgebiet mit dem vertebrobasilären Stromgebiet verbunden.

> Klinik: Bei einem rasch verlaufenden Verschluss einer Hirnarterie reichen die Anastomosen meist nicht aus, um den Verschluss zu kompensieren. Bei einem sich langsam entwickelnden Verschluss können sich die Anastomosen ausweiten, so dass eine ausreichende Blutversorgung gewährleistet ist. Subarachnoidalblutungen (lebensbedrohlich) entstehen bei der Ruptur von Aneurysmen im Bereich des Circulus arteriosus cerebri. Erste Anzeichen sind vernichtende Kopfschmerzen, gefolgt von Bewusstseinsstörungen, Übelkeit und Erbrechen.

Venen des Gehirns

Das **venöse Blut aus dem Gehirnbereich** (▌ Abb. 3) fließt über **Hirnvenen** in die **Sinus durae matris** und zum größten Teil weiter in die **V. jugularis interna** (Anastomosen mit extrakraniellen Venen s. u.). Die Venen des Gehirns gliedern sich in oberflächliche und tiefe Hirnvenen, die über zahlreiche intrazerebrale Anastomosen miteinander verbunden sind. Hirnvenen haben keine Klappen und besitzen einen zarten Wandaufbau. Kommt es durch eine Thrombose einer Hirnvene zum Blutrückstau, kann die betroffene Hirnvene zerreißen. Die resultierende intrazerebrale Blutung kann durch die begleitende Hirnschwellung eine lebensbedrohliche Einklemmung des Gehirns verursachen.

Oberflächliche Hirnvenen

Die oberflächlichen Hirnvenen (**Vv. superficiales cerebri,** ▌ Tab. 3) drainieren die äußeren 2 cm des Großhirns. Sie liegen in den Sulci im Subarachnoidalraum und münden direkt in die Sinus durae matris. Kurz vor der Mündung durchbohren sie als sog. „**Brückenvenen**" die Arachnoidea. Die oberflächlichen Hirnvenen sind durch zwei kräftige Anastomosen miteinander verbunden (Trolard- und Labbé-Vene).

> Die kurzen, subdural verlaufenden Brückenvenen können v. a. bei älteren Menschen bereits bei leichten Traumen verletzt werden. Es kommt zu einer langsam fortschreitenden Subduralblutung (s. S. 100).

Tiefe Hirnvenen

Die tiefen Hirnvenen (**Vv. profundae cerebri**) fließen in zwei größeren Venen zusammen, der V. basalis und der V. interna cerebri. Die **V. basalis** (Rosenthal) sammelt das Blut aus den subkortikalen Frontalhirnstrukturen, die **V. interna cerebri** aus den Basalganglien und dem nach hinten angrenzenden

Marklager. Die Vv. basales und Vv. internae cerebri beider Seiten vereinigen sich an der Dorsalseite des Mesencephalons zur unpaaren **V. magna cerebri** (V. Galeni). Die V. magna cerebri schließlich fließt mit dem Sinus sagittalis inferior (s. u.) zum Sinus rectus zusammen. Das venöse Blut aus **Hirnstamm und Kleinhirn** gelangt in die V. magna cerebri, den Sinus rectus, den Sinus petrosus superior und den Sinus transversus. Ein Teil des Blutes aus der Medulla oblongata fließt in die Venenplexus des Rückenmarks ab.

Sinus durae matris

Die **Sinus durae matris** (▌ Abb. 4) sind starrwandige, muskelfreie, klappenlose, mit Endothel ausgekleidete Hohlräume zwischen dem meningealen und dem periostalen Blatt der Dura mater. Sie drainieren das gesamte Blut des Gehirns, der Hirnhäute und der Augenhöhle. Der Abfluss erfolgt zum größten Teil in die V. jugularis interna, zu einem geringen Teil über venöse Anastomosen in Kopfvenen (s. u.).
Der größte Sinus ist der **Sinus sagittalis superior** im Oberrand der Falx cerebri. Im Unterrand der Falx cerebri verläuft

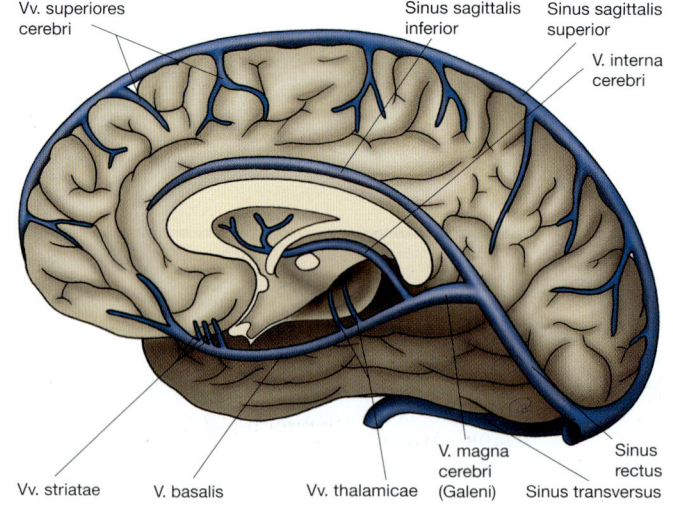

▌ Abb. 3: Venöse Drainage der Großhirnhemisphären, des Thalamus und der Basalganglien, Medialansicht. [5]

	Drainagegebiet	Abfluss in den
Vv. superiores cerebri	Frontal- und Parietallappen	Sinus sagittalis sup.
V. media superficialis cerebri	Bereich des Sulcus lateralis	Sinus sphenoparietalis
Vv. inferiores cerebri	Basale Großhirnhemisphärenbereiche	V. a. Sinus transversus

▌ Tab. 3: Oberflächliche Hirnvenen.

der **Sinus sagittalis inferior,** der sich mit der V. magna cerebri zum **Sinus rectus** vereinigt. Sinus rectus und Sinus sagittalis superior fließen im **Confluens sinuum** an der Protuberantia occipitalis interna zusammen. Von dort zieht paarig der **Sinus transversus** nach rechts bzw. links, der in den S-förmig verlaufenden **Sinus sigmoideus** übergeht. Dieser ist von den Cellulae mastoideae des Proc. mastoideus nur durch eine dünne Knochenlamelle getrennt und mündet im Foramen jugulare in die V. jugularis interna.

Zwischen vorderer und mittlerer Schädelgrube verläuft entlang der Ala minor des Os sphenoidale der **Sinus sphenoparietalis** nach medial zum Sinus cavernosus, der auch Blut aus der V. ophthalmica superior erhält. Der **Sinus cavernosus** ist ein venöses Hohlraumsystem beidseits der Sella turcica und der darin gelegenen Hypophyse. Das paarige Geflecht ist über den **Sinus intercavernosus** verbunden. Über die **Sinus petrosi superior** und **inferior** am Ober- bzw. Unterrand der Felsenbeinpyramide besteht eine Verbindung zum Sinus sigmoideus. Außerdem drainiert der Sinus cavernosus in den auf dem Clivus gelegenen **Plexus basilaris,** der in die V. jugularis interna mündet. Der **Sinus occipitalis** zieht vom Confluens sinuum entlang des Ansatzes der Falx cerebelli zum Foramen magnum. Dort gabelt er sich in den das Foramen magnum umgebenden **Sinus marginalis.**

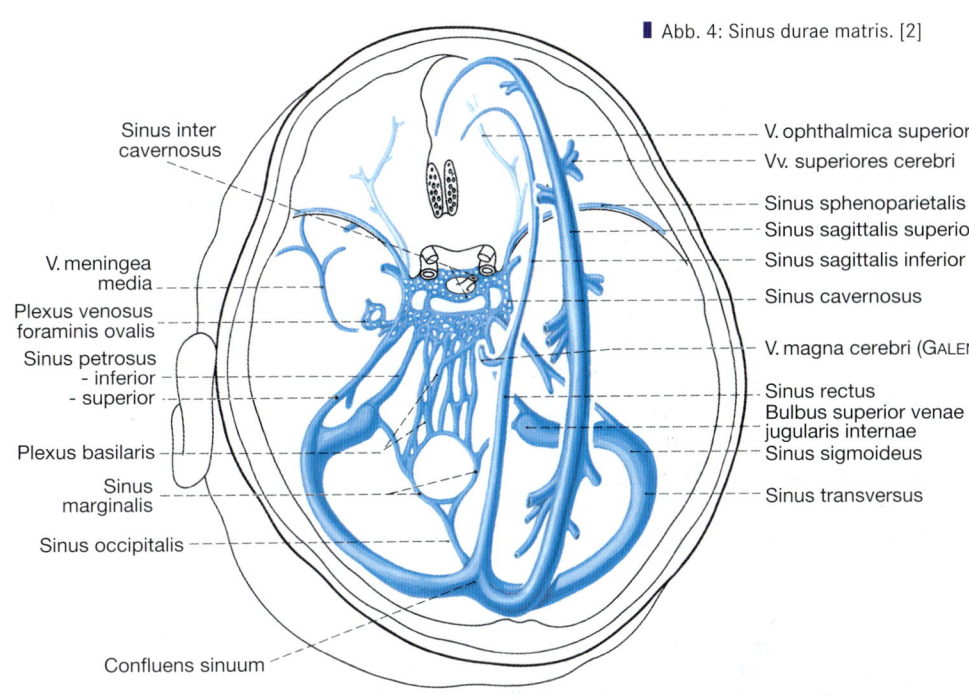

■ Abb. 4: Sinus durae matris. [2]

Sinus inter cavernosus
V. meningea media
Plexus venosus foraminis ovalis
Sinus petrosus
- inferior
- superior
Plexus basilaris
Sinus marginalis
Sinus occipitalis
Confluens sinuum

V. ophthalmica superior
Vv. superiores cerebri
Sinus sphenoparietalis
Sinus sagittalis superior
Sinus sagittalis inferior
Sinus cavernosus
V. magna cerebri (GALEN)
Sinus rectus
Bulbus superior venae jugularis internae
Sinus sigmoideus
Sinus transversus

gen ausgeglichen werden. Durchtrittsstellen für die Vv. emissariae sind Foramina parietalia, Foramen mastoideum, Canales condylares und Protuberantia occipitalis externa.

▶ Die **V. ophthalmica superior** anastomosiert am medialen Augenwinkel mit der V. angularis und stellt so eine Verbindung zwischen V. facialis und Sinus cavernosus her.

▶ Die **V. ophthalmica inferior** verbindet den Plexus pterygoideus (s. S. 72) mit dem Sinus cavernosus.

▶ **Plexus basilaris und Sinus marginalis** sind mit dem Plexus venosus ver-

tebralis internus (s. S. 98) verbunden. Diese Anastomose verknüpft spinale und zerebrale Abflusswege.

> Infektionen können über die V. ophthalmica superior vom Gesicht auf den Sinus cavernosus (V. facialis → V. angularis → V. ophthalmica superior → Sinus cavernosus) oder über die Vv. emissariae von Kopfweichteilen auf die Hirnhäute übergreifen. Auf diesem Wege können z. B. Keime von Gesichtsfurunkeln eine septische Sinusvenenthrombose (eitrige Thrombophlebitis) verursachen.

> Eine Sinusvenenthrombose kann durch den Blutrückstau zum ischämischen Hirnödem, zur Stauungsblutung und zum hämorrhagischen Hirninfarkt führen. Man unterscheidet die aseptische Sinusvenenthrombose, bei der verlangsamter Blutfluss und/oder gesteigerte Gerinnungsfähigkeit ursächlich sind, und die septische Sinusvenenthrombose (s. u.).

Venöse Anastomosen

Die Sinus durae matris bilden **4 wichtige Anastomosen** aus:

▶ **Vv. emissariae** verbinden die Sinus mit den Vv. diploicae im Schädelknochen und mit Kopfhautvenen. Über sie können intrakraniale Druckschwankun-

Zusammenfassung

✖ Die **arterielle Versorgung des Gehirns** erfolgt über zwei paarige Arterien, die A. carotis interna und die A. vertebralis, aus denen drei große Hirnarterien, die Aa. cerebri anterior, media und posterior hervorgehen.

✖ Aa. communicantes verbinden die drei großen, jeweils paarigen Hirnarterien an der Hirnbasis zu einem Arterienring, dem Circulus arteriosus cerebri (Willisii).

✖ Die **venöse Drainage des Gehirns** erfolgt über oberflächliche und tiefe Hirnvenen.

✖ Die oberflächlichen Hirnvenen münden direkt in die Sinus durae matris, die tiefen Hirnvenen indirekt über die V. magna cerebri.

✖ Die Sinus durae matris leiten das Blut zur V. jugularis interna.

Liquorsystem

Das **Liquorsystem** ist von einem Ultra-filtrat des Blutes, dem Liquor cerebrospinalis, ausgefüllt (s. u.). Es erfüllt u. a. folgende **Aufgaben:**

▶ Durch die **Einbettung des Gehirns** in ein „Liquorkissen" wird das tatsächliche Gewicht des Gehirns von ca. 1400 g auf ein physikalisches Effektivgewicht von ca. 50 g reduziert und das Gehirn vor Stößen geschützt.
▶ **Konstanthaltung des extrazellulären Milieus** des Gehirns.
▶ **Lymphähnliche Funktionen** (das Gehirn besitzt keine Lymphgefäße).

Liquorräume

Das Liquorsystem gliedert sich in einen äußeren und einen inneren Liquorraum:

▶ Der **äußere Liquorraum** entspricht dem Subarachnoidalraum mit seinen lokalen Erweiterungen (Zisternen) (▌ Abb. 1). Die wichtigsten: im Bereich des Gehirns Cisterna cerebellomedullaris, Cisterna basalis und Cisterna ambiens, im Bereich des Rückenmarks: Cisterna lumbalis. Die **Cisterna lumbalis** kann zur diagnostischen Gewinnung von Liquor zwischen den Wirbelkörpern LWK 3/4 oder LWK 4/5 punktiert werden, da das Rückenmark mit dem Conus medullaris i. H. von LWK 1/2 endet und die Einzelteile der Cauda equina der Punktionsnadel ausweichen **(Lumbalpunktion).**

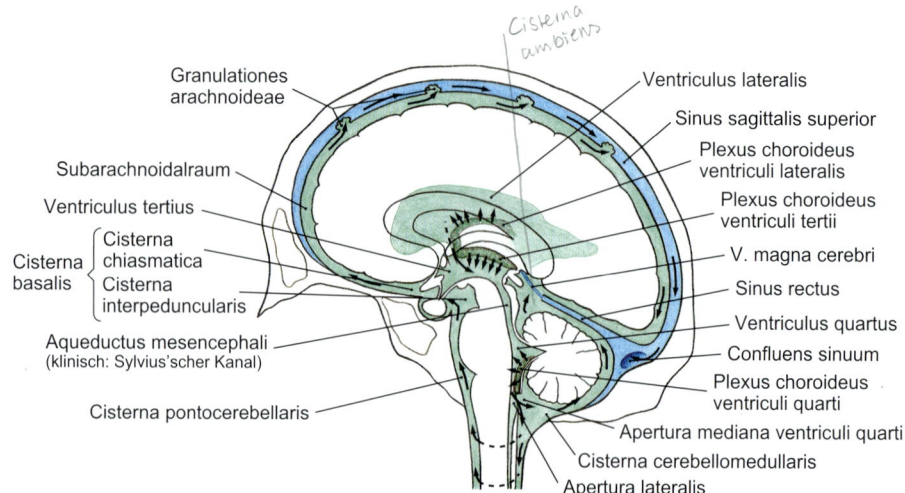

▌ Abb. 1: Liquorräume und Liquorzirkulation (Pfeile). Der Plexus choroideus des Ventriculus lateralis reicht bis in sein Cornu temporale, was bei der Perspektive dieser Abbildung nicht sichtbar ist. [3]

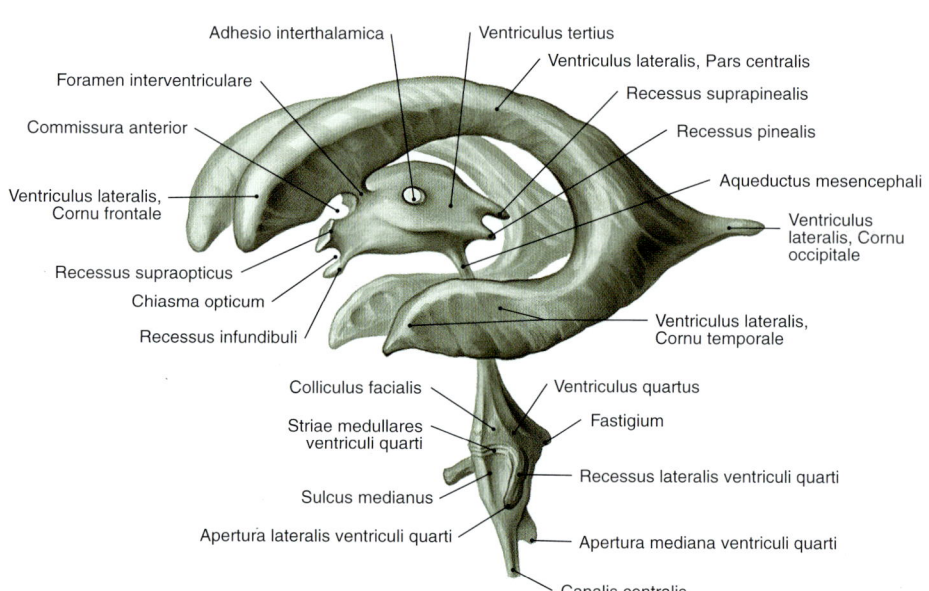

▌ Abb. 2: Innerer Liquorraum, Ausgusspräparat. [3]

	Cornu frontale	Pars centrale	Cornu occipitale	Cornu temporale
Seitenventrikel (I. und II. Ventrikel): Teil des Telencephalons **Verbindung:** Cornu frontale → Foramen interventriculare → III. Ventrikel				
Mediale Wand	Septum pellucidum, (Columnae fornicis)	Septum pellucidum, (Crus fornicis)	Calcar avis *Forceps major d. Corpus callosum*	Hippocampus
Laterale Wand	Caput nuclei caudati	Corpus nuclei caudati	Balken- und Sehstrahlung *Temporallappen*	
Dach	Truncus corporis callosi	Truncus corporis callosi	*Okzipitallappen*	Cauda nuclei caudati
Boden	Rostrum (Vorderwand: Genu) corporis callosi	(Stria terminalis, Lamina affixa, Corpus et Crura fornicis) *Thalamus*		*Hippocampus*

▌ Tab. 1: Seitenventrikel, wichtige Begrenzungen.

	III. Ventrikel: Teil des Diencephalons	IV. Ventrikel: Teil des Rhombencephalons
Laterale Wand	Thalamus, Hypothalamus	Kleinhirnstiele
Vordere Wand	Lamina terminalis, Commissura ant., Columnae fornicis	Rautengrube (mit Eminentia med., Colliculus facialis, Trigona nn. hypoglossi und vagi)
Hintere Wand	Recessus suprapinealis und pinealis	Cerebellum mit Velum medullare sup. und inf.
Dach	Tela choroidea (ventriculi tertii)	
Boden	Hypothalamus mit Tuber cinereum und Corpora mamillaria, Recessus supraopticus und infundibuli (vor und hinter dem Chiasma opticum)	
Verbindungen	▶ Foramina interventricularia → Seitenventrikel ▶ Aqueductus mesencephali (Teil des Mesencephalons) → IV. Ventrikel	▶ Aqueductus mesencephali → III. Ventrikel ▶ Aperturae lat. → Cisterna pontomedullaris ▶ Apertura mediana → Cisterna cerebellomedullaris ▶ Canalis centralis (Teil des Rückenmarks)

▌ Tab. 2: III. und IV. Ventrikel, wichtige Begrenzungen.

▶ Der **innere Liquorraum** (▌ Tab. 1, ▌ Tab. 2, ▌ Abb. 2) wird auch Ventrikelsystem genannt. Die Lage des Ventrikelsystems im Gehirn ist ▌ Abbildung 3 zu entnehmen. Innerer und äußerer Liquorraum sind über die Aperturae laterales und die Apertura mediana des IV. Ventrikels verbunden.

Liquorzirkulation

Im Liquorsystem befinden sich beim Menschen ca. 150 ml **Liquor cerebrospinalis.** Täglich werden etwa 500 ml Liquor in den Plexus choroidei (▌ Abb. 1) sezerniert. Plexus choroidei sind arteriovenöse Gefäßkonvolute mit einer **Blut-Liquor-Schranke.** Sie bilden als Ultrafiltrat des Blutes den Liquor cerebrospinalis, eine klare, farblose, proteinarme Flüssigkeit mit nur wenigen Zellen.

▶ Die **Plexus choroidei** im Cornu temporale und in der Pars centralis der Seitenventrikel sind über die Foramina interventricularia mit dem Plexus des III. Ventrikels verbunden. Außerdem gibt es einen Plexus choroideus im IV. Ventrikel, von dem Teile über die Aperturae laterales hinausragen (sog. Bochdalek-Blumenkörbchen).

▶ Durch die Öffnungen des IV. Ventrikels strömt der Liquor in den äußeren Liquorraum, in dem er um den Hirnstamm herum, Richtung Rückenmark und nach parietal aufsteigend weiterströmt. Der Liquor wird überwiegend über die **Granulationes arachnoideae** (Ausstülpungen der Arachnoidea mater, ▌ Abb. 1) in die Sinus durae matris, v. a. den Sinus sagittalis superior, und zu einem kleinen Teil an den Austrittsstellen der Spinalnerven resorbiert.

Zu einer Stauung des Liquor cerebrospinalis kann es bei einer Abflussstörung im Aqueductus mesencephali oder in den Öffnungen des IV. Ventrikels (→ Hydrocephalus internus) oder bei einer Resorptionsstörung (→ Hydrocephalus externus) kommen.

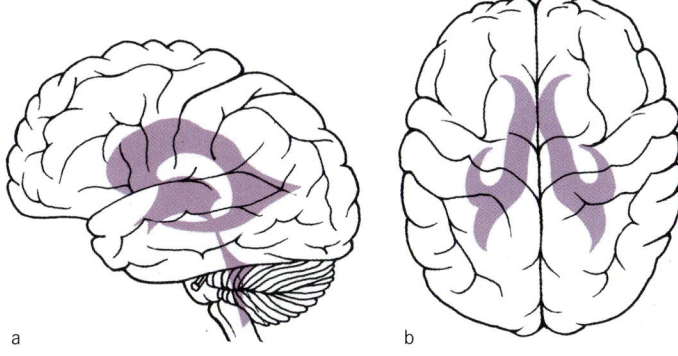

a   b

▌ Abb. 3: Projektion des Ventrikelsystems auf die Gehirnoberfläche. Ansicht (a) von lateral, (b) von oben. [2]

Zusammenfassung

✖ Das Liquorsystem mit dem Liquor cerebrospinalis ist von großer Bedeutung für den mechanischen Schutz und die Funktion des Gehirns.

✖ Es gliedert sich in einen äußeren und inneren Liquorraum.

✖ Der Liquor wird in den Plexus choroidei des inneren Liquorraums sezerniert, gelangt über den IV. Ventrikel in den äußeren Liquorraum und wird v. a. im Sinus sagittalis superior resorbiert.

✖ Kommt es zu Störungen des normalerweise ausgewogenen Verhältnisses von Sekretion und Resorption, kann dies schwerwiegende Funktionsbeeinträchtigungen des Gehirns zur Folge haben.

Leitungsbahnen des Rückenmarks und der Sinnesorgane

Leitungsbahnen des Rückenmarks

Arterien

Die **Arterien des Rückenmarks** (▮ Abb. 1) können in ein vertikales und ein horizontales System gegliedert werden:

▶ Das **vertikale System** besteht aus drei entlang des Rückenmarks von kranial nach kaudal verlaufenden Arterien. Die unpaare **A. spinalis anterior** entsteht aus der Vereinigung der paarig aus der A. vertebralis entspringenden Äste und verläuft in der Fissura longitudinalis anterior des Rückenmarks. Die paarigen **Aa. spinales posteriores** gehen aus der A. inferior posterior cerebelli hervor und verlaufen im Sulcus posterolateralis.
▶ Das **horizontale System** wird durch Rr. spinales gebildet, die das vertikale System speisen. Die Rr. spinales entspringen für das **Halsmark** aus Ästen der A. subclavia (Aa. vertebralis, cervicalis profunda und ascendens), für das **Thorakalmark** aus Ästen der Aorta thoracica (Aa. intercostales posteriores), für das **Lumbosakralmark** aus Ästen der Aorta abdominalis (Aa. lumbales) und für die Cauda equina und den Conus medullaris aus Ästen der A. iliaca interna (A. iliolumbalis,

A. sacralis lateralis). Ein besonders kräftiger Ast ist die **A. radicularis magna** (klinisch A. Adamkiewicz), die i. H. BWK 9 – 12 in den Wirbelkanal eintritt und wesentlich zur Versorgung von Thorakal-, Lumbal- und Sakralmark beiträgt. Bei einem Verschluss der A. radicularis magna z. B. im Rahmen der Aortenchirurgie kann es zur Querschnittslähmung kommen!

Venen

Auch die **Venen des Rückenmarks** lassen sich in ein vertikales und ein horizontales System gliedern. Das **vertikale System** besteht aus zwei entlang des Rückenmarks verlaufenden Venen, der V. spinalis anterior und der V. spinalis posterior. Das **horizontale System** führt das venöse Blut den Vv. vertebrales, intercostales und lumbales sowie dem Plexus venosus vertebralis internus zu. Der im Epiduralraum gelegene **Plexus venosus vertebralis internus** (▮ Abb. 2) steht mit dem der Wirbelsäule aufliegenden **Plexus venosus vertebralis externus** sowie an der Schädelbasis mit dem Plexus basilaris und dem Sinus marginalis (s. S. 94) in Verbindung. Außerdem ist er im Sakralbereich mit dem Plexus prostaticus verbunden (hämatogene Ausbreitung von Metastasen).

Leitungsbahnen der Sinnesorgane

Gefäße

Die **Arterien des Auges** entspringen aus der **A. ophthalmica** (▮ Tab. 1), einem Ast der A. carotis interna (s. S. 92). Wichtige Äste der A. ophthalmica sind in ▮ Tabelle 1 aufgeführt. Daneben versorgt sie die äußeren Augenmuskeln, Sklera, Konjunktiva, Stirnmuskulatur und die Augenlider. Die **venöse Drainage des Auges** erfolgt über die **Vv. ophthalmicae superior und inferior** in den Sinus cavernosus bzw. den Plexus pterygoideus. Die Vv. ophthalmicae erhalten u. a. Blut aus dem Augapfel über die V. centralis retinae und

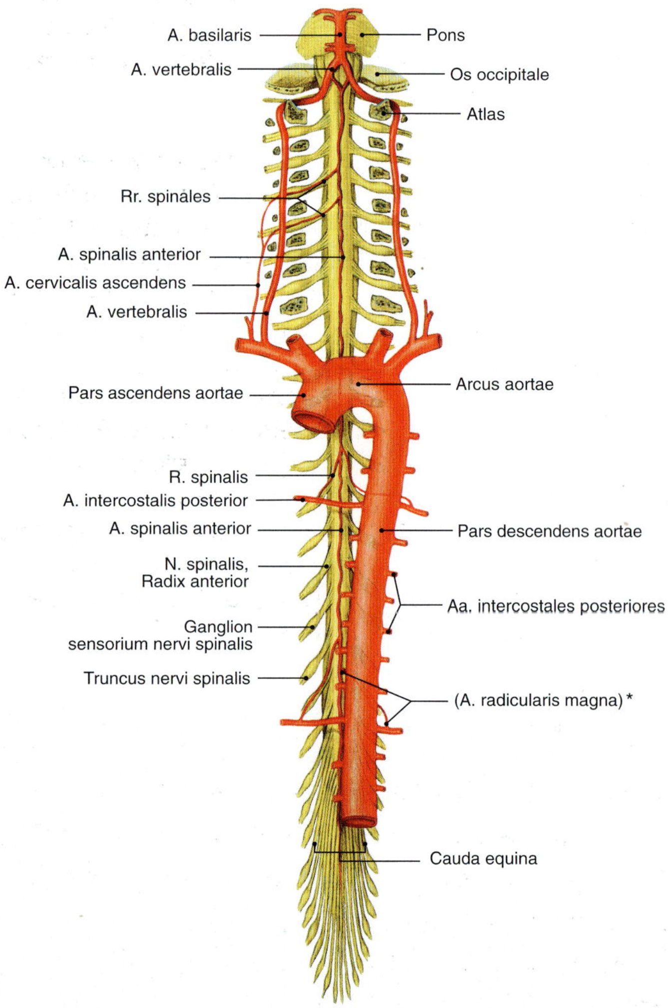

Abb. 1 (linke Abbildung, Arterien des Rückenmarks):
- A. basilaris
- Pons
- A. vertebralis
- Os occipitale
- Atlas
- Rr. spinales
- A. spinalis anterior
- A. cervicalis ascendens
- A. vertebralis
- Pars ascendens aortae
- Arcus aortae
- R. spinalis
- A. intercostalis posterior
- A. spinalis anterior
- Pars descendens aortae
- N. spinalis, Radix anterior
- Aa. intercostales posteriores
- Ganglion sensorium nervi spinalis
- Truncus nervi spinalis
- (A. radicularis magna) *
- Cauda equina

▮ Abb. 1: Arterien des Rückenmarks. *klinisch: Arteria Adamkiewicz. [3]

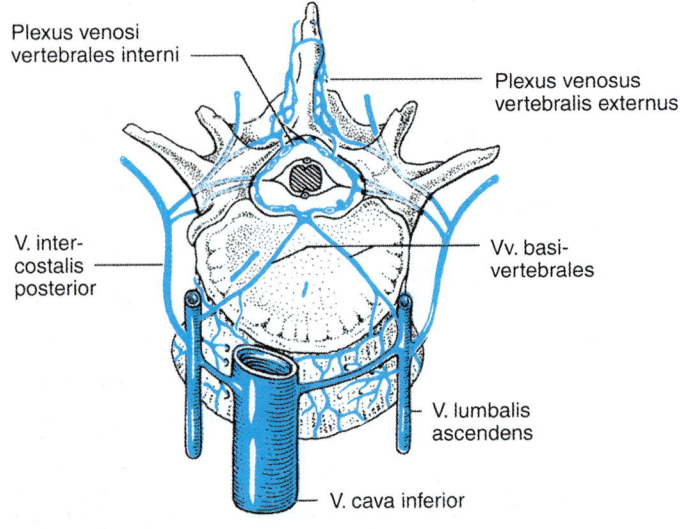

Abb. 2 (rechte Abbildung):
- Plexus venosi vertebrales interni
- Plexus venosus vertebralis externus
- V. intercostalis posterior
- Vv. basivertebrales
- V. lumbalis ascendens
- V. cava inferior

▮ Abb. 2: Venengeflechte der Wirbelsäule. [9]

Systematik	Topographie und wichtigste Versorgungsgebiete
A. ophthalmica	Entspringt aus der Pars cerebralis der A. carotis int. Zieht kaudal des N. opticus durch den Canalis opticus, dann entlang der medialen Orbitawand zum medialen Augenwinkel.
▶ A. centralis retinae	Verläuft im N. opticus zur Retina.
▶ Aa. ciliares post. breves	Zum hinteren Teil der Choroidea.
▶ Aa. ciliares post. longae	Zu Ziliarkörper und Iris (vorderer Teil der Choroidea).
▶ A. lacrimalis	Zur Tränendrüse.
→ Aa. palpebrales lat.	Zu Bindehaut und Augenlid.
▶ A. supraorbitalis	Zur Stirn.
▶ A. ethmoidalis post.	Zu den hinteren Cellulae ethmoidales.
▶ A. ethmoidalis ant.	Zu den vorderen und mittleren Cellulae ethmoidales und zum vorderen Drittel der Nasenhöhle.
▶ A. palpebrales med.	Zu Bindehaut und Augenlid.
▶ A. dorsalis nasi ↔ A. angularis	Endast zum Nasenrücken.

■ Tab. 1: A. ophthalmica mit wichtigen Ästen.

mehrere Vv. vorticosae, die die Sklera hinter dem Äquator durchbohren. Die V. ophthalmica superior anastomosiert am medialen Augenwinkel mit der V. angularis und stellt so eine Verbindung zwischen V. facialis und Sinus cavernosus her (s. S. 94).
Die **arterielle Versorgung des Hör- und Gleichgewichtsorgans** erfolgt über die A. labyrinthi, einen Ast der A. inferior anterior cerebelli (aus der A. basilaris, s. S. 92).

Nerven (Sinnesnerven)

An dieser Stelle soll der **periphere Verlauf der Sinnesnerven** besprochen werden. Einzelheiten zu den zentralen Bahnen und Verschaltungen sowie zu den einzelnen Rezeptoren würden den Rahmen dieses Buches sprengen. Informationen hierzu finden sich in den einschlägigen Lehrbüchern der Neuroanatomie.

N. olfactorius (N. I, Riechnerv)
Der speziell-viszeroafferente **N. olfactorius** (I, Riechnerv, **S-VS**) ist kein echter

Nerv, sondern eine Ausstülpung des Telencephalon. Er besteht aus 15 – 20 Faserbündeln **(Fila olfactoria),** die von der Reichschleimhaut durch die **Lamina cribrosa** des Os ethmoidale in die vordere Schädelgrube zum **Bulbus olfactorius** ziehen. Nach Umschaltung gelangen die Afferenzen über den **Tractus olfactorius** zu sekundären Riechzentren im **Trigonum olfactorium.**

N. opticus (N. II, Sehnerv)
Der speziell-somatoafferente **N. opticus** (II, Sehnerv, **S-S**) ist wie der N. olfactorius kein echter Nerv, sondern zusammen mit der Retina eine Ausstülpung des Diencephalon. Er zieht vom Augapfel in der Orbita durch den Canalis opticus in die mittlere Schädelgrube. Die Fasern der Nn. optici, die von den medialen Retinahälften kommen, kreuzen im **Chiasma opticum** über der Hypophyse zur Gegenseite. Im daran anschließenden **Tractus opticus** verlaufen also Fasern der ipsilateralen lateralen und der kontralateralen medialen Retinahälften. Dadurch führt der rechte Tractus opticus die Fasern für die Wahrnehmung der linken Gesichtsfeldhälfte, der linke Tractus opticus die Fasern für die Wahrnehmung der rechten Gesichtsfeldhälfte. Der Tractus opticus strahlt in das **Corpus geniculatum laterale** ein. Von dort ziehen die Afferenzen über die **Sehstrahlung** zur **Sehrinde** im Okzipitallappen.

N. vestibulocochlearis (N. VIII, Hör- und Gleichgewichtsnerv)
Der **N. vestibulocochlearis** (VIII, Hör- und Gleichgewichtsnerv, **S-S**) ist ein speziell-somatoafferenter Nerv. Er besteht aus zwei Anteilen: **N. vestibula-**

ris mit Fasern aus dem am Boden des Meatus acusticus internus gelegenen Ganlion vestibulare und **N. cochlearis** mit Fasern aus dem im Zentrum der Schnecke gelegenen Ganglion cochleare (spirale). Die beiden Anteile vereinigen sich im Meatus acusticus internus, gelangen durch den Porus acusticus internus in die hintere Schädelgrube und treten im Kleinhirnbrückenwinkel in den Hirnstamm ein. Dort ziehen die Afferenzen des N. vestibularis zu den **Ncll. vestibulares** superior, lateralis, medialis und inferior, die Afferenzen des N. cochlearis zu den **Ncll. cochleares** anterior und posterior.

Geschmacksnerven
Im Unterschied zu den anderen Sinnesorganen werden die speziell-viszeroafferenten Impulse aus dem Geschmacksorgan in mehreren Hirnnerven zum ZNS geleitet. Die Perikarya der pseudounipolaren Neurone liegen in Ganglien der Nn. facialis, glossopharyngeus und vagus. Ihre zentralwärts gerichteten Fortsätze ziehen zu den **Ncll. tractus solitarii.**

▶ Die Afferenzen von den **vorderen zwei Dritteln der Zunge** verlaufen ein kurzes Stück im N. lingualis (aus N. V$_3$), bevor sie als **Chorda tympani** durch die Fissura petrotympanica in das Mittelohr zum **Ganglion geniculi** des **N. facialis** (VII) gelangen.
▶ Die Geschmacksfasern des **hinteren Zungendrittels** verlaufen im **N. glossopharyngeus** (IX) überwiegend zu dessen **Ganglion inferius.**
▶ Geschmacksfasern aus der **Epiglottis,** dem **Pharynx** und dem **Larynx** verlaufen **im N. vagus** (X) zu dessen **Ganglion inferius.**

Zusammenfassung
✖ Das Rückenmark wird über drei vertikal verlaufenden Arterien (A. spinalis anterior und zwei Aa. spinales posteriores) versorgt, die durch horizontal zum Rückenmark ziehende Arterien gespeist werden, u. a. die A. radicularis magna (klinisch A. Adamkiewicz).
✖ Das Auge wird über die A. ophthalmica mit Blut versorgt.
✖ Die Sinnesnerven leiten die Impulse aus den Sinnesorganen zum ZNS.

Synopse der Leitungsbahnen

Viele der in den vorangegangenen Kapiteln aufgeführten **Leitungsbahnen des Gehirns** finden sich **im Frontalschnitt** (█ Abb. 1) wieder.
Intrakranielle Blutungen (█ Tab. 1) stellen meist eine lebensbedrohliche Situation dar und bedürfen einer schnellstmöglichen Diagnosesicherung und Therapie. Man unterscheidet extra- und intrazerebrale Blutungen. **Extrazerebrale Blutungen** (epidural, subdural, subarachnoidal) führen zu einer Raumforderung mit intrakraniellem Druckanstieg, so dass umliegende und auch weiter entfernt liegende Hirnareale komprimiert und dadurch geschädigt werden. **Intrazerebrale Blutungen** resultieren in Hirninfarkten, die sich je nach Lokalisation durch unterschiedliche Funktionsstörungen äußern.
Der **Sinus cavernosus** ist neben seiner Funktion als venöses Hohlraumsystem (s. S. 94) wegen seiner engen topographischen Beziehungen zu wichtigen Leitungsbahnen (█ Abb. 2) klinisch bedeutsam. Im Sinus cavernosus verlaufen die A. carotis interna, Pars cavernosa und der N. abducens (VI). Durch seine laterale Wand ziehen (Reihenfolge von oben nach unten) die Nn. oculomotorius (III), trochlearis (IV), ophthalmicus (V_1) und maxillaris (V_2).

Bei einer septischen Sinusvenenthrombose (eitrige Thrombophlebitis) im Sinus cavernosus wird aufgrund seines Verlaufs mitten durch den Sinus cavernosus der N. abducens (VI) in der Regel als erster Hirnnerv geschädigt. Ursache können über die V. ophthalmica superior verschleppte Eitererreger aus Gesichtsfurunkeln oder eine durch die dünne Knochenplatte des Os sphenoidale durchbrechende eitrige Entzündung des Sinus sphenoidalis sein.

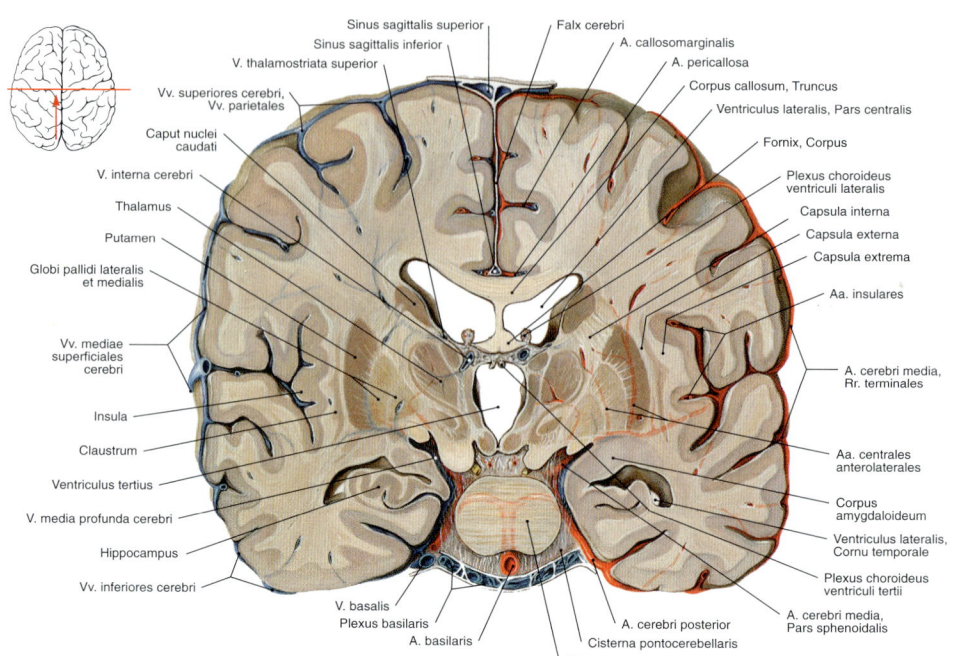

█ Abb. 1: Frontalschnitt durch das Gehirn, Ansicht von hinten; rechts Arterien, links Venen dargestellt. [3]

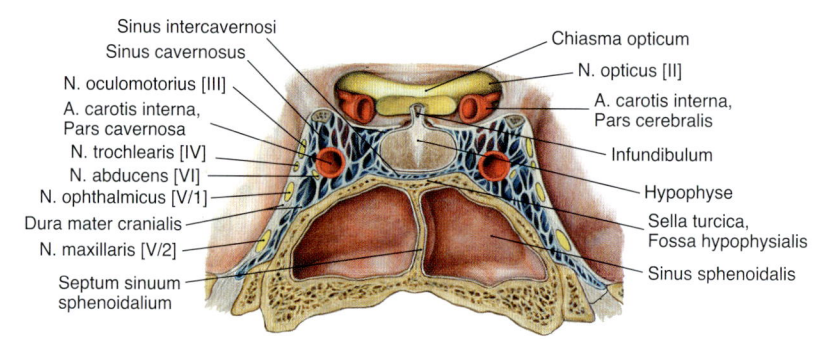

█ Abb. 2: Sinus cavernosus. [3]

Die **Orbita** (Augenhöhle) wird von einem Fettkörper, dem **Corpus adiposum orbitae**, ausgefüllt. Sie beinhaltet eine Vielzahl von Leitungsbahnen, die durch **Öffnungen** in die Orbita ein- bzw. aus ihr austreten (█ Tab. 2). Man gliedert die Orbita aus chirurgischen und anatomischen Gesichtspunkten in **drei Etagen** (█ Tab. 3, █ Abb. 3). Es bietet sich an, sich die Inhalte der einzelnen Etagen (█ Tab. 3) anhand einer Abbildung (█ Abb. 3) einzuprägen.

	Lokalisation	Betroffenes Gefäß	Ursache	Klinik
Epidural	Hämatom zwischen Schädelknochen und Dura mater	Meist A. meningea media	Schädel-Hirn-Trauma mit Schädelfraktur	Bewusstseinsstörung, oft mit freiem Intervall, homolaterale Mydriasis, kontralaterale Hemiparese
Subdural akut	Hämatom zwischen Dura mater und Arachnoidea mater	Brückenvenen	Schädel-Hirn-Trauma	Bewusstlosigkeit, Halbseitensymptomatik
Subdural chronisch			V. a. bei älteren Menschen nach Bagatelltraumen	Oft erst nach Wochen zunehmende Kopfschmerzen, Gedächtnisstörungen und psychische Veränderungen
Subarachnoidal	Blutung in den Subarachnoidalraum	Hirnbasisarterien, oft A. communicans ant.	Häufig Ruptur eines Aneurysmas	Plötzlicher, vernichtender Kopfschmerz, Bewusstseinsstörungen, Übelkeit, Erbrechen
Intrazerebral	Einblutung in die Gehirnsubstanz	Häufig Aa. centrales anterolat.	Gefäßruptur bei Schädel-Hirn-Trauma oder Bluthochdruck	Tiefe Bewusstlosigkeit, Halbseitensymptomatik

█ Tab. 1: Synopse intrakranieller Blutungen.

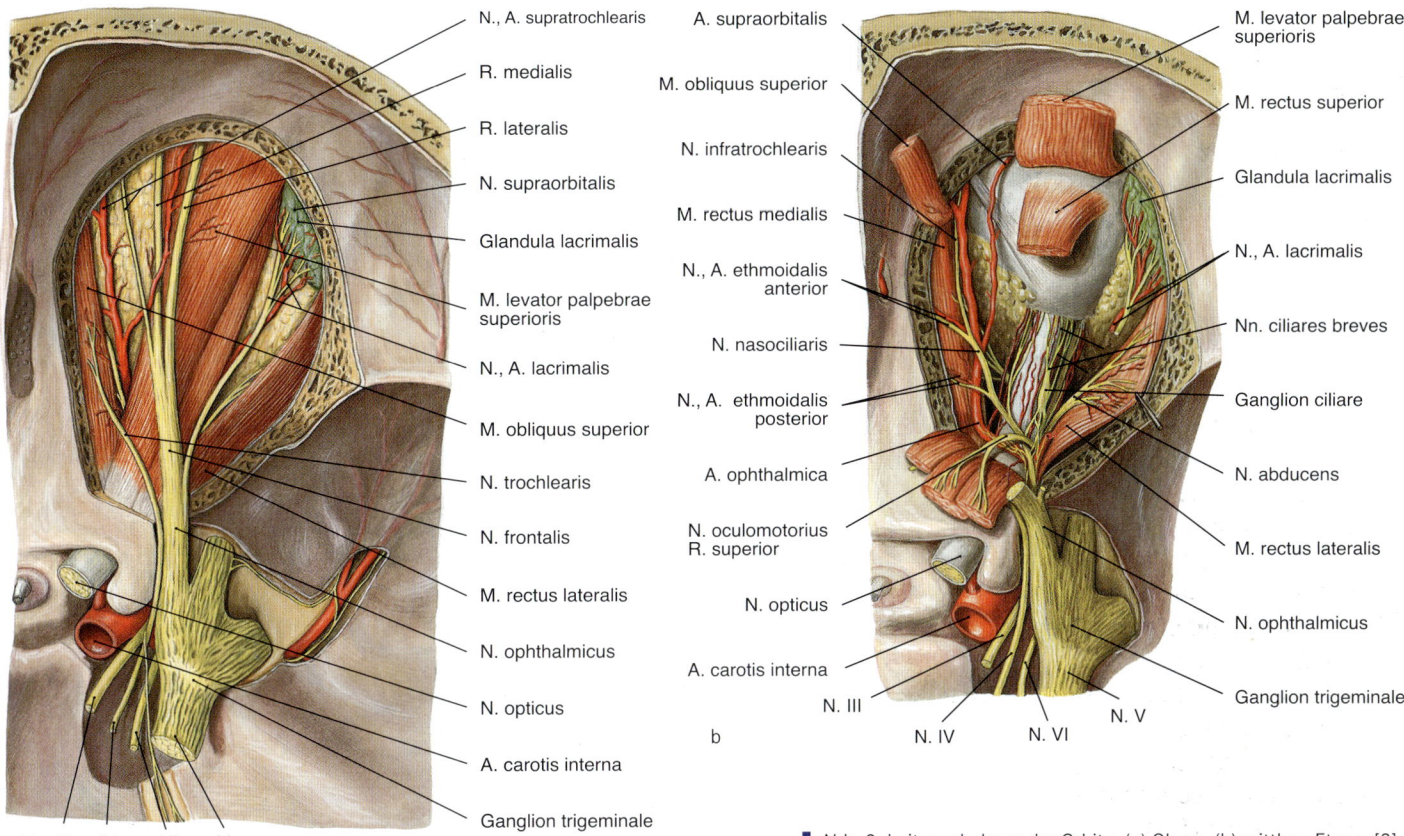

a

N., A. supratrochlearis
R. medialis
R. lateralis
N. supraorbitalis
Glandula lacrimalis
M. levator palpebrae superioris
N., A. lacrimalis
M. obliquus superior
N. trochlearis
N. frontalis
M. rectus lateralis
N. ophthalmicus
N. opticus
A. carotis interna
Ganglion trigeminale

Nn. III   IV   VI   V

b

A. supraorbitalis
M. obliquus superior
N. infratrochlearis
M. rectus medialis
N., A. ethmoidalis anterior
N. nasociliaris
N., A. ethmoidalis posterior
A. ophthalmica
N. oculomotorius R. superior
N. opticus
A. carotis interna
N. III   N. IV   N. VI

M. levator palpebrae superioris
M. rectus superior
Glandula lacrimalis
N., A. lacrimalis
Nn. ciliares breves
Ganglion ciliare
N. abducens
M. rectus lateralis
N. ophthalmicus
Ganglion trigeminale
N. V

■ Abb. 3: Leitungsbahnen der Orbita. (a) Obere, (b) mittlere Etage. [3]

Durchtrittsstellen der Orbita mit Leitungsbahnen

Canalis opticus
▶ N. opticus (II)
▶ A. ophthalmica

Fissura orbitalis sup.
Innerhalb des Anulus tendineus communis:
▶ N. oculomotorius (III, R. superior und R. inferior)
▶ N. nasociliaris (aus N. V_1) *N. ophtalmicus*
▶ N. abducens (VI)
Außerhalb des Anulus tendineus communis:
▶ V. ophthalmica sup.
▶ N. frontalis und N. lacrimalis (aus N. V_1)
▶ N. trochlearis (IV)

Fissura orbitalis inf.
▶ A., V., N. infraorbitalis (N. aus V_2)
▶ N. zygomaticus (aus V_2)
▶ V. ophthalmica inf.

Canalis infraorbitalis
▶ A., V., N. infraorbitalis (N. aus V_2)

Foramen supraorbitale und Incisura frontalis
▶ A., N. supraorbitalis (Rr. lateralis et medialis)

Foramina ethmoidale ant. und post.
▶ A., V., N. ethmoidalis ant. und post.

Foramen zygomaticum
▶ N. zygomaticus (aus V_2)

■ Tab. 2: Öffnungen der Orbita.

Orbitaetagen mit wichtigen Leitungsbahnen

Obere Etage, zwischen Orbitadach und M. levator palperae sup.:
▶ A., V., N. lacrimalis
▶ N. frontalis
▶ A., V., N. supraorbitalis und supratrochlearis
▶ N. trochlearis

Mittlere Etage, zwischen M. rectus sup. und N. opticus:
▶ A. ophthalmica mit Ästen
▶ N. nasociliaris
▶ N. oculomotorius, R. superior
▶ N. abducens
▶ N. opticus
▶ Ganglion ciliare mit Radices
▶ V. ophthalmica sup.

Untere Etage, zwischen N. opticus und Orbitaboden:
▶ A., V., N. infraorbitalis
▶ N. oculomotorius, R. inferior
▶ N. zygomaticus
▶ V. ophthalmica inf.

■ Tab. 3: Etagen der Orbita.

Zusammenfassung

✖ Bei intrakraniellen Blutungen unterscheidet man epidurale, subdurale, subarachnoidale und intrazerebrale Blutungen.

✖ Im Sinus cavernosus verläuft der N. VI, in seiner Wand verlaufen die Nn. III, IV, V_1 und V_2.

✖ Die Orbita gliedert sich in drei Etagen.

C Fallbeispiele

Fallbeispiele

Ein 46-jähriger Patient klagt darüber, dass er die Finger seiner linken Hand nicht mehr spreizen könne und dass er öfters ein Kribbeln im kleinen Finger verspüre (Parästhesie). Sie vermuten eine fokale Läsion im Nervensystem.

Frage 1: Welche Muskeln scheinen betroffen zu sein?
Frage 2: An welchen Stellen könnte die Läsion lokalisiert sein?
Frage 3: Was sind typische Ursachen für die jeweiligen Läsionsorte?
Frage 4: Welche zusätzlichen klinischen Befunde erwarten Sie für die möglichen Läsionsorte? Wie lassen sich die Läsionen differenzialdiagnostisch unterscheiden?
Frage 5: Was gilt es beim Vorliegen eines Pancoast-Tumor hinsichtlich der neurologischen Ausfallerscheinungen zu beachten? Welche anatomischen Strukturen können von einem solchen Tumor noch infiltriert werden?

Antwort 1: Das Spreizen (Abduktion) und das Heranführen (Adduktion) der Finger wird v.a. durch die Mm. interossei dorsales und palmares und den M. abductor digiti minimi gewährleistet.
Antwort 2: Es sind vier mögliche Läsionsorte denkbar: Periphere proximale oder mittlere Läsion des N. ulnaris, untere Plexusläsion (Schädigung des Truncus inferior), Wurzelkompressionssyndrom der Rückenmarkwurzel C8 oder Schädigung der grauen Substanz im Rückenmarksegment C8.
Antwort 3: Proximale Läsion des N. ulnaris (s. S. 24) häufig bei Ellenbogenfrakturen oder chronischer Druck-Schädigung im Sulcus n. ulnaris. Mittlere Läsion des N. ulnaris (s. S. 24) häufig bei Schnittverletzungen am Handgelenk. Untere Plexusläsion (s. S. 20) z. B. bei einem Halsrippen-, Skalenus- oder kostoklavikulären Syndrom oder durch einen bösartigen Tumor der Lungenspitze (Pancoast-Tumor). Wurzelkompressionssyndrom (s. S. 108) meist durch Wirbelkörperfrakturen oder Bandscheibenvorfälle. Schädigungen der grauen Rückenmarksubstanz z. B. bei Tumoren, Durchblutungsstörungen oder traumatischen Rückenmarkquetschungen.

Antwort 4:
a) Läsion des N. ulnaris: Vollständiger Ausfall und Atrophie der Mm. interossei mit eingefallenen Fingerzwischenräumen; Krallenhand; negative Daumen-Kleinfinger-Probe; positives Froment-Zeichen. Sensibilitätsstörungen und ggf. -ausfälle, am stärksten im Autonomgebiet des N. ulnaris (Endglied des kleinen Fingers). Außerdem Schweißsekretionsstörungen im Maximalgebiet des N. ulnaris. Erläuterungen s. S. 24.
b) Untere Plexusläsion (C7, C8): Unvollständige Lähmung (Parese) der kurzen Handmuskeln (einschließlich der Mm. interossei) sowie sämtlicher Fingerbeuger und -strecker. Dadurch ist der funktionelle Gebrauch der betroffenen Hand nahezu unmöglich. Außerdem Schwächung des M. triceps brachii und damit des Trizepssehnenreflexes. Sensibilitätsausfall und Schweißsekretionsstörungen an den ulnaren zwei Dritteln des dorsalen Unterarms sowie an den ulnaren zwei Dritteln der dorsalen und palmaren Hand.
c) Wurzelkompressionssyndrom von C8: Keine vegetativen Störungen, also auch keine Schweißsekretionsstörungen. Lähmung sämtlicher kurzen Handmuskeln sowie sämtlicher Fingerbeuger und -strecker. M. trizeps brachii weniger stark geschwächt im Vergleich zur unteren Plexusläsion. Sensibilitätsausfall am ulnaren Drittel des dorsalen Unterarms sowie am ulnaren Drittel der dorsalen und palmaren Hand.
d) Zentrale Schädigung der grauen Substanz im Rückenmarksegment C8: Zusätzlich zum klinischen Bild von c) Störung der sympathischen Innervation des Auges mit Horner-Syndrom (auch Horner-Trias), Miosis, Ptosis und Enophthalmus (s. S. 76). Außerdem meist Querschnittssymptomatik.
Antwort 5: Ein Pancoast-Tumor kann in alle der Lungenspitze benachbarte Strukturen infiltrieren. Neben dem Plexus brachialis (→ untere Plexusläsion) und dem Ganglion cervicothoracicum (→ Horner-Syndrom) sind das insbesondere N. laryngeus recurrens, N. phrenicus, Rippen, Wirbel, Halsorgane und Halsvenen. Es entwickelt sich ein sog. Pancoast-Syndrom mit entsprechend vielfältigen klinischen Befunden.

Eine 73-jährige Patientin sucht Sie in Ihrer Sprechstunde auf und erzählt, dass sie in letzter Zeit Veränderungen beim Stuhlgang beobachtet habe. Neben Blutauflagerungen sei ihr aufgefallen, dass sie wechselhaft mal Verstopfungen, mal Durchfall habe.

Frage 6: An welche Differenzialdiagnosen müssen Sie denken?
Frage 7: Bei malignen Erkrankungen findet sich häufig ein Symptomkomplex, die sog. B-Symptomatik. Welche Zeichen stehen hier im Vordergrund?
Frage 8: Auf Nachfrage bestätigt die Patientin Ihnen Gewichtsverlust, Nachtschweiß und Fieber. Sie stellen die Verdachtsdiagnose eines kolorektalen Malignoms. Welche Diagnostik führen Sie durch?
Frage 9: Die digital-rektale Untersuchung ergibt einen auffälligen harten Tastbefund mit rauer Oberfläche, hochgradig verdächtig auf ein Rektumkarzinom. Nach Bestätigung Ihrer Arbeitsdiagnose durch eine Koloskopie muss die Ausbreitung bzw. Metastasierung des Rektumkarzinoms festgestellt werden. Welche Ausbreitungs- und Metastasierungswege kommen prinzipiell in Frage?
Frage 10: Welche Organe könnten also von Metastasen befallen sein?

Antwort 6: Bei peranalem Blutabgang müssen folgende Pathologien abgeklärt werden: Kolorektales Karzinom, Hämorrhoiden, Divertikulitis, Morbus Crohn, Colitis ulcerosa, Analfisteln und -abszesse. Auch nach Feststellung von Hämorrhoiden muss ein kolorektales Karzinom abgeklärt werden, da beide Pathologien gleichzeitig auftreten können.
Antwort 7: Die B-Symptomatik besteht aus den unspezifischen Zeichen Nachtschweiß, Fieber und Gewichtsverlust (ungewollt, mehr als 10 % in 6 Monaten).
Antwort 8: Nach Erhebung der Anamnese (wichtig: Familienanamnese) und der allgemeinen körperlichen Untersuchung sollte eine digital-rektale Untersuchung durchgeführt werden. Außerdem erfolgt ein Test auf verstecktes Blut und auf den Tumormarker M2-PK im Stuhl. Die Koloskopie mit Entnahme von Gewebsproben (Biopsien) sichert die Diagnose.

Antwort 9: Prinzipiell sind drei Ausbreitungs- bzw. Metastasierungswege denkbar: Per continuitatem, also kontinuierlich in umliegende/s Gewebe/Organe; lymphogen in regionäre Lymphknoten und Sammellymphknoten; hämatogen über die drainierenden Venen.

Antwort 10: Per continuitatem kann sich ein Rektumkarzinom in das umliegende perirektale Fettgewebe ausbreiten, selten bis in benachbarte Organe (Harnblase, Harnleiter, Uterus, Vagina, Adnexe). Die lymphogene Metastasierung erfolgt entlang dreier Lymphabflusswege: Der obere Rektumabschnitt drainiert über Nll. rectales in die Nll. mesenterici inferiores. Der mittlere Rektumabschnitt sowie die Zona columnalis des Canalis analis führen die Lymphe den Nll. sacrales und den Nll. iliaci interni zu. Der Lymphabfluss aus der Zona alba und Zona cutanea erfolgt in die Nll. inguinales superficiales. Über diese Lymphabflusswege können Metastasen ins Peritoneum (Peritonealkarzinose) und ins Kreuzbein gelangen. Hämatogen kann ein Rektumkarzinom zum einen über die Vv. rectales media und inferior, V. iliaca interna und V. cava inferior direkt in die Lunge, zum anderen über die V. rectalis superior, V. mesenterica inferior, V. portae zunächst in die Leber und von dort weiter in die Lunge und ins Skelett metastasieren. Seltener treten Hirnmetastasen auf.

Fall 3

Ein 54-jähriger Patient berichtet, er habe bei der Gartenarbeit plötzlich vernichtende Kopfschmerzen bekommen. Jetzt seien die Schmerzen zwar etwas zurückgegangen, es seien aber noch ein leichter Schwindel und Nackenschmerzen hinzugekommen.

Frage 11: Schicken Sie den Patienten nach Hause oder klären Sie die Kopfschmerzen weiter ab?

Frage 12: Welche Verdachtsdiagnose und welche Differenzialdiagnosen äußern Sie?

Frage 13: Wie können Sie anamnestisch die verschiedenen intrakraniellen Blutungen voneinander abgrenzen, und wie unterscheiden sie sich hinsichtlich ihrer Lokalisation und der betroffenen Gefäße?

Frage 14: Die von Ihnen angeordnete Computertomographie ergibt keine sichtbare Subarachnoidalblutung. Ist dennoch weitere Diagnostik indiziert?

Frage 15: Nach Ausschluss eines Hydrocephalus internus wollen Sie eine Lumbalpunktion durchführen. In welchen Raum führen Sie die Punktionsnadel ein? In Höhe welcher Wirbelkörper liegen der Conus medullaris und das kaudale Ende des Duralsacks? Zwischen welchen Wirbelkörpern wollen Sie die Nadel einführen? Zur Orientierung ziehen Sie auf den maximal gekrümmten Rücken des sitzenden oder liegenden Patienten eine horizontale Linie, welche die kranialen Begrenzungen der Darmbeinkämme miteinander verbindet. In der Höhe welches Wirbelkörpers schneidet diese Linie in etwa die Wirbelsäule?

Verlauf: Durch die Lumbalpunktion wird Blut im Subarachnoidalraum nachgewiesen, die Verdachtsdiagnose ist gesichert. Mithilfe der Angiografie wird ein rupturiertes Aneurysma der A. cerebri anterior diagnostiziert. Die Therapie erfolgt aufgrund des hohen Nachblutungsrisikos notfallmäßig innerhalb von 72 h mikrochirurgisch oder interventionell-radiologisch.

Antwort 11: Plötzlich auftretende Kopfschmerzen ohne Vorgeschichte müssen weiter abgeklärt werden. Sie können Zeichen eines akuten, lebensbedrohlichen Geschehens sein.

Antwort 12: Akut auftretende, heftigste Kopfschmerzen sind typisch für Subarachnoidalblutungen, kommen aber auch bei subduralen und epiduralen Blutungen, intrazerebralen Blutungen, Sinusvenenthrombosen, Meningitis, Tumoren und anderen Pathologien vor.

Antwort 13: Subarachnoidalblutungen sind meist Folge der Ruptur eines Aneurysmas einer Hirnbasisarterie des Circulus arteriosus cerebri (Willisii) ohne auslösendes Trauma. Zum Vergleich intrakranieller Blutungen ■ Tabelle 1 auf S. 100.

Antwort 14: Wenn im CT keine Subarachnoidalblutung sichtbar ist, muss bei typischer Symptomatik als nächster Schritt eine Lumbalpunktion durchgeführt werden, um Liquor cerebrospinalis zur Diagnostik zu erhalten. Vorher muss jedoch ein Hydrocephalus internus, der als Komplikation bei einer Subarachnoidalblutung auftreten kann, ausgeschlossen werden. Bei bestehendem Hydrocephalus internus kann eine Lumbalpunktion tödlich sein, da die Kleinhirntonsillen durch die sich bei der Lumbalpunktion verändernden Druckverhältnisse ins Foramen magnum treten und so den Hirnstamm einklemmen können.

Antwort 15: Zur Liquorgewinnung kann die Cisterna lumbalis, der Raum zwischen dem kaudalen Ende des Duralsacks und dem Conus medullaris, der nicht verletzt werden darf, punktiert werden. Die Cisterna lumbalis ist Teil des Subarachnoidalraums. Sie enthält die Cauda equina, das Bündel der unteren Spinalnerven. Die Spinalnerven weichen der Punktionsnadel aus, ohne verletzt zu werden. Der Conus medullaris liegt i. H. von LWK 1/2, das kaudale Ende des Duralsacks i. H. des 2. Sakralwirbels. Punktiert wird zwischen den Wirbelkörpern LWK 3/4 oder LWK 4/5. Die horizontale Linie zwischen den kranialen Begrenzungen der Darmbeinkämme kann gut zur Orientierung benutzt werden, da sie die Wirbelsäule etwa i. H. LWK 4 schneidet.

D Anhang

Anhang I

	Wurzelkompressionssyndrom (radikuläres Syndrom)	Periphere Nervenläsion
Mögliche Ursachen	Z. B. Wirbelkörperfrakturen, Bandscheibenvorfälle	Z. B. Schnittverletzung, Druckeinwirkung, Zerrung, Quetschung
Klinik	▶ Schmerzen und Sensibilitätsstörungen im Dermatom des betroffenen Segments, ▶ Starke Beeinträchtigung des Kennmuskels des betroffenen Segments, ▶ Parese (inkomplette Lähmung) der von dem betroffenen Segment mitversorgten Muskeln, ▶ Keine vegetativen Störungen (d. h. auch keine Schweißsekretionsstörungen).	▶ Schmerzen, Sensibilitätsstörungen und Schweißsekretionsstörungen im Maximalgebiet des betroffenen Nervs, ▶ Sensibilitätsausfälle im Autonomgebiet des betroffenen Nervs, ▶ Ausfall der von dem betroffenen Nerven innervierten Muskulatur.

◼ Tab. 1: Unterscheidung von Wurzelkompressionssyndromen und peripheren Nervenläsionen. Das klinische Bild erklärt sich über die segmentale bzw. periphere Innervation (s. S. 8).

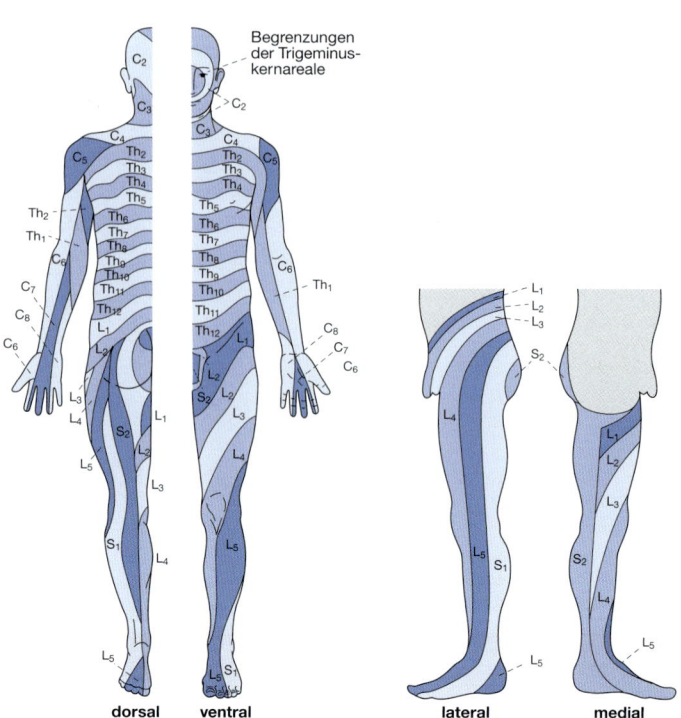

◼ Abb. 1: Schema der Dermatome. Das Rückenmarksegment C1 besitzt kein Dermatom, da aus C1 meist nur motorische Nervenfasern hervorgehen. [12]

RS	Kennmuskel	Reflex mit beteiligtem Nerv	Dermatom
C4	Diaphragma	Hustenreflex (u.a. N. vagus und N. phrenicus)	Über Klavikula, Akromion, Oberrand der Skapula, Schulter
C5	M. deltoideus, M. biceps brachii	Bizepssehnenreflex (N. musculocutaneus)	Außen- und Rückseite der Schulter, proximaler lateraler Oberarm
C6	M. brachioradialis	Radiusperiostreflex (N. radialis und N. musculocutaneus)	Distaler lateraler Oberarm, radialer Unterarm, Daumen und Zeigefinger
C7	M. triceps brachii	Trizepssehnenreflex (N. radialis)	Mittlere drei Finger, dorsal mittig am Unterarm
C8	M. abductor digiti minimi, Mm. interossei	Trömner-Reflex (N. ulnaris, N. medianus)	Ring- und Kleinfinger, dorsaler ulnarer Unterarm
L2	M. cremaster, M. iliopsoas	Kremasterreflex (N. genitofemoralis)	Ventraler proximaler Oberschenkel, Skrotum
L3	M. quadriceps femoris	Patellarsehnenreflex (N. femoralis)	Oberschenkelvorderseite vom Trochanter schräg abwärts zur Knieinnenseite
L4	M. tibialis ant.	Adduktorenreflex (N. obturatorius)	Lateraler Oberschenkel, Knievorderseite, Vorderinnenseite des Unterschenkels, medialer Knöchel
L5	M. tibialis post., M. extensor hallucis longus	Tibialis-posterior-Reflex (N. tibialis)	Lateraler Oberschenkel, Knieaußenseite, Vorderaußenseite des Unterschenkels, medialer Fußrücken, 1. + 2. Zehe
S1	M. gastrocnemius	Achillessehnenreflex (N. tibialis)	Dorsolateraler Ober- u. Unterschenkel, lateraler Knöchel, laterale(r) Fußrücken u. Fußsohle, 3. - 5. Zehe

◼ Tab. 2: Klinisch wichtige Rückenmarksegmente (RS). Einzelnen Rückenmarksegmenten lassen sich Kennmuskeln und Dermatome zuordnen. Kennmuskeln können mit Muskelreflexen getestet werden. Abgeschwächten Reflexen können neben einer Schädigung der Spinalnerven-Wurzel eines Segments auch Läsionen der am Reflex beteiligten peripheren Nerven zugrunde liegen.

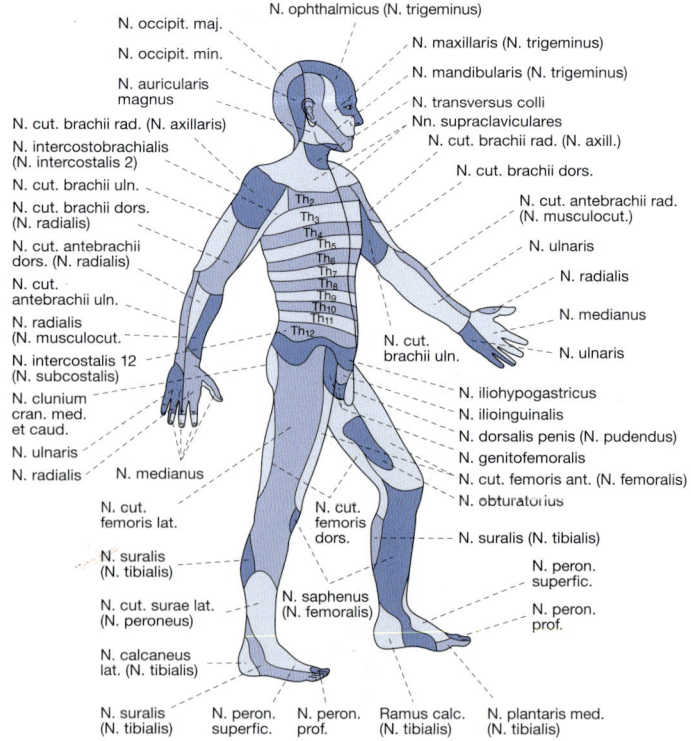

Th2 – Th12 = Nn. intercostales 2 –12

◼ Abb. 2: Sensible Innervationsgebiete der peripheren Nerven. Die sensible Versorgung des Rumpfes durch die Nn. intercostales ist identisch mit den Dermatomen von Th2 – Th12. [12]

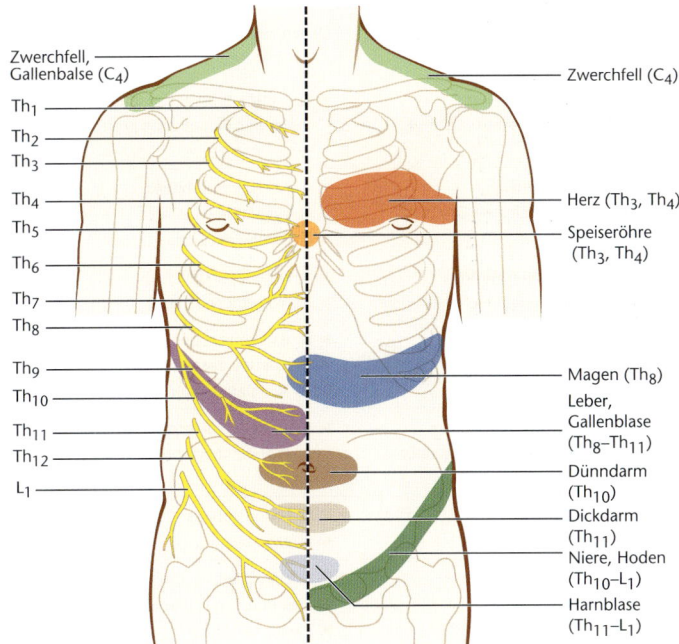

Zwerchfell, Gallenbalse (C₄)
Zwerchfell, Gallenbalse (C_4)

Zwerchfell (C_4)

Th_1
Th_2
Th_3
Th_4
Th_5
Th_6
Th_7
Th_8
Th_9
Th_{10}
Th_{11}
Th_{12}
L_1

Herz (Th_3, Th_4)

Speiseröhre (Th_3, Th_4)

Magen (Th_8)

Leber, Gallenblase (Th_8–Th_{11})

Dünndarm (Th_{10})

Dickdarm (Th_{11})

Niere, Hoden (Th_{10}–L_1)

Harnblase (Th_{11}–L_1)

▌ Abb. 3: Head-Zonen. Erkrankungen innerer Organe können zur Schmerz-empfindlichkeit (Hyperalgesie) in bestimmten Hautarealen, den Head-Zonen, führen (übertragener Schmerz). Betroffen sind die Dermatome derjenigen Segmente, die von dem erkrankten Organ Viszeroafferenzen erhalten. [11]

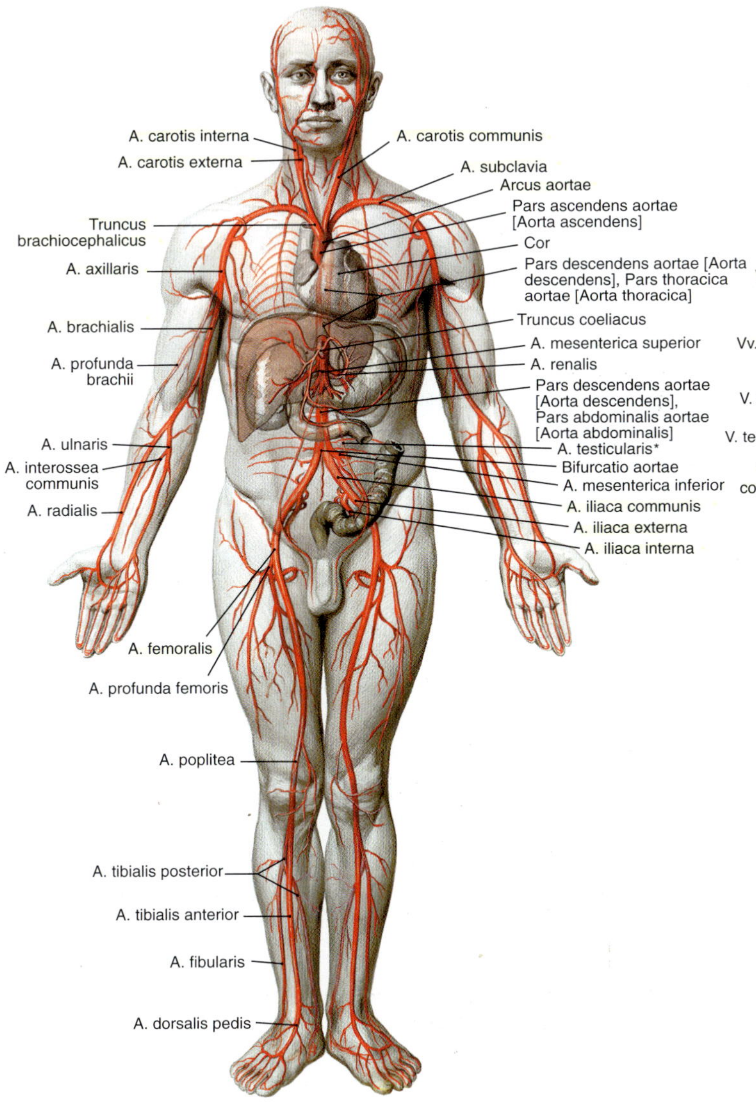

A. carotis interna
A. carotis externa
A. carotis communis
A. subclavia
Arcus aortae
Truncus brachiocephalicus
Pars ascendens aortae [Aorta ascendens]
A. axillaris
Cor
Pars descendens aortae [Aorta descendens], Pars thoracica aortae [Aorta thoracica]
A. brachialis
Truncus coeliacus
A. mesenterica superior
A. profunda brachii
A. renalis
Pars descendens aortae [Aorta descendens], Pars abdominalis aortae [Aorta abdominalis]
A. ulnaris
A. testicularis*
A. interossea communis
Bifurcatio aortae
A. mesenterica inferior
A. radialis
A. iliaca communis
A. iliaca externa
A. iliaca interna
A. femoralis
A. profunda femoris
A. poplitea
A. tibialis posterior
A. tibialis anterior
A. fibularis
A. dorsalis pedis

▌ Abb. 4: Übersicht über die großen Arterien des Körperkreislaufs. [3]

V. jugularis externa
V. jugularis anterior
V. jugularis interna
V. brachiocephalica dextra
V. azygos
Cor
V. axillaris
V. cephalica
V. basilica
Vv. brachiales
V. mediana cubiti
V. testicularis dextra*
V. iliaca communis
V. iliaca externa
V. iliaca interna
V. saphena magna
V. brachiocephalica sinistra
V. subclavia
V. cava superior
V. thoracica interna
Vv. hepaticae
V. renalis
V. testicularis sinistra*
V. portae hepatis
V. splenica
V. mesenterica inferior
V. mesenterica superior
V. cava inferior
V. femoralis
V. profunda femoris
V. poplitea
V. saphena parva
V. tibialis anterior
V. tibialis posterior

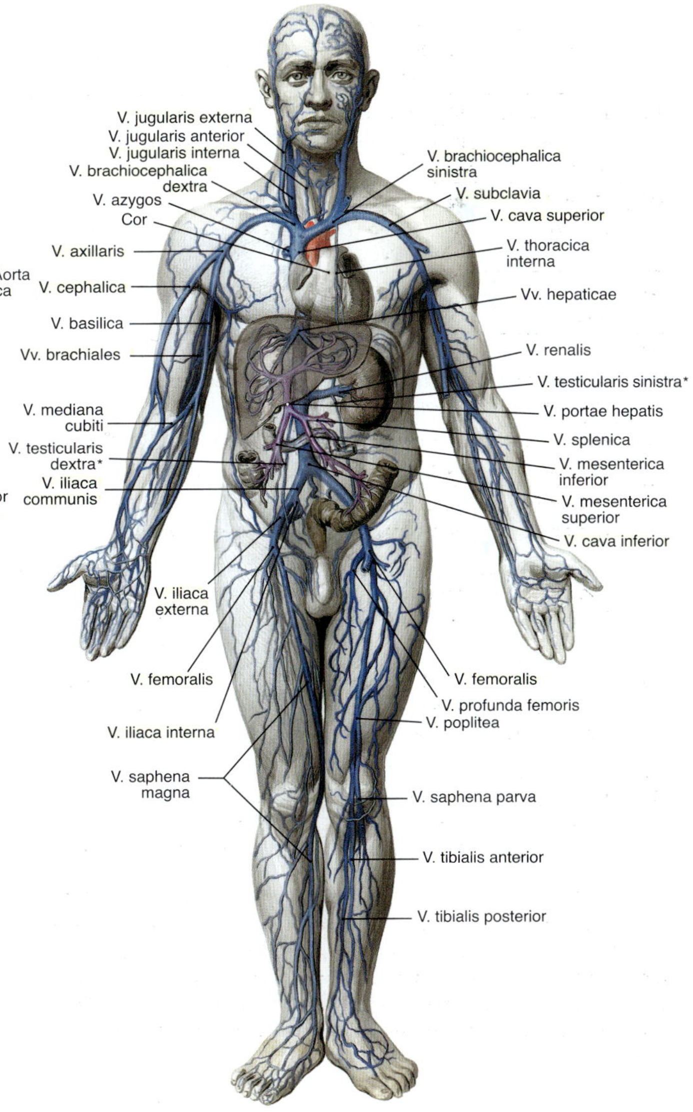

▌ Abb. 5: Übersicht über die großen Venen des Körperkreislaufs. [3]

Anhang II

Öffnung/Kanal (↔ Verbindung zur/zum)	Durchtretende Leitungsbahnen
▶ **Öffnungen/Kanäle der Fossa cranii anterior**	
Lamina cribrosa (↔ Nasenhöhle)	▶ N. olfactorius (I) ▶ A., V., N. ethmoidalis ant.
▶ **Öffnungen/Kanäle der Fossa cranii media**	
Canalis opticus (↔ Orbita)	▶ N. opticus (II) ▶ A. ophthalmica
Fissura orbitalis sup. (↔ Orbita)	▶ N. oculomotorius (III) ▶ N. trochlearis (IV) ▶ N. ophthalmicus (V_1) ▶ N. abducens (VI) ▶ V. ophthalmica sup.
Foramen rotundum (↔ Fossa pterygopalatina)	▶ N. maxillaris (V_2)
Foramen lacerum (↔ Canalis pterygoideus)	▶ N. petrosus major ▶ N. petrosus minor
Foramen ovale (↔ Fossa infratemporalis)	▶ N. mandibularis (V_3) ▶ Plexus venosus foraminis ovalis
Foramen spinosum (↔ Fossa infratemporalis)	▶ A. meningea media ▶ R. meningeus aus N. V_3
▶ **Öffnungen/Kanäle der Fossa cranii posterior**	
Porus acusticus internus (↔ Innenohr)	▶ N. facialis (VII) ▶ N. vestibulocochlearis (VIII) ▶ A., V. labyrinthi
Foramen jugulare (↔ Spatium lateropharyngeum)	▶ N. glossopharyngeus (IX) ▶ N. vagus (X) ▶ N. accessorius (XI) ▶ V. jugularis int. ▶ A. meningea post.
Foramen magnum (↔ Wirbelkanal)	▶ Aa. vertebrales ▶ Aa. spinales ▶ Radix spinalis des N. accessorius (XI)
Canalis n. hypoglossi (↔ äußere Schädelbasis)	▶ N. hypoglossus (XII)

▌ Tab. 3: Wichtige Öffnungen/Kanäle der drei Schädelgruben.

Öffnung/Kanal (↔ Verbindung zwischen)	Durchtretende Leitungsbahnen
Canalis pterygoideus (Foramen lacerum ↔ Fossa pterygopalatina)	▶ N. canalis pterygoidei (aus N. petrosus major und N. petrosus prof.)
Fissura orbitalis inf. (Fossa pterygopalatina ↔ Orbita)	▶ A., V., N. infraorbitalis ▶ N. zygomaticus ▶ V. ophthalmica inf.
Foramen sphenopalatinum (Fossa pterygopalatina ↔ Nasenhöhle)	▶ A. sphenopalatina ▶ Rr. nasales post. sup.
Canalis palatinus major (Fossa pterygopalatina ↔ Mundhöhle/Gaumen)	▶ N. palatinus major ▶ A. palatina descendens ▶ → A. palatina major
Canales palatini minores (Fossa pterygopalatina ↔ Mundhöhle/Gaumen)	▶ Nn. palatini minores ▶ Aa. palatinae minores
Canalis incisivus (Nasenhöhle ↔ Mundhöhle)	▶ N. nasopalatinus ▶ A. nasopalatina
Canalis caroticus (Apertura externa vor der Fossa jugularis ↔ Apertura interna an der Spitze des Felsenbeins)	▶ A. carotis int. ▶ Plexus venosus caroticus int. ▶ Plexus caroticus
Canaliculi carotici tympanici (Canalis caroticus ↔ Cavum tympani)	▶ Nn. caroticotympanici
Foramen stylomastoideum (Ausgang des Canalis n. facialis)	▶ N. facialis (VII) ▶ A. stylomastoidea
Fissura petrotympanica	▶ Chorda tympani ▶ A. tympanica ant.
Foramen mastoideum (Sinus sigmoideus ↔ V. occipitalis)	▶ V. emissaria mastoidea
Canalis condylaris (Sinus sigmoideus ↔ Plexus venosus vertebralis ext.)	▶ V. emissaria condylaris
Foramina parietalia (Sinus sagittalis sup. ↔ V. temporalis superf.)	▶ Vv. emissariae parietales
Bei der Protuberantia occipitalis ext. (Confluens sinuum ↔ V. occipitalis)	▶ V. emissaria occipitalis

▌ Tab. 4: Weitere wichtige Öffnungen/Kanäle der Schädelbasis.

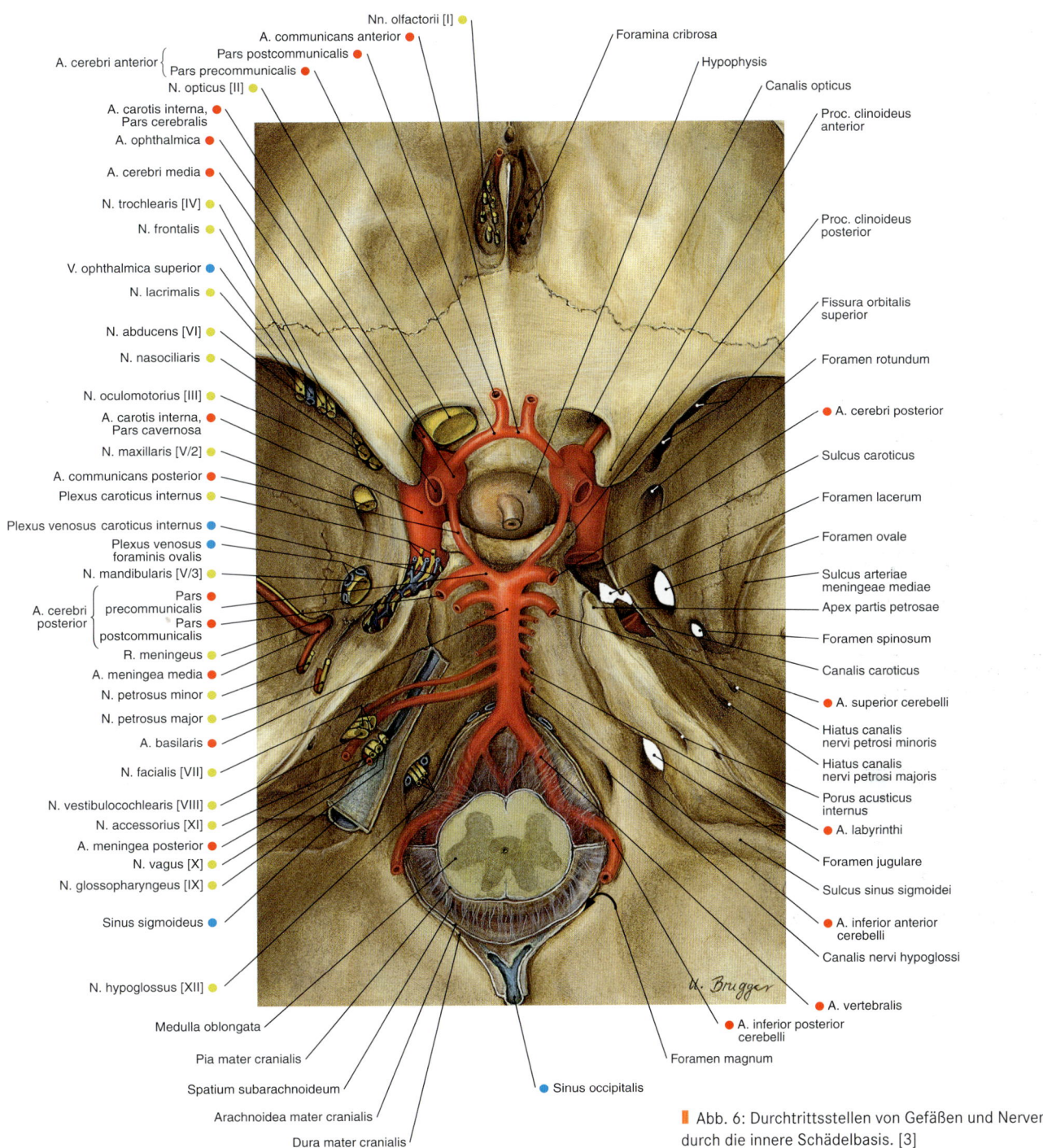

Nn. olfactorii [I] ●
A. communicans anterior ●
A. cerebri anterior {
Pars postcommunicalis ●
Pars precommunicalis ●
N. opticus [II] ●
A. carotis interna, Pars cerebralis
A. ophthalmica ●
A. cerebri media ●
N. trochlearis [IV] ●
N. frontalis ●
V. ophthalmica superior ●
N. lacrimalis ●
N. abducens [VI] ●
N. nasociliaris ●
N. oculomotorius [III] ●
A. carotis interna, Pars cavernosa ●
N. maxillaris [V/2] ●
A. communicans posterior ●
Plexus caroticus internus ●
Plexus venosus caroticus internus ●
Plexus venosus foraminis ovalis ●
N. mandibularis [V/3] ●
A. cerebri posterior {
Pars precommunicalis ●
Pars postcommunicalis ●
R. meningeus ●
A. meningea media ●
N. petrosus minor ●
N. petrosus major ●
A. basilaris ●
N. facialis [VII] ●
N. vestibulocochlearis [VIII] ●
N. accessorius [XI] ●
A. meningea posterior ●
N. vagus [X] ●
N. glossopharyngeus [IX] ●
Sinus sigmoideus ●
N. hypoglossus [XII] ●
Medulla oblongata
Pia mater cranialis
Spatium subarachnoideum
Arachnoidea mater cranialis
Dura mater cranialis

Foramina cribrosa
Hypophysis
Canalis opticus
Proc. clinoideus anterior
Proc. clinoideus posterior
Fissura orbitalis superior
Foramen rotundum
● A. cerebri posterior
Sulcus caroticus
Foramen lacerum
Foramen ovale
Sulcus arteriae meningeae mediae
Apex partis petrosae
Foramen spinosum
Canalis caroticus
● A. superior cerebelli
Hiatus canalis nervi petrosi minoris
Hiatus canalis nervi petrosi majoris
Porus acusticus internus
● A. labyrinthi
Foramen jugulare
Sulcus sinus sigmoidei
● A. inferior anterior cerebelli
Canalis nervi hypoglossi
● A. vertebralis
● A. inferior posterior cerebelli
Foramen magnum
● Sinus occipitalis

U. Brugger

▌ Abb. 6: Durchtrittsstellen von Gefäßen und Nerven durch die innere Schädelbasis. [3]

Quellenverzeichnis

[1] Benninghoff, A./Drenckhahn, D.: Anatomie. Urban & Fischer, 17. Auflage 2008; Band 1

[2] Benninghoff, A./Drenckhahn, D.: Anatomie. Urban & Fischer, 17. Auflage 2008; Band 2

[3] Putz, R./Pabst, R.: Sobotta Atlas der Anatomie des Menschen. Urban & Fischer, 22. Auflage 2006; Band 1

[4] Putz, R./Pabst, R.: Sobotta Atlas der Anatomie des Menschen. Urban & Fischer, 22. Auflage 2006; Band 2

[5] Steinbrück, I./Baumhoer, D./Henle, P.: Intensivkurs Anatomie. Urban & Fischer, 1. Auflage 2008

[6] Drake, R. L./Vogl, W./Mitchell A. W. M.: Gray's Anatomie für Studenten. Urban & Fischer, 1. Auflage 2007

[7] Benninghoff, A./Drenckhahn, D.: Taschenbuch Anatomie. Urban & Fischer, 1. Auflage 2007

[8] Garzorz, N.: Basics Neuroanatomie. Urban & Fischer, 1. Auflage 2008

[9] Schumacher, G.-H./Aumüller, G.: Topographische Anatomie des Menschen. Urban & Fischer, 7. Auflage 2004

[10] Bruch, H.-P./Trentz, O.: Berchthold Chirurgie. Urban & Fischer, 6. Auflage 2008

[11] Trepel, M.: Neuroanatomie, Struktur und Funktion. München: Urban & Fischer, 4. Auflage 2008

[12] Liebsch, R.: Kurzlehrbuch Neurologie. Urban & Fischer, 2. Auflage 2001

E Register

Register

Register

Register

Register